内 容 简 介

本书是根据高等教育面向 21 世纪教学内容和课程改革总目标的要求,并结合作者 30 年来为北京大学等院校讲授文科高等数学课程的教学实践编写而成。全书包括主教材《大学文科数学简明教程》(上、下册)及配套辅导教材《大学文科数学解题指南》。主教材涵盖文科类高等数学的基本内容,它包括微积分、线性代数、概率统计三部分内容。本书为上册(微积分),共分五章,内容包括函数与极限、一元函数微积分学、中值定理和导数的应用、一元函数积分学、多元函数微积分等。在附录中还分别介绍了无穷级数与常微分方程的有关知识。每章配置了适量习题,习题类型有选择题和解答题等。书末附有习题答案与提示,供教师和学生参考。

本书反映了作者 30 年来讲授文科类高等数学所积累的丰富教学经验和当前文科类高等数学教学改革的理念。本书概念叙述清楚,语言流畅,表达严谨。它针对文科类学生学习高等数学的特点,不只停留在逻辑符号上,而能用通俗易懂的语言多侧面、多角度把内容讲清楚。本书采用"模块式"结构,便于不同专业灵活选用。

本书可作为一般院校文科类各专业的数学基础课教材,其上册又可作为自学考试高等数学(一)"微积分"课程的主教材使用。对于社会科学工作者,本书也是一本较好的数学参考书。

高等学校文科数学基础课教材

大学文科数学简明教程

（上册）

姚孟臣　编著

图书在版编目(CIP)数据

大学文科数学简明教程・上册/姚孟臣编著.—北京:北京大学出版社,2004.9
 ISBN 978-7-301-07755-9

Ⅰ.大… Ⅱ.姚… Ⅲ.高等数学-高等学校-教材 Ⅳ.O13

中国版本图书馆 CIP 数据核字(2004)第 083738 号

书　　　名：大学文科数学简明教程(上册)
著作责任者：姚孟臣　编著
责 任 编 辑：刘　勇
标 准 书 号：ISBN 978-7-301-07755-9/O・0607
出 版 发 行：北京大学出版社
地　　　址：北京市海淀区成府路 205 号　100871
网　　　址：http://www.pup.cn
电　　　话：邮购部 62752015　发行部 62750672　理科编辑部 62752021
　　　　　　出版部 62754962
电 子 邮 箱：zpup@pup.pku.edu.cn
印　刷　者：三河市博文印刷有限公司
经　销　者：新华书店
　　　　　　890 mm×1240 mm　A5　8.875 印张　260 千字
　　　　　　2004 年 9 月第 1 版　2024 年 7 月第 12 次印刷
印　　　数：35001—37000 册
定　　　价：39.00 元

未经许可,不得以任何方式复制或抄袭本书之部分或全部内容。
版权所有,侵权必究
举报电话：010-62752024　电子邮箱：fd@pup.pku.edu.cn

前　言

20世纪70年代以来，我们为北京大学等院校文科各系各专业讲授"高等数学"课程期间，在课程内容体系上进行了多次改革，先后编写了《大学文科基础数学》、《文科高等数学教程》和《大学文科高等数学》等多部教材，深受广大师生的好评。

文科高等数学（包括微积分、线性代数和概率统计）是文科类各专业的一门基础课。针对目前全国各高校的不同专业方向对基础数学要求有一定差异，在总学时不多的情况下，编写一套能够科学地阐述高等数学的基本内容、全面系统地介绍有关基本原理和基本方法的简明易懂的教材尤为重要。

根据高等教育面向21世纪教学内容和课程改革总目标的要求，结合作者三十年来讲授文科高等数学课程的实践，我们又编写了这套教材《大学文科数学简明教程》，其中包括主教材《大学文科数学简明教程（上册）》、《大学文科数学简明教程（下册）》以及与之配套的辅导教材《大学文科数学解题指南》共三册。本套教材包括三部分内容：第一部分"微积分"，第二部分"线性代数"，第三部分"概率统计"。第一部分"微积分"编写在上册，上册共分五章，内容包括函数与极限、一元函数微分学、中值定理和导数的应用、一元函数积分学、多元函数微积分。在附录中还分别介绍了无穷级数与常微分方程的有关知识。第二部分"线性代数"和第三部分"概率统计"编写在下册，下册共分为五章，内容包括行列式、矩阵、线性方程组、初等概率论与数理统计基础等。讲授以上全部内容可以安排在两个学期，按每个学期17周，每周3个学时计算，总共需要102个学时。本套教材按章配备了适量的习题,书末附有答案与提示,供教师和学生参考。

本书可作为一般院校文科类各专业的数学基础课教材,其上册又可作为自学考试高等数学(一)"微积分"课程的主教材使用。对于"微积分"课程要求较低的理工科各专业也可选用本教材。

由于编者水平有限,加之时间比较仓促,书中难免有错误和疏漏之处,恳请广大读者批评指正。

编 者

2004年6月8日于

北京大学中关园

目　　录

第一章　函数与极限 …………………………………………（1）
　§1　函数 ………………………………………………………（1）
　　1.1　实数、区间和邻域 …………………………………（1）
　　1.2　函数的概念 …………………………………………（3）
　　1.3　函数的性质 …………………………………………（9）
　　1.4　反函数·复合函数与初等函数 ……………………（10）
　§2　极限的概念…………………………………………………（14）
　　2.1　数列的极限 …………………………………………（15）
　　2.2　函数的极限 …………………………………………（19）
　　2.3　变量的极限 …………………………………………（27）
　　2.4　无穷小量·无穷大量 ………………………………（28）
　　2.5　极限的性质 …………………………………………（30）
　§3　极限的计算…………………………………………………（31）
　　3.1　极限的运算法则 ……………………………………（31）
　　3.2　两个重要极限 ………………………………………（34）
　　3.3　无穷小量的阶 ………………………………………（39）
　§4　函数的连续性………………………………………………（42）
　　4.1　函数连续的概念 ……………………………………（43）
　　4.2　连续函数的运算法则 ………………………………（47）
　　4.3　闭区间上连续函数的两个重要性质 ………………（49）
　习题一 …………………………………………………………（51）

第二章　一元函数微分学 ……………………………………（59）
　§1　导数的概念…………………………………………………（59）
　　1.1　导数的定义 …………………………………………（59）
　　1.2　导数与连续 …………………………………………（66）
　　1.3　导数的几何意义 ……………………………………（66）

§2 导数的运算法则与基本公式 …………………… (68)
 2.1 导数的运算法则 ……………………………… (68)
 2.2 导数的基本公式与求导的运算法则小结 …… (76)
 2.3 高阶导数 ……………………………………… (77)
§3 微分 ………………………………………………… (79)
 3.1 微分的概念 …………………………………… (79)
 3.2 微分的计算 …………………………………… (81)
 3.3 微分的应用 …………………………………… (84)

习题二 …………………………………………………… (87)

第三章 中值定理和导数的应用 ……………………… (92)

§1 中值定理 …………………………………………… (92)
 1.1 罗尔定理 ……………………………………… (92)
 1.2 拉格朗日中值定理 …………………………… (94)
 1.3 柯西中值定理 ………………………………… (96)
§2 洛必达法则 ………………………………………… (98)
 2.1 洛必达法则 I ………………………………… (98)
 2.2 洛必达法则 II ………………………………… (100)
 2.3 其他待定型 …………………………………… (101)
§3 函数的单调性与极值 ……………………………… (104)
 3.1 函数的单调性 ………………………………… (104)
 3.2 极值的定义 …………………………………… (106)
 3.3 函数的最值 …………………………………… (109)
§4 函数的微分法作图 ………………………………… (112)
 4.1 曲线的凹凸性 ………………………………… (112)
 4.2 拐点 …………………………………………… (113)
 4.3 曲线的渐近线 ………………………………… (114)
 4.4 函数的作图 …………………………………… (115)

习题三 …………………………………………………… (117)

第四章 一元函数积分学 ……………………………… (121)

§1 不定积分的概念 …………………………………… (121)
 1.1 不定积分的定义 ……………………………… (121)

1.2　不定积分的性质 ························ (124)
　　　1.3　基本积分表 ·························· (125)
　§2　不定积分的计算 ···························· (128)
　　　2.1　第一换元积分法(凑微分法) ················ (128)
　　　2.2　第二换元法(作代换法) ··················· (132)
　　　2.3　分部积分法 ·························· (135)
　§3　定积分的概念和基本性质 ······················ (139)
　　　3.1　定积分的定义 ························· (139)
　　　3.2　定积分的基本性质 ······················· (146)
　§4　定积分的计算 ····························· (150)
　　　4.1　微积分学基本定理 ······················· (150)
　　　4.2　定积分的换元积分法 ····················· (155)
　　　4.3　定积分的分部积分法 ····················· (157)
　§5　定积分的应用与推广 ························· (158)
　　　5.1　微元分析法 ·························· (158)
　　　5.2　定积分应用的几个实例 ···················· (159)
　　　5.3　广义积分 ··························· (164)
　习题四 ·································· (167)
第五章　多元函数微积分 ··························· (175)
　§1　多元函数的概念 ···························· (175)
　　　1.1　平面点集与区域 ······················· (175)
　　　1.2　二元函数的定义 ······················· (176)
　　　1.3　二元函数的极限与连续 ···················· (178)
　§2　偏导数和全微分 ···························· (180)
　　　2.1　偏导数 ···························· (180)
　　　2.2　高阶偏导数 ·························· (183)
　　　2.3　全微分 ···························· (184)
　　　2.4　复合函数的微分法 ······················· (186)
　　　2.5　隐函数的微分法 ······················· (188)
　§3　二元函数的极值 ···························· (190)
　　　3.1　通常极值 ··························· (190)

3.2　条件极值 ·· (192)
　§4　二重积分的概念 ·· (196)
　　4.1　二重积分的概念 ·· (196)
　　4.2　二重积分的性质 ·· (199)
　§5　在直角坐标系下计算二重积分 ······························ (200)
　　5.1　在直角坐标系中计算二重积分 ···························· (201)
　　5.2　二重积分的简单应用 ···································· (206)
　习题五 ·· (208)

附录一　常微分方程简介 ·· (213)
　§1　常微分方程的一般概念 ······································ (213)
　§2　常微分方程的初等解法 ······································ (215)
　　2.1　分离变量法 ·· (216)
　　2.2　初等变换法 ·· (219)
　§3　二阶线性微分方程 ·· (224)
　　3.1　二阶线性微分方程解的结构 ······························ (225)
　　3.2　二阶常系数线性齐次方程的解法——特征方程法 ············ (226)
　　3.3　二阶常系数线性非齐次方程的解法——待定系数法 ·········· (230)
　附录一习题 ·· (234)

附录二　无穷级数简介 ·· (238)
　§1　数项级数 ·· (238)
　　1.1　数项级数的基本概念与简单性质 ·························· (238)
　　1.2　正项级数 ·· (242)
　　1.3　交错级数 ·· (245)
　　1.4　任意项级数 ·· (246)
　§2　幂级数 ·· (247)
　　2.1　幂级数及其收敛半径 ···································· (247)
　　2.2　幂级数的运算 ·· (250)
　§3　函数的幂级数展开式 ·· (252)
　　3.1　麦克劳林级数 ·· (252)
　　3.2　初等函数的幂级数展开式 ································ (254)
　附录二习题 ·· (258)

习题答案与提示 ·· (263)

第一部分 微 积 分

第一章 函数与极限

高等数学与初等数学的区别在于研究的对象和研究方法的不同. 在高等数学中研究的对象主要是变量,所使用的方法主要是极限方法. 本章将在初等数学的基础上,进一步讨论变量之间的相互依存关系和变量在其变化过程中的变化趋势,从而引出高等数学中的两个重要的基本概念——函数与极限.

§1 函 数

高等数学主要是在实数范围内讨论问题,因此作为预备知识在这里我们有必要简单地回顾一下实数的一些属性.

1.1 实数、区间和邻域

人们对数的认识是逐步发展的,首先是自然数 $1,2,3,\cdots$. 由自然数构成的集合叫做自然数集,记为 N,在 N 中我们可以定义加法和乘法的运算. 其后发展到有理数,它包括一切整数(整数的集合用 Z 表示)与分数,每一个有理数都可以表示成 $\frac{p}{q}$(其中 $p,q \in Z$ 且 $q \neq 0$). 我们把有理数构成的集合叫做有理数集,记为 Q,在 Q 中我们可以定义四则运算. 下面我们先来介绍有理数的两个性质.

在数轴上,每一个有理数都可以找到一个点表示它. 例如,图 1-1 中的点 A_1, A_2, A_3, A_4, A_5 等就可以分别代表有理数 -4, $-\frac{3}{2}, \frac{1}{2}, 3, 5$ 等. 我们把代表有理数 x 的点叫做有理点 x. 由图可见,有理数集 Q 除了可以在其中定义四则运算外,还具有**有序性**(即在数轴上有理点是从左向右按大小次序排列的)和**稠密性**(即在任意两个有理点之间有无穷多个有理点).

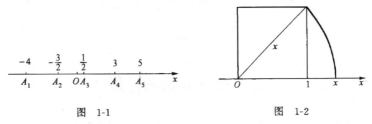

图 1-1　　　　　　　　图 1-2

虽然有理点在数轴上是处处稠密的,但是它并没有充满整个数轴.例如边长为 1 的正方形,其对角线长为 x(见图 1-2),由勾股定理可知 $x^2 = 2$. 设在数轴上的点 x 代表的数为 $\sqrt{2}$,容易证明它不能表示成 $\dfrac{p}{q}$($p,q \in Z, q \neq 0$)的形式,因此它不是有理数.这说明在数轴上除了有理点以外还有许多空隙.这些空隙处的点我们称之为**无理点**,无理点代表的数称为**无理数**.无理数是无限不循环的小数,如 $\sqrt{2}$,$-\sqrt{3}$,π 等,由它们所构成的集合叫做无理数集,记为 I. 我们把有理数与无理数统称为**实数**,全体实数构成的集合叫做实数集.记为 R. 与有理数集 Q 一样,实数集 R 也具有在其中可以定义四则运算,有序的以及处处稠密的等性质,而且还具有一个与 Q 不同的特性,这就是实数的连续性(即实数点充满了整个数轴).

由于任给一个实数,数轴上就有惟一的点与它对应;反之,数轴上的任意一个点也对应着惟一的实数,可见实数集合等价于数轴上的点集.因此在以后的讨论中,我们可以把点与实数不加区分.

在 R 的子集中,我们今后经常遇到的是各种各样的区间.所谓**区间**就是介于某两点之间的一切点所构成的集合,这两个点称为区间的**端点**.如果两个端点都是定数,称此区间为有限的,否则称为无限的.常见的区间有:设 $a \in R, b \in R$ 且 $a < b$,我们把集合 $\{x | a < x < b\}$ 称为**开区间**,记作 (a,b);把集合 $\{x | a \leqslant x \leqslant b\}$ 称为**闭区间**,记作 $[a,b]$;把集合 $\{x | a < x \leqslant b\}$ 和 $\{x | a \leqslant x < b\}$ 称为**半开半闭区间**,分别记作 $(a,b]$ 和 $[a,b)$. 以上各种有限区间在数轴上都可以用一

条线段来表示它们. 对于无限区间,例如$\{x|x>a\}$,记作$(a,+\infty)$;$\{x|x<a\}$,记作$(-\infty,a)$;$\{a|a\in \mathbf{R}\}$,记作$(-\infty,+\infty)$. 类似地,还有$[a,+\infty)$和$(-\infty,a]$(注意,这里的$+\infty,-\infty$以及∞只是一种符号,既不能把它们视为实数,也不能对它们进行运算).

下面我们介绍邻域的概念.

设$a\in \mathbf{R}, h\in \mathbf{R}$且$h>0$. 称集合
$$\{x||x-a|<h\}$$
为a的一个**邻域**,记作$U_h(a)$,其中h为邻域半径;称集合
$$\{x|0<|x-a|<h\}$$
为a的一个空心邻域,记作$U_h(\bar{a})$. 当不必指明邻域半径时,我们用$U(a), U(\bar{a})$表示a的邻域和a的空心邻域. 称集合
$$\{x|a\leqslant x<a+h\} \quad 和 \quad \{x|a-h<x\leqslant a\}$$
为a的**右邻域**和**左邻域**,记作$U_h^+(a)$和$U_h^-(a)$. 若上述集合除去a点,就称为a的**空心右邻域**和**空心左邻域**,记作$U_h^+(\bar{a})$和$U_h^-(\bar{a})$. 不必指明邻域半径时,记号中可省略h.

1.2 函数的概念

1. 函数的定义

历史上,"函数"一词是由著名的德国数学家莱布尼兹(Leibniz)首先引入数学的. 他是针对某种类型的数学公式来使用这一术语的,尽管当时他已经考虑到变量x以及和x同时变化的变量y之间的依赖关系,但还是没有能够给出一个明确的函数定义. 其后经欧拉(Euler)等人不断修正、扩充才逐步形成一个较为完整的函数概念.

例1 在真空中,物体在重力的作用下,从高度为h米处自由下落,下落物体的路程s与下落时间t的对应关系可以由下面公式:
$$s=\frac{1}{2}gt^2, \quad t\in\left[0,\sqrt{\frac{2h}{g}}\right]$$
确定,其中g为重力加速度,它是一个常数.

例2 温度自动记录仪把某地一天的气温变化描绘在记录纸上,如图1-3所示的曲线. 曲线上某一点$P_0(t_0,\theta_0)$表示时刻t_0的气温是θ_0. 观察这条曲线,可以知道在这一天内,时间t从0点到24点

气温 θ 的变化情形.时间 t 和气温 θ 都是变量,这两个变量之间的数量关系是由一条曲线确定的.

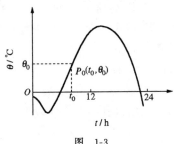

图 1-3

例3 目前银行储蓄 1 年期整存整取的年利率为 2.25%,存款金额与所得利息列表如下:

存款金额 k(元)	100	500	1000	2000	5000	10000
一年利息 r(元)	2.25	11.25	22.5	45	112.5	225

可见,存款金额 k 和所得利息 r 都是变量,并且 r 随 k 取不同的值而取不同的值,而 r 与 k 之间的数量关系由上表所确定.

类似的例子是很多的,虽然它们的具体的背景不同,而且具有不同的表示形式,但是在数学上却有一个共同点:都是两个变量,并且当其中一个变量在某一范围内取定后,按照一定的规则(如公式、图像或表格),另一个变量便有惟一的值与之对应,变量之间的这种对应关系就是函数关系.

从本质上讲,函数是从一个集合到另一个集合的映射.即给定两个集合 A 和 B,若对于 A 中的每个元素 a,按照某一对应关系 f,在 B 中都有惟一确定的一个元素 b 与它对应,则称 f 为 A 上的一个函数,记作

$$f: A \to B.$$

集合 A 称为函数的定义域,与 A 中元素对应的 B 中元素 b 构成的集合称为函数的值域.

在函数定义中对定义域 A 和集合 B 中的元素的性质没有加以限制,但在微积分中我们感兴趣的是一些定义域和值域均为实数集的函数,这类函数称为实变数的实值函数,简称为实函数.下面给出

它的定义:

定义 1.1　设 X 是一个给定的非空数集,f 是一个确定的对应关系. 如果对于 X 中的每一个元素 x,通过 f 都有 $\mathbf{R}$ 内的惟一确定的一个元素 y 与之对应,那么这个关系 f 就叫做从 X 到 $\mathbf{R}$ 的**函数关系**,简称为**函数**,记为
$$f: X \to \mathbf{R} \quad \text{或} \quad f(x) = y.$$

我们把按照函数 f 与 $x \in X$ 所对应的 $y \in \mathbf{R}$ 叫做 f 在 x 处的**函数值**,记作 $y = f(x)$. 并把 X 叫做函数 f 的**定义域**,一般用 D_f 表示,而 f 的全体函数值的集合
$$\{f(x) | x \in D_f\}$$
叫做函数 f 的**值域**,通常用 Y 来表示,即
$$Y = \{f(x) | x \in D_f\}.$$

由函数的定义可知,决定一个函数有三个因素:定义域 D_f,对应关系 f 和值域 Y. 注意到每一个函数值都可由一个 $x \in D_f$ 通过 f 而惟一确定,于是给定 D_f 和 f,Y 就相应地被确定了;从而 D_f 和 f 就是决定一个函数的**两个要素**. 因此,今后我们把函数用
$$y = f(x), \quad x \in D_f$$
来表示. 并说 y 是 x 的函数,其中 x 叫做**自变量**,y 叫做**因变量**. 由于在我们讨论的范围内,函数 f 和函数值 $f(x)$(即 y)没有区分的必要,因此通常把 y 叫做 x 的函数.

在例 1 中对应关系 f 为:
$$f(\ ) = \frac{1}{2} g(\ )^2,$$
即先对自变量作平方运算,然后再乘以 $\frac{1}{2}g$;其定义域为 $\left[0, \sqrt{\frac{2h}{g}}\right]$.

例 1 中的函数我们也可以用
$$y = \frac{1}{2} g x^2, \quad x \in \left[0, \sqrt{\frac{2h}{g}}\right]$$
表示.

通过上面的讨论可以看出,一个函数主要是由函数关系和其定义域 X 所确定的,而与其自变量和因变量所选用的符号没有关系.

例4 圆的面积 S 是半径 r 的函数. 用
$$S = \pi r^2, \quad r \in [0, +\infty)$$
来表示,其中
$$D_f = \{r \mid 0 \leqslant r < +\infty\}$$
是 f 的定义域. 如果不考虑这个问题的具体内容,则函数 $S = \pi r^2$ 的定义域为
$$D_f = \{r \mid -\infty < x < +\infty\}.$$

一般地,当 $f(x)$ 是用 x 的表达式给出时,如果不特别声明,那么函数的定义域就是使 $f(x)$ 有意义的全体 x 的集合,通常称它为**自然定义域**.

例如函数 $y = \frac{1}{2}gx^2$ 的自然定义域为 $(-\infty, +\infty)$.

除了用字母"f"表示函数以外,当然也可以用其他的字母,例如,用"F","φ"等等来表示函数,甚至可以用 $y = y(x)$ 来表示一个函数. 但在同一个问题中不同的函数一定要用不同的符号来表示.

在定义中,我们用"惟一确定"来表明所讨论的函数都是单值的. 所谓**单值函数**就是对于 X 中的每一个 x 值,都有一个而且只有一个 y 与之对应的函数. 对于 X 中的某个 x 值有多于一个 y 与之对应的函数,叫做**多值函数**. 本书我们只讨论单值函数.

由于定义域和对应规则是决定一个函数的两个要素,因此,在高等数学中两个函数相同是指它们的定义域和对应规则分别相同. 例如,函数
$$f(x) = \ln x^2 \quad \text{与} \quad g(x) = 2\ln|x|$$
是相同的函数. 因为这两个函数的定义域都是 $(-\infty, 0) \cup (0, +\infty)$,根据对数的性质知
$$\ln x^2 = 2\ln|x|,$$
即这两个函数的对应法则是一致的. 而函数
$$f(x) = \ln x^2 \quad \text{与} \quad g(x) = 2\ln x$$
是不同的函数,前者的定义域为 $(-\infty, 0) \cup (0, +\infty)$,而后者的定义域为 $(0, +\infty)$.

2. 函数的表示方法

表示函数的方法主要有三种:公式法、图形法和列表法.

(1) 公式法

变量 x 与 y 之间的函数关系是由数学表达式给出的,称为**公式法**或**解析法**. 如前述例 1 就是用公式法表示下落物体的路程 s 与时间 t 之间的函数关系. 用该法表示函数,便于理论分析和计算. 在下面的讨论中,我们一般都使用公式法来表示函数.

(2) 图形法

用图形表示变量 x 与 y 之间的函数关系,称为**图形法**. 在平面直角坐标系中,对于函数 $y=f(x)$,以自变量 x 的取值为横坐标,与其对应的 y 值为纵坐标,这样一些点 (x,y) 的轨迹形成一条曲线,便是该函数的几何图形. 如前述例 2 就是用图形法表示一天 24 小时内,时间 t 与气温 θ 之间的函数关系. 用图形法表示函数关系,形象直观,易看到函数的变化趋势.

(3) 列表法

若变量 x 与 y 之间有函数关系,将一系列自变量 x 的值与对应的函数值 y 列成表,称为**列表法**. 如前述例 3 就是用列表法表示一年所得利息 r 与存款金额 k 之间的函数关系. 在初等数学中,我们所用的对数表、三角函数表等均是用列表法表示对数函数和三角函数. 列表法的优点是使用方便,在实际工作中经常使用. 它的局限性是不能完全反映两个变量之间的函数关系.

下面我们给出三个用解析法表示的常用函数.

例 5 绝对值函数

$$y=|x| \xlongequal{\text{def}} \begin{cases} x, & x \geqslant 0, \\ -x, & x < 0. \end{cases}$$

这个函数在 $x \geqslant 0$ 时分析表达式为 $y=x$,在 $x<0$ 时为 $y=-x$ (图 1-4). 这种由两个或两个以上的分析表达式表示的函数,称为分段定义函数,简称为**分段函数**. 需要注意的是,在一般情况下,对于同一个自变量,函数不能同时有两个不同的分析表达式.

例 6 符号函数

$$y=\text{sgn}\, x \xlongequal{\text{def}} \begin{cases} -1, & x<0, \\ 0, & x=0, \\ 1, & x>0. \end{cases}$$

这也是一个分段函数,其图形如图 1-5 所示.例 5 的绝对值函数$|x|$可由它和 x 表示:$|x|=x\cdot\mathrm{sgn}x$,可见 $\mathrm{sgn}x$ 起了 x 的符号作用,故称它为**符号函数**.需要指出的是,有些函数如 $y=\sin x$,它的对应关系是通过函数符号 $\sin$ 表示的.这里的 sgn 是符号函数的函数符号.

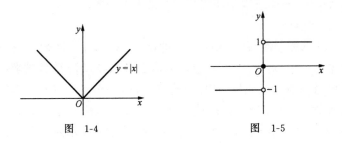

图 1-4   图 1-5

例 7 取整函数
$$y=[x]\stackrel{\mathrm{def}}{=\!=\!=}n\ (x=n+r, n\in \mathbf{Z}, 0\leqslant r<1, x\in \mathbf{R}).$$
可见,记号[ ]表示不超过 x 的最大整数.例如$[2.1]=2$,$[0.3]=0$,$[-0.6]=[-1+0.4]=-1$,$[-3.5]=-4$,一般有
$$[x]\leqslant x<[x]+1\ (见图1\text{-}6).$$

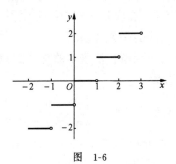

图 1-6

函数 $y=f(x), x\in X$ 一般可以用坐标平面上的图形给予几何说明.所谓函数图形是指以 x 为横坐标,以 $f(x)$ 为纵坐标,由点 $(x, f(x))$ 所构成的一个平面点集 E,即
$$E=\{(x, f(x))|x\in X\}.$$

图 1-4,图 1-5 与图 1-6 分别给出了例 5,例 6 与例 7 中函数的图形,从函数图形上我们往往可以看出函数的某些特性.应该指出的

是：并不是每一个函数的图形都可以画出来,例如狄利克雷(Dirichlet)函数就是如此,其定义如下：
$$D(x) = \begin{cases} 1, & \text{当 } x \text{ 为有理数时,} \\ 0, & \text{当 } x \text{ 为无理数时.} \end{cases}$$

1.3 函数的性质

研究函数的目的是为了了解它所具有的特性,以便掌握它的变化规律.下面我们列出函数的几个简单性质.

1. 奇偶性

定义 1.2 设函数 $y=f(x)$ 的定义域 X 为一个对称数集,即任给 $x\in X$ 时,有 $-x\in X$.若函数 $f(x)$ 满足
$$f(-x) = -f(x),$$
则称函数 $f(x)$ 为**奇函数**;若函数 $f(x)$ 满足
$$f(-x) = f(x),$$
则函数称 $f(x)$ 为**偶函数**.

例如,函数 $y=x^3$, $y=\sin x$ 和 $y=\text{sgn}\, x$ 都是奇函数;$y=x^2$, $y=|x|$ 和 $y=\cos x$ 都是偶函数,而 $y=x^3+x^2$ 是一个非奇非偶函数.不难看出,奇函数的图形关于原点是对称的,偶函数的图形关于 y 轴是对称的.

2. 单调性

定义 1.3 设函数 $y=f(x)$, $x\in X$,任给 $x_1, x_2 \in (a,b)$ 且 $(a,b) \subset X$.若 $x_1 < x_2$ 时,有
$$f(x_1) < f(x_2) \quad (f(x_1) > f(x_2)),$$
则称 $f(x)$ 在 (a,b) 内是**递增**(**递减**)的;又若 $x_1 < x_2$ 时,有
$$f(x_1) \leqslant f(x_2) \quad (f(x_1) \geqslant f(x_2)),$$
则称 $f(x)$ 在 (a,b) 内是**不减**(**不增**)的.

递增函数或递减函数统称为**单调函数**.同样我们可以定义在无限区间上的单调函数.

例如,函数 $y=x^2$ 在 $(-\infty, 0)$ 内是递减的,而在 $(0, +\infty)$ 内是递增的;函数 $y=[x]$ 和 $y=\text{sgn}\, x$ 在其定义域内都是不减的.常数函数

$y=C$ ($-\infty<x<+\infty$)既是一个不增函数又是一个不减函数.

3. 有界性

定义 1.4 设函数 $y=f(x)$ 在 X 上有定义,若存在 $M_0>0$,对于任意的 $x\in X$ 使得 $|f(x)|\leqslant M_0$,则称 $f(x)$ 在 X 上是**有界的**;否则称 $f(x)$ 在 X 上是**无界的**.

例如,$y=\sin x$ 在 $(-\infty,+\infty)$ 内是有界的,因为 $|\sin x|\leqslant 1$;而 $y=1/x$ 在 $(0,1]$ 上是无界的,但在 $[1,+\infty)$ 上是有界的. 有界函数的界不是惟一的. 例如对于 $y=\sin x$,不仅 1 是它的界,而且任何一个大于 1 的数都是它的界. 不难看出,有界函数的图形总是位于平行于 x 轴的直线 $y=-M_0$ 与 $y=M_0$ 之间.

4. 周期性

定义 1.5 设函数 $y=f(x)$,$x\in \boldsymbol{R}$. 若存在 $T_0>0$,对于任意的 $x\in \boldsymbol{R}$ 使得 $f(x+T_0)=f(x)$,则称 $f(x)$ 是**周期函数**,T_0 为其**周期**.

由定义可知,$kT_0(k\in \boldsymbol{N})$ 都是它的周期,可见一个周期函数有无穷多个周期. 若在无穷多个周期中,存在最小的正数 T,则称 T 为 $f(x)$ 的**最小周期**,简称**周期**.

例如,$y=\sin x$,$y=\sin 2x$ 和 $y=\sin\pi x$ 等都是周期函数,它们的周期分别是 2π,π 和 2;而 $y=\sin x^2$ 和 $y=\sin 2x+\sin\pi x$ 就不是周期函数了. 对于常数函数 $y=C$ 来说,任何正实数都是它的周期,由于最小的正数是不存在的,所以它没有最小周期.

不在整个实轴上定义的函数,也可以讨论它的周期性. 例如 $\tan x(x\in \boldsymbol{R},x\neq k\pi+\pi/2,k\in \boldsymbol{Z})$,由于
$$\tan(x+\pi)=\tan x,$$
所以它是一个周期为 π 的周期函数.

1.4 反函数·复合函数与初等函数

1. 反函数

在研究两个变量的函数关系时,我们可以根据问题本身的需要选定其中一个为自变量,则另外一个就是因变量. 例如在 1.2 例 4 中,我们选定半径 r 为自变量,则圆的面积 S 是半径 r 的函数,它们

的关系由下面公式：
$$S = \pi r^2, \quad r \in [0, +\infty)$$
确定,此函数我们记作 $S=f(r)$. 如果问题要求由圆的面积来确定其半径 r,那么我们可以把面积 S 取作自变量,而半径 r 作为因变量. 这样,半径 r 是面积 S 的函数. 此函数我们记作 $r=\varphi(S)$, r 与 S 的关系由公式 $S=\pi r^2$ 确定为
$$r = \sqrt{\frac{S}{\pi}}.$$
这时,我们称函数 $r=\varphi(S)$ 为函数 $S=f(r)$ 的**反函数**,而 $S=f(r)$ 为**直接函数**.

下面我们给出反函数的定义：

定义 1.6 给定函数 $y=f(x)$ $(x \in X, y \in Y)$. 如果对于 Y 中的每一个值 $y=y_0$ 都有 X 中惟一的一个值 $x=x_0$,使得 $f(x_0)=y_0$,那么我们就说在 Y 上确定了 $y=f(x)$ 的**反函数**,记作
$$x = f^{-1}(y) \quad (y \in Y).$$

通常我们用符号" f^{-1} "表示新的函数关系. 例如,若直接函数 $S=f(r)=\pi r^2$ $(0 \leqslant r < +\infty)$,则其反函数为 $r=f^{-1}(S)=\sqrt{S/\pi}$ $(0 \leqslant S < +\infty)$. 一般地,直接函数与反函数的对应关系、定义域与值域是不相同的,反函数的定义域和值域,恰好是直接函数的值域和定义域,即若
$$f: X \to Y,$$
则
$$f^{-1}: Y \to X.$$

习惯上我们用 x 表示自变量,用 y 表示因变量,因而常把函数 $y=f(x)$ 的反函数写成 $y=f^{-1}(x)$ 的形式. 从而 $y=f(x)$ 与 $y=f^{-1}(x)$ 的图形是关于直线 $y=x$ 对称的,这是因为这两个函数因变量与自变量互换的缘故.

对于一个给定的函数 $y=f(x), x \in X, y \in Y$ 来说,它在 X 上有反函数存在的充要条件是 $X \sim Y$ (即 $f(x)$ 在 X 上与值域 Y 是一一对

应的). 因为单调函数是一一对应的, 所以单调函数一定有反函数存在. 例如, $y=2x+1$ 是一个递增函数, 它的反函数为 $y=\dfrac{x}{2}-\dfrac{1}{2}$ 也是一个递增函数; 而 $y=x^2$ 在 **R** 上与值域 $Y=(0,+\infty)$ 不是一一对应的, 所以它没有反函数. 但是当 $y=x^2$ 定义在 $(-\infty,0)$ 或 $(0,+\infty)$ 上时, 其反函数分别为 $y=-\sqrt{x}$ 和 $y=\sqrt{x}$.

同样, 正弦函数 $y=\sin x$ 在 **R** 上与值域 $Y=[-1,1]$ 不是一一对应的, 所以它也没有反函数. 但是如果限制 x 的取值区间为 $\left[-\dfrac{\pi}{2},\dfrac{\pi}{2}\right]$, 可知 $y=\sin x$ 在该区间上是单调增加函数, 因此它有反函数, 我们将 $\left[-\dfrac{\pi}{2},\dfrac{\pi}{2}\right]$ 上 $y=\sin x$ 的反函数定义为反正弦函数, 记作 $y=\arcsin x$, 其定义域 $X=[-1,1]$, 值域 $Y=\left[-\dfrac{\pi}{2},\dfrac{\pi}{2}\right]$. 同理, 正切函数 $y=\tan x$ 在 $\left(-\dfrac{\pi}{2},\dfrac{\pi}{2}\right)$ 内单调增加, 故有反函数, 将其定义为反正切函数, 记作 $y=\arctan x$, 其定义域 $X=(-\infty,+\infty)$, 值域 $Y=\left(-\dfrac{\pi}{2},\dfrac{\pi}{2}\right)$.

从 $y=\arcsin x$ 和 $y=\arctan x$ 的图形(见图1-7、图1-8)可以看出, 图形关于原点对称, 它们都是奇函数.

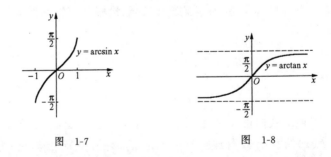

图 1-7 图 1-8

类似地, 我们也可以定义反余弦函数, $y=\arccos x$(见图1-9)和反余切函数 $y=\operatorname{arccot} x$(见图1-10). 可以看出, 它们的图形都位于 x 轴的上方.

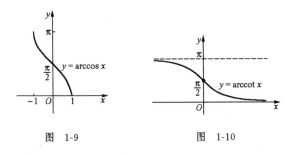

图 1-9 图 1-10

2. 复合函数

对于一些函数,例如 $y=\lg(x^2+1)$,我们可以把它看成是将 $u=x^2+1$ 代入到 $y=\lg u$ 之中而得到的. 像这样在一定条件下,将一个函数"代入"到另一个函数中的运算称为函数的复合运算,而得到的函数称为复合函数. 一般有下面的定义:

定义 1.7 设 $y=f(u)(u\in U), u=g(x)(x\in X, u\in U_1)$. 若 $U_1 \subset U$,则称 $y=f[g(x)](x\in X)$ 为 $y=f(u)$ 和 $u=g(x)$ 的**复合函数**,有时记为 $f\circ g$. 通常称 $f(u)$ 为**外层函数**,$g(x)$ 为**内层函数**,并称 u 为**中间变量**.

例如,对于函数 $f(x)=\mathrm{e}^x$ 和 $g(x)=-x^2$. 当自变量 $x\in \mathbf{R}$ 时,我们可以通过对应关系 g,确定出中间变量 u(其变化域为 $(-\infty,0]$),再通过对应关系 f,确定出因变量 y. 这样就建立起自变量 x 与因变量 y 之间的对应关系 $f\circ g$,即

$$f\circ g(x) = \mathrm{e}^{-x^2}, \quad x\in \mathbf{R}.$$

需要指出的是,复合运算与四则运算不同,它没有交换律,即若 $f\circ g$ 与 $g\circ f$ 都存在,一般来说

$$f\circ g \neq g\circ f.$$

上例中 $g\circ f(x)=-\mathrm{e}^{2x}$,显然

$$\mathrm{e}^{-x^2} \neq -\mathrm{e}^{2x}.$$

两个以上的函数也可以进行复合运算,并且满足结合律,即

$$f\circ (g\circ h) = (f\circ g)\circ h.$$

例如,对于函数 $y=f(u)=\sqrt{u}, u=\varphi(v)=\log_a v, v=k(x)=\sin x$,我们有

$$y = f[\varphi(k(x))] = \sqrt{\log_a \sin x},$$

就是由上面三个函数复合而成的复合函数.

另外,不是任何两个函数都能构成复合函数.按定义 1.7 中所给的两个函数,只有当内层函数 $u=g(x)$ 的值域 U_1 与外层函数 $y=f(u)$ 的定义域 U 的交集非空时,即 $U_1 \cap U \neq \emptyset$ 时,这两个函数才能复合成复合函数 $y=f(g(x))$. 例如,函数

$$y = \arcsin u, \quad u \in [-1,1], \quad y \in \left[-\frac{\pi}{2}, \frac{\pi}{2}\right],$$

$$u = 2 + x^2, \quad x \in (-\infty, +\infty), \quad u \in [2, +\infty)$$

虽然能写成 $y=\arcsin(2+x^2)$,但它却无意义.因为

$$[2, +\infty) \cap [-1,1] = \emptyset.$$

3. 初等函数

我们所研究的各种函数,特别是一些常见的函数都是由几种最简单的函数构成的,这些最简单的函数就是在初等数学中学过的六类基本初等函数:常数函数、幂函数、指数函数、对数函数、三角函数和反三角函数.

定义 1.8 基本初等函数经过有限次加、减、乘、除、复合运算所得到的函数,称为**初等函数**.

一般来说初等函数都有一个分析表达式.例如

$$y = e^{-x^2}, \quad y = \lg(x^2+1), \quad y = \sqrt{\cos x - 1}$$

等等都是初等函数.又如由常数函数和幂函数构成的多项式函数 $P(x)$、有理函数 $R(x)$ 也是初等函数,其定义如下:

$$P(x) \xlongequal{\text{def}} a_0 + a_1 x + \cdots + a_n x^n = \sum_{k=0}^{n} a_k x^k,$$

其中 a_k 称为多项式的**系数**,n 称为**次数**($a_n \neq 0$);

$$R(x) \xlongequal{\text{def}} \frac{P(x)}{Q(x)},$$

其中 $P(x), Q(x)$ 为多项式函数,并且 $Q(x)$ 不恒为 0.

§2 极限的概念

极限是在研究变量(在某一过程中)的变化趋势时所引出一个非

常重要的概念.微积分学中的许多基本概念,例如连续、导数、定积分、无穷级数等等都是建立在极限的基础上,而极限方法又是我们研究函数的一种最基本的方法.

2.1 数列的极限

1. 数列极限的定义

我们先来看一个实例

例 1 在我国春秋战国时期的《庄子·天下篇》中载有这样一段话"一尺之棰,日取其半,万世不竭."这就是说,一尺长的木棍,每天取下它的一半,永远也取不完.这里我们可以看出,每天取下的长度

$$\frac{1}{2},\frac{1}{4},\frac{1}{8},\cdots,\frac{1}{2^n},\cdots$$

是一个数列,通项为

$$x_n = \frac{1}{2^n} \quad (n \in N).$$

当 n 无限增大(用符号 $n \to \infty$ 表示,读作 n 趋于无穷)时,$\frac{1}{n}$ 就会无限地变小,并且无限地接近常数 0 (用符号 $\frac{1}{n} \to 0$ 表示,读作 $\frac{1}{n}$ 趋于 0). 由于 $2^n \geq n$ (任意的 $n \in N$),有

$$0 < \frac{1}{2^n} \leq \frac{1}{n},$$

因此,当 $n \to \infty$ 时,$\frac{1}{2^n} \to 0$. 一般地,用

$$x_n \to A \quad (n \to \infty)$$

表示当 n 趋于无穷时,x_n 趋向于常数 A.

需要指出的是"万世不竭"表示:虽然 $\frac{1}{2^n}$ 趋于 0,但永远不等于 0. 这说明在我国古代就已经具有无限细分的思想,并对极限过程有了初步的描述.

一般来说,按照一定顺序排列的可列个数:

$$x_1, x_2, \cdots, x_n, \cdots$$

称为**数列**,记为 $\{x_n\}$,其中 x_n 称为第 n 项或**通项**,n 称为 x_n 的**序号**.

例如

$$\left\{1+\frac{(-1)^n}{n}\right\}: 0, 1+\frac{1}{2}, 1-\frac{1}{3}, \cdots, 1+\frac{(-1)^n}{n}, \cdots;$$

$$\{n\}: 1, 2, 3, \cdots, n, \cdots;$$

$$\{(-1)^{n+1}\}: 1, -1, 1, -1, \cdots, (-1)^{n+1}, \cdots$$

都是数列.

下面给出数列极限的定性描述.

给定数列$\{x_n\}$,如果当n无限增大时,x_n无限地趋向于某一个常数A,那么我们就称A为n趋于无穷时数列$\{x_n\}$的极限,记作

$$\lim_{n\to\infty} x_n = A \quad \text{或} \quad x_n \to A(n \to \infty)$$

(这里的 lim 是 limit 的缩写).

可以看出,随着n的增大,数列$\left\{1+\frac{(-1)^n}{n}\right\}$的通项无限地趋向于常数 1,即它以 1 为极限,记作

$$1+\frac{(-1)^n}{n} \to 1 \quad (n \to \infty).$$

而数列$\{n\}$的通项无限增大,它不趋向于任何一个常数,因此它没有极限.

至于数列$\{(-1)^{n+1}\}$,容易看出它在 1 和 -1 上摆动不趋向于任何常数,因此它也没有极限.

上述定义中"当n无限增大时,x_n无限地趋向于某一个常数A",意思是说:当n充分大时,x_n与A可以任意地靠近,而且要多么靠近就能有多么靠近,可见这是一种直观的描述.通常我们用$|x_n - A|$来衡量x_n趋向于A的程度,例如在例 1 中我们所涉及到的数列的通项$x_n = \frac{1}{n}$,当n无限增大时,它与 0 可以任意地靠近.这就是说,$\frac{1}{n}$与 0 的误差$\left|\frac{1}{n} - 0\right|$可以任意地小,只要$n$充分地大.具体来说,给定误差 0.1,要使$|x_n - 0| < 0.1$,即

$$\left|\frac{1}{n} - 0\right| = \frac{1}{n} < 0.1 = \frac{1}{10},$$

只要$n > 10$即可.换句话说,当$n > 10$时,就有不等式

$$\left|\frac{1}{n}-0\right|<0.1$$

成立;若给定误差 0.01,要使 $|x_n-0|<0.01$,即

$$\left|\frac{1}{n}-0\right|=\frac{1}{n}<0.01=\frac{1}{100},$$

只要 $n>100$ 即可. 同理,对于给定的误差 0.001,当 $n>1000$ 时,就数列 $\{x_n\}=\left\{\frac{1}{n}\right\}$,有不等式

$$\left|\frac{1}{n}-0\right|<0.001$$

成立. 上面我们给出了一些小的正数(误差),对 n 充分大与 $\left|\frac{1}{n}-0\right|$ 任意小作了一些具体的数量关系的分析. 由于最小的正数是不存在的,为了给出数列极限的定量描述,通常我们用"ε"表示任意小的正数,并认为它是事先给定的. 对于任意给定的 $\varepsilon>0$,要使 $|x_n-0|<\varepsilon$,即

$$\left|\frac{1}{n}-0\right|=\frac{1}{n}<\varepsilon,$$

只要 $n>\frac{1}{\varepsilon}$ 即可. 换句话说,对于任意给定的小正数 ε,当 $n>\frac{1}{\varepsilon}$ 时,就有不等式

$$\left|\frac{1}{n}-0\right|<\varepsilon$$

成立. 这样在"$|x_n-A|$ 任意小"与"n 充分大"之间就有了明确的数量关系. 需要指出的是,这里我们是用一个条件不等式来描述这种关系的;并且由于 ε 的任意性,$\frac{1}{\varepsilon}$ 不一定是正整数. 注意到我们现在讨论的是数列的变化趋势,在一般情况下,为了叙述方便,我们先取一个非负整数 N,例如取 $N=\left[\frac{1}{\varepsilon}\right]$,于是当 $n>N$ 时,就有 $\left|\frac{1}{n}-0\right|<\varepsilon$. 由此可见,$N$ 是依赖于 ε 的,当 ε 给得越小,一般来说找到的 N 就越大,所以有时记作 $N=N(\varepsilon)$,以此表示 N 依赖于 ε. 下面给出数列极限的定量描述,通常称为用"ε-N"语言叙述极限.

定义 1.9 给定数列 $\{x_n\}$. 如果对于任意给定的正数 ε,不论它怎样小,都存在着这样一个非负整数 N,使得当 $n>N$ 时,不等式

$|x_n-A|<\varepsilon$ 都成立,那么我们就称 A 为 n **趋于无穷时数列** $\{x_n\}$ **的极限**,并称 $\{x_n\}$ **收敛于** A,记作

$$\lim_{n\to\infty} x_n = A \quad \text{或} \quad x_n \to A \ (n\to\infty).$$

如果数列 $\{x_n\}$ 没有极限,那么我们就称 $\{x_n\}$ 是**发散**的.

例如,当 $n\to\infty$ 时,数列 $\{x_n\} = \left\{\dfrac{1}{n}\right\}$, $\{x_n\} = \left\{\dfrac{1}{2^n}\right\}$ 收敛于 0;数列 $\{x_n\} = \left\{\dfrac{2n^2}{n^2+1}\right\}$ 收敛于 2;而数列 $\{x_n\} = \{3n\}$ 和 $\{x_n\} = \left\{\dfrac{1+(-1)^n}{2}\right\}$ 都是发散的.

2. 数列极限的几何意义

如果我们用数轴上的点表示 $\{x_n\}$ 的值,则对于任意给定的 $\varepsilon > 0$,总存在着一个非负整数 N,使得数列从第 $N+1$ 项以后的一切 x_n 的值 $x_{N+1}, x_{N+2}, \cdots, x_n, \cdots$ 都落在 A 的 ε 邻域 $U_\varepsilon(A)$ 内(见图 1-11). 这就是说,尽管邻域半径 ε 可以任意地小,但是 x_n 大都落在 $U_\varepsilon(A)$ 这个邻域内,而最多只有有限个点(不会超过 N 个)在 $U_\varepsilon(A)$ 的外面. 换句话说,x_n 几乎都"聚集"在 A 点附近.

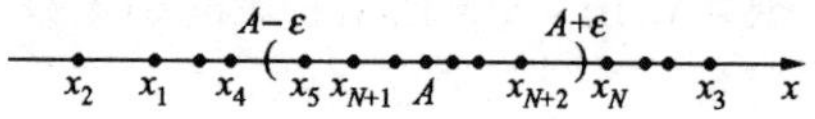

图 1-11

3. 数列极限存在的准则

定义 1.10 若存在实数 M,使得对数列 $\{x_n\}$ 的一切项都有

$$x_n \leqslant M \ (\text{或} \ x_n \geqslant M),$$

则称**数列** $\{x_n\}$ **有上界** M(或**有下界** M). 否则称 $\{x_n\}$ **无上界**(或**无下界**).

定义 1.11 若数列 $\{x_n\}$ 有性质:

$$x_1 \leqslant x_2 \leqslant \cdots \leqslant x_n \leqslant \cdots$$
$$(\text{或} \ x_1 \geqslant x_2 \geqslant \cdots \geqslant x_n \geqslant \cdots),$$

则称**数列** $\{x_n\}$ **单调上升**(或**单调下降**)的.

定理 1.1 单调上升且有上界的数列必有极限. 单调下降且有下界的数列必有极限.

此定理从直观上是明显的.对单调上升的数列$\{x_n\}$,它在数轴上总是向正方向移动,这种移动只有两种可能:或者点列$\{x_n\}$沿数轴正方向移向正无穷大,或者点列$\{x_n\}$无限趋于某一定点A.而现在数列$\{x_n\}$有上界,所以只能是后一种情况.即
$$\lim_{n\to\infty}x_n=A.$$
需要指出的是,定理1.1只是判别一个变量是否有极限,一般情况下不能确定这个极限值.

例2 设常数$r\in(-1,1)$,即$|r|<1$,证明$\lim\limits_{n\to\infty}r^n=0$.

证 若$r=0$,结论显然成立.我们设$r\neq0$.由于
$$|r^n|=|r|^n>|r|^n\cdot|r|=|r|^{n+1}>0,$$
即$|r|^n$是单调下降且有下界的数列,由定理1.1知极限$\lim\limits_{n\to\infty}|r|^n$存在.设$\lim\limits_{n\to\infty}|r|^n=a$.于是有
$$a=\lim_{n\to\infty}|r|^{n+1}=\lim_{n\to\infty}|r||r|^n=|r|\lim_{n\to\infty}|r|^n=|r|a.$$
若$a\neq0$,则有$|r|=1$,矛盾,所以$a=0$.即$\lim\limits_{n\to\infty}|r^n|=0$,从而$\lim\limits_{n\to\infty}r^n=0$.

2.2 函数的极限

1. 当$x\to\infty$时,函数$f(x)$的极限

数列$\{x_n\}$可以看作是定义在正整数集上的函数,它的极限只是一种特殊函数的极限.下面我们来讨论定义在实数集上自变量连续取值的函数$y=f(x)$的极限.首先讨论当x无限增大(记作$x\to+\infty$)时函数$f(x)$的变化趋势.

例如函数$f(x)=\dfrac{1}{x}$,当$x\to+\infty$时$\dfrac{1}{x}$就会无限地变小,并且无限地接近于常数0,这时我们就把0称为函数$f(x)=\dfrac{1}{x}$当$x\to+\infty$时的极限.同样地,我们可以把1称为函数$f(x)=\dfrac{x}{x+1}$当$x\to+\infty$时的极限.

一般说来,给定函数$f(x)$,如果当x无限增大时,$f(x)$无限地趋向于某一个常数A,那么我们就称A为x趋于无穷时函数$f(x)$的极限,记作

$$\lim_{x \to +\infty} f(x) = A \quad \text{或} \quad f(x) \to A \ (x \to +\infty).$$

与数列极限类似,我们也可以用"ε-X"语言来叙述这个极限.

定义 1.12 给定函数 $f(x)$.如果对于任意给定的正数 ε,不论它怎样小,都存在着这样一个正数 X,使得当 $x > X$ 时,不等式
$$|f(x) - A| < \varepsilon$$
都成立,那么我们就称 A 为 x **趋于正无穷时** $f(x)$ **的极限**,并称 $f(x)$ **收敛于** A,记作
$$\lim_{x \to +\infty} f(x) = A \quad \text{或} \quad f(x) \to A \ (x \to +\infty).$$
如果函数 $f(x)$ 没有极限,那么我们就称 $f(x)$ 是**发散**的.

当 $x \to +\infty$ 时,函数 $f(x)$ 极限的几何意义是:对于任意给定 ε $>$ 0,总存在着一个正实数 X,使得横坐标大于 X 的一切点 $(x, f(x))$ 都落在两条直线 $y = A + \varepsilon$ 与 $y = A - \varepsilon$ 之间.这就是说,尽管两条直线之间距离 2ε 可以任意地小,但在直线 $x = X$ 右面的曲线 $y = f(x)$ 都被夹在这两条平行线之间.换句话说,曲线 $y = f(x)$ 几乎与直线 $y = A$ "重合"在一起了(见图 1-12).

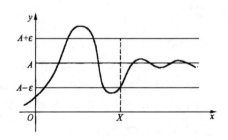

图 1-12

对于自变量 x 无限减小(记作 $x \to -\infty$)时或 x 的绝对值无限增大(记作 $x \to \infty$)时函数 $f(x)$ 的变化趋势,也可以作类似的讨论,下面仅给出它们的定义.

定义 1.13 给定函数 $f(x)$.如果对于任意给定的正数 ε,不论它怎样小,都存在着这样一个正数 X,使得当 $x < -X$ 时,不等式 $|f(x) - A| < \varepsilon$ 都成立,那么我们就称 A 为 x **趋于负无穷时** $f(x)$ **的极限**,记作

$$\lim_{x\to -\infty} f(x) = A \quad \text{或} \quad f(x) \to A \ (x \to -\infty).$$

定义 1.14 给定函数 $f(x)$. 如果对于任意给定的正数 ε, 不论它怎样小, 都存在着这样一个正数 X, 使得当 $|x| > X$ 时, 不等式 $|f(x) - A| < \varepsilon$ 都成立, 那么我们就称 A 为 x **趋于无穷时 $f(x)$ 的极限**, 记作

$$\lim_{x\to\infty} f(x) = A \quad \text{或} \quad f(x) \to A \ (x \to \infty).$$

例 3 设函数 $f(x) = 1 + \dfrac{1}{x}$, 讨论当 $x \to \infty$ 时, 函数 $f(x)$ 的极限.

由于 $\lim\limits_{x\to +\infty} \dfrac{1}{x} = 0$, 可知, 当 $x \to +\infty$ 时, 函数 $f(x)$ 趋于定数 1, 也就是说该函数当 $x \to +\infty$ 时以 1 为极限, 记作

$$\lim_{x\to +\infty}\left(1 + \frac{1}{x}\right) = 1. \tag{1.1}$$

当 $x \to -\infty$ 时, 同样, 该函数也趋于定数 1, 即函数 $f(x)$ 当 $x \to -\infty$ 时以 1 为极限, 记作

$$\lim_{x\to -\infty}\left(1 + \frac{1}{x}\right) = 1. \tag{1.2}$$

若 (1.1) 式和 (1.2) 式同时成立, 根据 "$x \to \infty$" 的定义, 这就是当 $x \to \infty$ 时, 函数 $\left(1 + \dfrac{1}{x}\right)$ 趋于定数 1, 即

$$\lim_{x\to\infty}\left(1 + \frac{1}{x}\right) = 1.$$

例 4 设函数 $f(x) = \dfrac{1}{2^x}$, 讨论当 $x \to \infty$ 时, $f(x)$ 的极限.

容易理解, 当 $x \to +\infty$ 时, 函数 $f(x) = \dfrac{1}{2^x}$ 无限接近常数 0. 这就是说函数 $\dfrac{1}{2^x}$ 在 x 趋于正无穷大时以 0 为极限, 并记作

$$\lim_{x\to +\infty} \frac{1}{2^x} = 0.$$

从图形上看 (见图 1-13), 曲线 $y = \dfrac{1}{2^x}$ 沿着 x 轴的正向无限延伸时, 将越来越接近直线 $y = 0$, 因此我们称直线 $y = 0$ 是曲线 $y = \dfrac{1}{2^x}$ 的**一条水平渐近线**.

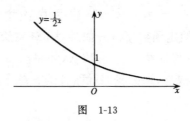

图 1-13

当 $x \to -\infty$ 时,函数 $f(x) = \dfrac{1}{2^x} = 2^{-x}$ (见图 1-13)的值无限增大,它不趋于任何定数,就称函数 $\dfrac{1}{2^x}$ 当 $x \to -\infty$ 时没有极限.这时我们称函数的极限是无穷大,并记作

$$\lim_{x \to -\infty} \frac{1}{2^x} = +\infty.$$

根据"$x \to \infty$"的定义,可知当 $x \to \infty$ 时,$f(x)$ 的极限不存在.

2. 当 $x \to a$ 时,函数 $f(x)$ 的极限

下面我们来讨论当 x 无限趋向于某个常数 a (记作 $x \to a$)时函数的变化趋势.先考察一实例.

例 5 求抛物线 $y = 2x^2$ 在点 $(a, 2a^2)$ 处的切线的斜率.

在抛物线 $y = y(x) = 2x^2$ 上点 $P_0(a, 2a^2)$ 附近任取一点 $P(x, 2x^2)$,联结 $P_0 P$. 当点 P 沿着抛物线趋向于 P_0 时,割线 $P_0 P$ 就无限地趋向于一个位置 $P_0 T$. 我们把 $P_0 T$ 称为抛物线 $y = 2x^2$ 在点 P_0 处的切线(见图 1-14).为了求出切线 $P_0 T$ 的斜率 $k_{P_0 T}$,我们先来找出割线 $P_0 P$ 的斜率 $k_{P_0 P}$. 为此,过点 P_0 作平行于 x 轴的直线 $P_0 N$,交直线 PT 于点 N. 由图可见:

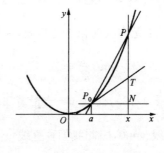

图 1-14

$$k_{P_0P} = \tan\angle PP_0N = \frac{y(x) - y(a)}{x - a}$$
$$= \frac{2x^2 - 2a^2}{x - a} = 2(x + a).$$

于是,当点 P 沿抛物线趋向于 P_0 时,割线 P_0P 就趋向于 P_0T 的位置.相应地,当 x 沿 x 轴趋向于 a 时,k_{P_0P} 趋向于 k_{P_0T}.从 k_{P_0P} 的表达式容易看出:当 $x \to a$ 时,$k_{P_0P} \to 4a$,我们就说割线 P_0P 的斜率(当 $x \to a$ 时)以 $4a$ 为极限,并把切线斜率 k_{P_0T} 定为 $4a$.

一般来说,设函数 $f(x)$ 在 $U(\bar{a})$ 上有定义,如果当 x 无限地趋向于 a 时,$f(x)$ 无限地趋向于某一个常数 A,那么我们就称 A 为 x 趋于 a 时(或在 a 点处)函数 $f(x)$ 的极限,记作

$$\lim_{x \to a} f(x) = A \quad \text{或} \quad f(x) \to A (x \to a).$$

由此可见,上述问题就是函数

$$f(x) = \frac{2x^2 - 2a^2}{x - a},$$

当 $x \to a$ 时,以 $4a$ 为极限,即

$$\lim_{x \to a} f(x) = 4a.$$

这就是说,当 x 无限地接近于 a 时,$f(x)$ 就无限地接近于 $4a$.换句话说,$f(x)$ 与 $4a$ 的误差 $|f(x) - 4a|$ 可以任意地小,只要 x 与 a 的误差 $|x - a|$ 充分地小.例如,要使

$$|f(x) - 4a| = 2|x - a| < 0.01,$$

只要 $|x-a| < 0.005$ 即可;要使

$$|f(x) - 4a| = 2|x - a| < 0.001,$$

只要 $|x-a| < 0.0005$ 即可.

我们知道小的正数是无穷无尽的,不能无止境地列举下去.因此,对于上述的数量关系,我们给出一个一般的说法:对于任意给定的正数 ε,要使

$$|f(x) - 4a| = 2|x - a| < \varepsilon,$$

只要 $|x-a| < \dfrac{\varepsilon}{2}$ 即可.这就是说,对于任给的 $\varepsilon > 0$,都存在着这样一个正数 $\delta(=\varepsilon/2)$,使得当 $x \in U_\delta(\bar{a})$ 时,就有不等式

$$|f(x) - 4a| = 2|x - a| < \varepsilon$$

成立.

这里需要说明的是,由于函数
$$f(x) = \frac{2x^2 - 2a^2}{x - a}$$
在 $x=a$ 点没有定义,所以这里 x 的变化范围要从邻域 $U_\delta(a)$ 中挖去点 a 成为空心邻域 $U_\delta(\bar{a})$. 即使有的在 a 点处有定义,但在讨论它在 $x \to a$ 过程的极限时,我们仍在 $U_\delta(\bar{a})$ 中考虑问题. 因为我们只关心函数 $f(x)$ 在 a 点附近的变化趋势,而与它在 a 点处有无定义是无关的. 下面我们给出当 $x \to a$ 时,函数 $f(x)$ 极限的定量描述,即用"ε-δ"的语言来描述.

定义 1.15 给定函数 $f(x)$. 如果对于任意给定的正数 ε,不论它怎样小,都存在着这样一个正数 δ,使得 $x \in U_\delta(\bar{a})$ 时,不等式 $|f(x)-A|<\varepsilon$ 都成立,那么我们就称 A 为 x **趋于** a **时**(或在 a 点处)$f(x)$ **的极限**,并称 $f(x)$ **在** a **点收敛于** A. 如果函数 $f(x)$ 在 a 点没有极限,那么我们就称 $f(x)$ **在** a **点是发散的**.

当 $x \to a$ 时,函数 $f(x)$ 极限的几何意义是:对于任意给定的一个以 A 为中心的 ε 邻域,总存在着以 a 为中心的 δ 空心邻域,当自变量 x 在 $U_\delta(\bar{a})$ 内变化时,其函数值 $f(x)$ 都落在 $U_\varepsilon(A)$ 内(见图 1-15).

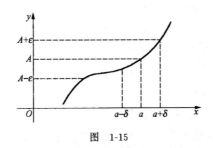

图 1-15

例 6 讨论当 $x \to a$ 时,常数函数 $y=C$ 的极限.

由常数函数 $y=C$ $(-\infty < x < +\infty)$ 的图形观察可知,当 $x \to a$ 时,$y=C$ 无限地趋向于常数 C,即 $\lim_{x \to a} C = C$.

例 7 讨论当 $x \to 0$ 时,正弦函数 $y=\sin x$ 的极限.

由正弦函数 $y=\sin x$ 的图形观察可知,当 $x \to 0$ 时,无论 $x>0$ 而

趋于 0,还是 $x<0$ 而趋于 0 时,$\sin x$ 都无限趋向于常数 0. 因此
$$\lim_{x\to 0} \sin x = 0.$$

前面所讲 x 趋于 a 时 $f(x)$ 的极限,是指 x 大于 a 而趋于 a,且同时 x 小于 a 而趋于 a ($x\neq a$), $f(x)$ 都无限地趋向于某一个常数 A. 有时还需考虑 x 仅从 a 的一侧趋于 a 时函数 $f(x)$ 的极限情形.

3. 单侧极限

对于某些函数(如单调函数、分段函数等)在研究其变化趋势时,往往需要考虑自变量 x 从 a 的一侧趋于 a 时函数 $f(x)$ 的极限,我们称之为**单侧极限**.

定义 1.16 设函数 $f(x)$ 在 $U^+(\bar{a})$ 上有定义. 如果对于任意给定的正数 ε,不论它怎样小,都存在着这样一个正数 δ,使得 $x\in U_\delta^+(\bar{a})$ 时,不等式 $|f(x)-A|<\varepsilon$ 都成立. 那么我们就称 A 为**在 a 点 $f(x)$ 的右极限**,记作
$$\lim_{x\to a+0} f(x) = A \quad \text{或} \quad f(x)\to A(x\to a+0),$$
右极限 A 也可简记为 $f(a+0)$.

同样可以定义函数 $f(x)$ 在 a 点的**左极限** $f(a-0)$.

例如:
$$\lim_{x\to 0+0} \operatorname{sgn} x = 1; \quad \lim_{x\to 0-0} \operatorname{sgn} x = -1;$$
$$\lim_{x\to 0+0} |x| = 0 = \lim_{x\to 0-0} |x|;$$
$$\lim_{x\to n+0} [x] = n; \quad \lim_{x\to n-0} [x] = n-1.$$

例 8 设函数 $f(x)=\begin{cases} x+1, & x\geqslant 0, \\ e^x, & x<0, \end{cases}$ 试讨论该函数在 $x=0$ 处的极限.

解 这是分段函数, $x=0$ 是分段点. 由于在 $x=0$ 的两侧,函数的解析式不同,须先考查左、右极限. 由图 1-16 易看出
$$\lim_{x\to 0^-} f(x) = \lim_{x\to 0^-} e^x = 1,$$
$$\lim_{x\to 0^+} f(x) = \lim_{x\to 0^+} (x+1) = 1.$$
由于在 $x=0$ 处的左、右极限皆存在且相等,所以函数 $f(x)$ 在 $x=0$ 处的极限存在,且

$$\lim_{x \to 0} f(x) = 1.$$

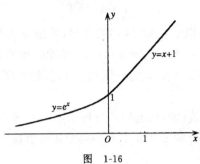

图 1-16

可以证明：函数 $f(x)$ 在 a 点处极限存在的充要条件是，$f(x)$ 在 a 点处的两个单侧极限都存在并且相等. 即
$$\lim_{x \to a} f(x) = A \Longleftrightarrow f(a-0) = A = f(a+0).$$

由此可见，如果一个函数在某一点处的两个单侧极限存在，但不相等，那么这个函数在该点的极限一定不存在. 例如 $f(x) = \text{sgn} x$ 在 $x=0$ 点的极限不存在，而函数 $f(x) = [x]$ 在一切整数点的极限都不存在.

关于函数极限不存在的另外两种情况下面举例说明.

例 9 讨论当 $x \to 1$ 时，函数 $f(x) = \dfrac{1}{x-1}$ 的变化趋势.

由图 1-17 容易看出，当 x 无限趋向于 1 时，$\left|\dfrac{1}{x-1}\right|$ 不仅不趋向于某个常数，而且还可以任意地增大. 所以当 $x \to 1$ 时，函数 $f(x) = \dfrac{1}{x-1}$ 没有极限.

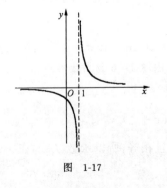

图 1-17

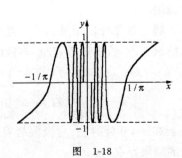

图 1-18

例 10 讨论当 $x \to 0$ 时,函数 $f(x) = \sin \dfrac{1}{x}$ 的变化趋势.

将函数 $f(x) = \sin \dfrac{1}{x}$ 的值列表如下:

x	$\dfrac{2}{\pi}$	$\dfrac{1}{\pi}$	$\dfrac{2}{3\pi}$	$\dfrac{1}{2\pi}$	$\dfrac{2}{5\pi}$	...
$\sin(1/x)$	1	0	-1	0	1	...
x	$-\dfrac{2}{\pi}$	$-\dfrac{1}{\pi}$	$-\dfrac{2}{3\pi}$	$-\dfrac{1}{2\pi}$	$-\dfrac{2}{5\pi}$	...
$\sin(1/x)$	-1	0	1	0	-1	...

因为当 x 无限趋向于 0 时,$y = \sin \dfrac{1}{x}$ 的图形在 -1 与 1 之间无限次地摆动,而 $f(x)$ 不趋向于某一个常数.所以当 $x \to 0$ 时,$f(x) = \sin \dfrac{1}{x}$ 没有极限(见图 1-18).

2.3 变量的极限

由上面的讨论可以看出,无论是数列极限,还是各种变化过程中的函数极限,它们都是变量的极限.在讨论某些问题时往往可以不必指明自变量的变化过程.在这种情况下,为了避免叙述上的重复,对上面给出的各种变化过程的极限可以总结为变量极限.

一般来说,给定变量 y,如果在某一个无限变化过程中,y 无限地趋向于某一个常数 A,那么我们就称 A 为此过程中变量 y 的极限,记作

$$\lim y = A \quad \text{或} \quad y \to A.$$

定义 1.17 给定变量 y.如果对于任意给定的正数 ε,不论它怎样小,在变量 y 的变化过程中,都存在着这样的一个时刻 T,使得当 $t > T$ 时,不等式 $|y - A| < \varepsilon$ 都成立,那么我们就称 A 为**变量 y 的极限**,并称 y 是**收敛**的.如果变量 y 没有极限,那么我们就称 y 是发散的.

这样一来,变量极限就有了一个明确的数量关系,其他各种变化过程中的数列、函数极限都是变量极限的特殊形式.因此由变量极限讨论的一切性质对其他极限都成立.变量极限与其他七种类型极限过程对照如下表所示(见表 1.1).

表 1.1

过程	类型	时刻	条件	不等式
$t \to \infty$	$y \to A$	T	$t > T$	$|y - A| < \varepsilon$
$n \to \infty$	$x_n \to A$	N	$n > N$	$|x_n - A| < \varepsilon$
$x \to a$	$f(x) \to A$	$\dfrac{1}{\delta}$	$\dfrac{1}{|x-a|} > \dfrac{1}{\delta}$	$|f(x) - A| < \varepsilon$
$x \to a+0$			$\dfrac{1}{x-a} > \dfrac{1}{\delta}$	
$x \to a-0$			$\dfrac{1}{a-x} > \dfrac{1}{\delta}$	
$x \to \infty$		X	$|x| > X$	
$x \to +\infty$			$x > X$	
$x \to -\infty$			$-x > X$	

2.4 无穷小量·无穷大量

1. 无穷小量

定义 1.18 以零为极限的变量称为**无穷小量**(简称**无穷小**).

若 $\lim y = 0$,则称变量 y 是无穷小量. 例如

因为 $\lim\limits_{n \to \infty} \dfrac{1}{2^n} = 0$,所以,当 $n \to \infty$ 时,变量 $\dfrac{1}{2^n}$ 是无穷小量.

因为 $\lim\limits_{x \to 1}(x-1)^2 = 0$,所以,当 $x \to 1$ 时,变量 $(x-1)^2$ 是无穷小量.

下面我们给出无穷小量的几个性质.

性质 1 两个无穷小量的和是无穷小量.

性质 2 无穷小量与有界变量的积是无穷小量.

性质 3 常数与无穷小量的积是无穷小量.

性质 4 无穷小量与无穷小量的积是无穷小量.

性质 5 以极限不为零的变量除无穷小量的商是无穷小量.

性质 6 变量以 A 为极限的充要条件是变量为 A 与无穷小量

的和.

例 11　求 $\lim\limits_{x\to 0} x\sin\dfrac{1}{x}$.

解　因为 $\left|\sin\dfrac{1}{x}\right|\leqslant 1$，且 $\lim\limits_{x\to 0}x=0$，所以根据性质 2，有
$$\lim\limits_{x\to 0} x\sin\dfrac{1}{x}=0.$$

例 12　求 $\lim\limits_{x\to\infty}\dfrac{x+\sin x}{x}$.

解　因为 $\lim\limits_{x\to\infty}\left(\dfrac{x+\sin x}{x}-1\right)=\lim\limits_{x\to\infty}\dfrac{\sin x}{x}=0$，所以由性质 6，有
$$\lim\limits_{x\to\infty}\dfrac{x+\sin x}{x}=1.$$

2. 无穷大量

定义 1.19　在某一个变化过程中，绝对值无限增大的变量，称为**无穷大量**.

若 $\lim y=\infty$，则称变量 y 是无穷大量. 例如

因为 $n\to\infty$ 时，$|\ln n|$ 无限增大，变量所以 $\ln n(n\to\infty)$ 是无穷大量；

因为 $x\to 1$ 时，$\left|\dfrac{1}{x-1}\right|$ 无限增大，所以变量 $\dfrac{1}{x-1}(x\to 1)$ 是无穷大量.

应该注意的是，无穷大量不是一个很大的量，而是一个趋向于 ∞ 的变量.

变量 y 为无穷大量记作 $\lim y=\infty$，并说 y 的极限为 ∞. 类似地我们也可以定义 $\lim y=+\infty$ 或 $\lim y=-\infty$.

例如，$\lim\limits_{n\to\infty}\ln n=+\infty$；$\lim\limits_{x\to 0+0}\lg x=-\infty$；$\lim\limits_{x\to 1}\dfrac{1}{x-1}=\infty$.

由无穷小量与无穷大量的定义可以得到两者之间有如下结论.

定理 1.2　在某一个变化过程中，

(1) 若 y 是无穷大量，则 $\dfrac{1}{y}$ 是无穷小量；

(2) 若 y 是无穷小量，且 $y\neq 0$，则 $\dfrac{1}{y}$ 是无穷大量.

例如，当 $x\to +\infty$ 时，$y=\mathrm{e}^x$ 是无穷大量，而 $\dfrac{1}{y}=\mathrm{e}^{-x}$ 是同一过程

$x \to +\infty$ 时的无穷小量.

例 13 判断下列变量,是哪一个过程中的无穷小量;无穷大量:

(1) $y = \dfrac{x}{x-1}$;   (2) $y = \ln(1+x)$.

解 (1) 当 $x \to 0$ 时,因为 $\dfrac{x}{x-1} \to 0$,所以它是无穷小量;

当 $x \to 1$ 时,因为 $\dfrac{1}{y} = \dfrac{x-1}{x} \to 0$,所以 $y = \dfrac{x}{x-1}$ 是无穷大量.

(2) 由曲线 $y = \ln(1+x)$ 的图形(如图 1-19 所示)容易看出:

当 $x \to 0$ 时,由于 $\ln(1+x) \to \ln 1 = 0$,故它是无穷小量;

当 $x \to +\infty$ 时,由于 $\ln(1+x) \to +\infty$,故它是无穷大量;

当 $x \to -1^+$ 时,由于 $\ln(1+x) \to -\infty$,故它也是无穷大量.

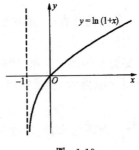

图 1-19

2.5 极限的性质

下面我们给出极限的几个基本性质.

性质 1 若 $\lim f = A > 0$,则存在 $T > 0$,当 $t > T$ 时,总有 $f > 0$.

性质 2 设 $\lim f = A, \lim g = B$. 若存在 $T > 0$,当 $t > T$ 时,总有 $f \geqslant g$,则 $A \geqslant B$.

性质 2 表明,在变量极限存在的情况下,不等式两端可以同时限极限,但取了极限以后,符号 $>$(或 $<$)要改成 $\geqslant$(或 $\leqslant$). 例如,对于任给的 $n \in N$,都有 $1/n > 0$ 成立,但

$$\lim_{n \to \infty} \frac{1}{n} \geqslant \lim_{n \to \infty} 0.$$

推论 给定变量 f, g, h. 若 $f \leqslant h \leqslant g$,且 $\lim f = \lim g = A$,则

$$\lim h = A.$$

我们知道,对于比较简单的变量,可以根据它们的变化趋势来确定出它们的极限,而对于一般的变量可以用上面的推论来判断它们的极限是否存在. 需要指出的是,这个判别法所给出的条件都是充分的. 我们称之为**两边夹定理**.

性质 3(惟一性) 若变量 f 有极限存在,则它的极限是惟一的.

性质 4(有界性) 若变量 f 有极限,则 f 一定有界.

我们可以利用性质 4 的逆否命题,即"无界变量一定无极限"来判定某些变量没有极限. 例如函数 $f(x) = \dfrac{1}{x}$ 在 $x=0$ 点附近无界,所以它在 $x=0$ 点处没有极限.

需要指出的是,数列极限的有界性是指对所有的 n 都有 $|x_n| \leqslant M_0$(这时只要令 $M_0 = \max\{|x_1|, |x_2|, \cdots, |x_N|, |A-1|, |A+1|\}$ 即可);而函数极限的有界性却是局部的,即存在 $\delta > 0$ 当 $x \in U_\delta(\bar{a})$ 时,有 $|f(x)| \leqslant M_0$. 对于函数在 a 点极限的讨论,我们不去考虑 $|x-a| \geqslant \delta$ 上的函数值,因为它们可能是有界的,也可能是无界的. 例如,数列 $x_n = 1/n$,对所有 $n \in \mathbf{N}$ 都有

$$\frac{1}{n} \leqslant 1.$$

而函数 $f(x) = 1/x$,在 $x=1$ 点有极限,即

$$\lim_{x \to 1} \frac{1}{x} = 1.$$

根据性质 4 可知,$f(x) = 1/x$ 在 1 的某个邻域(例如在 $U_{\frac{1}{2}}(1)$)内是有界的($|f(x)| < 2$);而在 $|x-1| \geqslant \dfrac{1}{2}$ 上,函数 $1/x$ 是无界的.

§3 极限的计算

3.1 极限的运算法则

1. 极限的四则运算

定理 1.3 若变量 f 和 g 都收敛,并且

$$\lim f = A, \quad \lim g = B,$$

则

(1) 变量 $f \pm g$ 也收敛,且
$$\lim(f \pm g) = A \pm B = \lim f \pm \lim g;$$
(2) 变量 kf 也收敛(其中 k 为常数),且
$$\lim(kf) = kA = k\lim f;$$
(3) 变量 $f \cdot g$ 也收敛,且
$$\lim(f \cdot g) = A \cdot B = (\lim f) \cdot (\lim g);$$
(4) 变量 f/g 也收敛,且
$$\lim \frac{f}{g} = \frac{A}{B} = \frac{\lim f}{\lim g} \ (B \neq 0).$$

定理 1.3 对于有限多个变量相加减、相乘的情形也成立.

例 1 求 $\lim\limits_{x \to 2}(8x^2 - 3x + 7)$.

解 $\lim\limits_{x \to 2}(8x^2 - 3x + 7) = \lim\limits_{x \to 2} 8x^2 - \lim\limits_{x \to 2} 3x + \lim\limits_{x \to 2} 7$
$= 8 \lim\limits_{x \to 2} x^2 - 3 \lim\limits_{x \to 2} x + \lim\limits_{x \to 2} 7 = 8 \times 2^2 - 3 \times 2 + 7 = 33.$

由此可见,对于任意有限次多项式
$$P(x) = a_0 x^k + a_1 x^{k-1} + \cdots + a_{k-1} x + a_k,$$
有
$$\lim\limits_{x \to a} P(x) = \lim\limits_{x \to a} a_0 x^k + \lim\limits_{x \to a} a_1 x^{k-1} + \cdots + \lim\limits_{x \to a} a_{k-1} x + \lim\limits_{x \to a} a_k$$
$$= P(a).$$

例 2 求 $\lim\limits_{x \to 3} \dfrac{x^2 + 2x - 3}{2x^2 - 3x}$.

解 $\lim\limits_{x \to 3} \dfrac{x^2 + 2x - 3}{2x^2 - 3x} = \dfrac{\lim\limits_{x \to 3}(x^2 + 2x - 3)}{\lim\limits_{x \to 3}(2x^2 - 3x)} = \dfrac{3^2 + 2 \times 3 - 3}{2 \times 3^2 - 3 \times 3} = \dfrac{4}{3}.$

由此可见,对于任意有理函数 $R(x) = \dfrac{P(x)}{Q(x)}$(其中 $P(x), Q(x)$ 为多项式),只要 $Q(a) \neq 0$,就有
$$\lim\limits_{x \to a} R(x) = \dfrac{\lim\limits_{x \to a} P(x)}{\lim\limits_{x \to a} Q(x)} = \dfrac{P(a)}{Q(a)} = R(a).$$

当分子和分母都是无穷大量或无穷小量时,不能直接利用极限的除法法则.而只能将函数的形式改写后,再利用以上的运算法则.

例 3 求 $\lim\limits_{x \to \infty} \dfrac{3x^2 - 4x + 2}{2x^2 + 3x - 1}$.

解 显然,分母、分子的极限都是无穷大量. 将分母与分子同除以 x 的最高次幂 x^2,得到

$$\lim_{x\to\infty}\frac{3x^2-4x+2}{2x^2+3x-1}=\lim_{x\to\infty}\frac{3-\dfrac{4}{x}+\dfrac{2}{x^2}}{2+\dfrac{3}{x}-\dfrac{1}{x^2}}=\frac{3-0+0}{2+0-0}=\frac{3}{2}.$$

例 4 求 $\lim\limits_{x\to\infty}\dfrac{2x^2-x+3}{4x^3+2x-1}$.

解 用 x 的最高次幂 x^3 除分母、分子,得到

$$\lim_{x\to\infty}\frac{2x^2-x+3}{4x^3+2x-1}=\lim_{x\to\infty}\frac{\dfrac{2}{x}-\dfrac{1}{x^2}+\dfrac{3}{x^3}}{4+\dfrac{2}{x^2}-\dfrac{1}{x^3}}=\frac{0-0+0}{4+0-0}=0.$$

例 5 求 $\lim\limits_{x\to\infty}\dfrac{3x^2-2x-3}{x+4}$.

解 用 x 的最高次幂 x^2 除分母与分子,得到

$$\lim_{x\to\infty}\frac{3x^2-2x-3}{x+4}=\lim_{x\to\infty}\frac{3-\dfrac{2}{x}-\dfrac{3}{x^2}}{\dfrac{1}{x}+\dfrac{4}{x^2}}=\infty.$$

根据上面三个例子,我们可以得到以下一般结论:

若 $R(x)=\dfrac{P_n(x)}{Q_m(x)}$,其中

$$P_n(x)=a_0x^n+a_1x^{n-1}+\cdots+a_{n-1}x+a_n,$$
$$Q_m(x)=b_0x^m+b_1x^{m-1}+\cdots+b_{m-1}x+b_m\,(b_0\neq 0),$$

则

$$\lim_{x\to\infty}R(x)=\lim_{x\to\infty}\frac{P_n(x)}{Q_m(x)}=\begin{cases}\dfrac{a_0}{b_0},&\text{当 }n=m\text{ 时,}\\ 0,&\text{当 }n<m\text{ 时,}\\ \infty,&\text{当 }n>m\text{ 时.}\end{cases}$$

例 6 求 $\lim\limits_{x\to 1}\dfrac{x-1}{x^2-1}$.

解 因为当 $x\to 1$ 时,分母 $x^2-1\to 0$,所以不能直接利用极限的除法法则进行运算. 由极限定义可知,在 $x\to 1$ 的过程中 $x\neq 1$. 因而我们可以先化简,约去分子分母不为 0 的公因子,然后再计算极限.

$$\lim_{x\to 1}\frac{x-1}{x^2-1}=\lim_{x\to 1}\frac{x-1}{(x-1)(x+1)}=\lim_{x\to 1}\frac{1}{x+1}$$
$$=\frac{1}{\lim_{x\to 1}(x+1)}=\frac{1}{2}.$$

例 7 求 $\lim_{x\to +\infty}(\sqrt{x+1}-\sqrt{x})$.

分析 因为当 $x\to +\infty$ 时,$\sqrt{x+1}$ 与 $\sqrt{x}$ 都无限增大,所以这类题目一般也不能直接利用四则运算法则. 为此我们先将分子有理化.

解 $\lim_{x\to +\infty}(\sqrt{x+1}-\sqrt{x})$
$$=\lim_{x\to +\infty}\frac{(\sqrt{x+1}-\sqrt{x})(\sqrt{x+1}+\sqrt{x})}{\sqrt{x+1}+\sqrt{x}}$$
$$=\lim_{x\to +\infty}\frac{x+1-x}{\sqrt{x+1}+\sqrt{x}}=\lim_{x\to +\infty}\frac{1}{\sqrt{x+1}+\sqrt{x}}=0.$$

2. 极限的复合运算

定理 1.4(复合函数的极限) 设 $\lim_{x\to x_0}\varphi(x)=a$,且当 $x\neq x_0$ 时,$\varphi(x)\neq a$,对复合函数 $f(\varphi(x))$:

(1) 若 $\lim_{u\to a}f(u)=A$,则
$$\lim_{x\to x_0}f(\varphi(x))=\lim_{u\to a}f(u)=A; \qquad (1.3)$$

(2) 若 $\lim_{u\to a}f(u)=f(a)$,则
$$\lim_{x\to x_0}f(\varphi(x))=\lim_{u\to a}f(u)=f(a)=f(\lim_{x\to x_0}\varphi(x)). \qquad (1.4)$$

(1.3)式表明,求 $\lim_{x\to x_0}f(\varphi(x))$ 时,若作变量替换 $u=\varphi(x)$,当 $\lim_{x\to x_0}\varphi(x)=a$ 时,就转化为求极限 $\lim_{u\to a}f(u)$. 正因为如此,在求复合函数的极限时,可用变量替换的方法.(1.4)式表明,求复合函数的极限时,若满足上述条件,则函数符号"f"与极限符号"$\lim_{x\to x_0}$"可以交换,即极限运算可移到内层函数上去施行.

3.2 两个重要极限

利用极限的概念和极限的运算法则可以求得一些简单变量的极限. 下面我们给出两个重要极限. 利用这两个重要极限,还可计算一

些特殊类型的极限.

1. **重要极限** $\lim\limits_{x\to 0}\dfrac{\sin x}{x}=1$.

我们考查一下当 $x\to 0(x>0)$ 时，$\sin x$ 取值的变化情况：

x	1	0.5	0.1	0.05	0.01	0.005	0.001	...
$\sin x$	0.8415	0.4794	0.0998	0.04998	0.0099998	0.0049999	0.0010000	...

我们看到，随着 x 无限接近于 0，$\sin x$ 也无限接近于 0，并且 $\sin x$ 与 x 的值越来越接近. 事实上可以证明：当 $x\to 0$ 时，$\dfrac{\sin x}{x}\to 1$，即

$$\lim_{x\to 0}\dfrac{\sin x}{x}=1.$$

这个极限通常称为**第一个重要极限**.

例 8 求 $\lim\limits_{x\to 0}\dfrac{\tan x}{x}$.

解 $\lim\limits_{x\to 0}\dfrac{\tan x}{x}=\lim\limits_{x\to 0}\left(\dfrac{\sin x}{x}\cdot\dfrac{1}{\cos x}\right)=\lim\limits_{x\to 0}\dfrac{\sin x}{x}\cdot\lim\limits_{x\to 0}\dfrac{1}{\cos x}=1.$

例 9 求 $\lim\limits_{x\to 0}\dfrac{\tan ax}{x}$（$a$ 为非零常数）.

解 令 $t=ax$，则当 $x\to 0$ 时，$t\to 0$. 于是有

$$\lim_{x\to 0}\dfrac{\tan ax}{x}=\lim_{x\to 0}a\cdot\dfrac{\tan ax}{ax}=a\lim_{t\to 0}\dfrac{\tan t}{t}=a.$$

例 10 求 $\lim\limits_{x\to 0}\dfrac{\sin 5x}{\tan 3x}$.

解 $\lim\limits_{x\to 0}\dfrac{\sin 5x}{\tan 3x}=\lim\limits_{x\to 0}\dfrac{5}{3}\cdot\dfrac{\sin 5x}{5x}\cdot\dfrac{3x}{\tan 3x}$

$=\dfrac{5}{3}\lim\limits_{x\to 0}\dfrac{\sin 5x}{5x}\cdot\lim\limits_{x\to 0}\dfrac{3x}{\tan 3x}=\dfrac{5}{3}.$

例 11 求 $\lim\limits_{x\to 0}\dfrac{1-\cos x}{x^2}$.

解 $\lim\limits_{x\to 0}\dfrac{1-\cos x}{x^2}=\lim\limits_{x\to 0}\dfrac{2\sin^2\dfrac{x}{2}}{x^2}=\dfrac{1}{2}\lim\limits_{x\to 0}\dfrac{\left(\sin\dfrac{x}{2}\right)^2}{\left(\dfrac{x}{2}\right)^2}$

$=\dfrac{1}{2}\lim\limits_{x\to 0}\left(\dfrac{\sin\dfrac{x}{2}}{\dfrac{x}{2}}\right)^2=\dfrac{1}{2}\left(\lim\limits_{x\to 0}\dfrac{\sin\dfrac{x}{2}}{\dfrac{x}{2}}\right)^2=\dfrac{1}{2}.$

例12 求 $\lim\limits_{n\to\infty} n \sin \dfrac{1}{n}$.

由数列极限可知 $\lim\limits_{n\to\infty} \dfrac{1}{n} = 0$,可以将函数的形式改写后,再利用第一个重要极限.

解 $\lim\limits_{n\to\infty} n \sin \dfrac{1}{n} = \lim\limits_{n\to\infty} \dfrac{\sin \dfrac{1}{n}}{\dfrac{1}{n}} = \lim\limits_{\frac{1}{n}\to 0} \dfrac{\sin \dfrac{1}{n}}{\dfrac{1}{n}} = 1.$

2. 重要极限 $\lim\limits_{n\to\infty}\left(1+\dfrac{1}{n}\right)^n = e.$

考查数列 $\{x_n\}$,$x_n = \left(1+\dfrac{1}{n}\right)^n$,当 n 无限增大时 $\{x_n\}$ 的变化趋势. 为直观起见,将 n 与 x_n 的部分取值列成下表(其中 x_n 的值保留小数点后三位有效数字):

n	1	2	3	4	5	10	100	1000	10000	⋯
$\left(1+\dfrac{1}{n}\right)^n$	2	2.25	2.370	2.441	2.488	2.594	2.705	2.717	2.718	⋯

由此看出:当 n 无限增大时,$x_n = \left(1+\dfrac{1}{n}\right)^n$ 的变化趋势是稳定的. 事实上,可以证明:$n\to\infty$ 时,$x_n = \left(1+\dfrac{1}{n}\right)^n \to e$. 其中 e 表示一个无理常数,其近似值为

$$e \approx 2.718281828459045.$$

可以证明:对函数 $f(x) = \left(1+\dfrac{1}{x}\right)^x$,也有

$$\lim_{x\to\infty} f(x) = \lim_{x\to\infty}\left(1+\dfrac{1}{x}\right)^x = e.$$

这个极限通常称为**第二个重要极限**.

例13 求 $\lim\limits_{n\to\infty}\left(1+\dfrac{1}{2n}\right)^n$.

解 令 $m = 2n$,故 $n = \dfrac{m}{2}$;且当 $n\to\infty$ 时,$m\to\infty$. 从而

$$\text{原式} = \lim_{m\to\infty}\left(1+\dfrac{1}{m}\right)^{\frac{m}{2}} = \lim_{m\to\infty}\left[\left(1+\dfrac{1}{m}\right)^m\right]^{\frac{1}{2}} = e^{\frac{1}{2}}.$$

例 14 求 $\lim\limits_{x\to\infty}\left(\dfrac{x}{x+1}\right)^x$.

解 $\lim\limits_{x\to\infty}\left(\dfrac{x}{x+1}\right)^x = \lim\limits_{x\to\infty}\left(\dfrac{1}{1+\dfrac{1}{x}}\right)^x = \lim\limits_{x\to\infty}\dfrac{1}{\left(1+\dfrac{1}{x}\right)^x} = \dfrac{1}{e}$.

下面我们介绍第二个重要极限的另一形式: $\lim\limits_{t\to 0}(1+t)^{\frac{1}{t}} = e$.

事实上,对于 $\lim\limits_{x\to\infty}\left(1+\dfrac{1}{x}\right)^x = e$,令 $t=\dfrac{1}{x}$,则 $x=\dfrac{1}{t}$. 且当 $x\to\infty$ 时, $t\to 0$,从而有 $\lim\limits_{x\to\infty}\left(1+\dfrac{1}{x}\right)^x = \lim\limits_{t\to 0}(1+t)^{\frac{1}{t}} = e$.

例 15 求 $\lim\limits_{x\to 0}(1+5x)^{\frac{1}{x}}$.

解 令 $t=5x$,当 $x\to 0$ 时,$t\to 0$,则

$$\lim_{x\to 0}(1+5x)^{\frac{1}{x}} = \lim_{t\to 0}(1+t)^{\frac{5}{t}} = \lim_{t\to 0}[(1+t)^{\frac{1}{t}}]^5$$
$$= [\lim_{t\to 0}(1+t)^{\frac{1}{t}}]^5 = e^5.$$

例 16 求 $\lim\limits_{x\to\infty}\left(\dfrac{x+1}{x-2}\right)^x$.

解 $\lim\limits_{x\to\infty}\left(\dfrac{x+1}{x-2}\right)^x = \lim\limits_{x\to\infty}\left(1+\dfrac{3}{x-2}\right)^x$.

令 $t=\dfrac{3}{x-2}$,当 $x\to\infty$ 时,$t\to 0$. 则

$$上式 = \lim_{t\to 0}(1+t)^{\frac{3}{t}+2} = \lim_{t\to 0}(1+t)^{\frac{3}{t}}\cdot(1+t)^2$$
$$= [\lim_{t\to 0}(1+t)^{\frac{1}{t}}]^3 \cdot [\lim_{t\to 0}(1+t)]^2 = e^3,$$

或

$$\lim_{x\to\infty}\left(\dfrac{x+1}{x-2}\right)^x = \lim_{x\to\infty}\dfrac{\left(1+\dfrac{1}{x}\right)^x}{\left(1-\dfrac{2}{x}\right)^x} = \dfrac{\lim\limits_{x\to\infty}\left(1+\dfrac{1}{x}\right)^x}{\lim\limits_{x\to\infty}\left(1-\dfrac{2}{x}\right)^x}.$$

令 $t=-\dfrac{2}{x}$,当 $x\to\infty$ 时,$t\to 0$. 于是

$$\lim_{x\to\infty}\left(1-\dfrac{2}{x}\right)^x = \lim_{t\to 0}(1+t)^{-\frac{2}{t}} = [\lim_{t\to 0}(1+t)^{\frac{1}{t}}]^{-2} = e^{-2}.$$

故原式 $= \dfrac{e}{e^{-2}} = e^3$.

例 17 求 $\lim\limits_{x\to 0}\dfrac{\ln(1+x)}{x}$.

解 根据对数性质,并由复合函数的极限法则,我们有

$$\lim_{x\to 0}\frac{\ln(1+x)}{x}=\lim_{x\to 0}\ln(1+x)^{\frac{1}{x}}$$
$$=\ln\lim_{x\to 0}(1+x)^{\frac{1}{x}}=\ln\mathrm{e}=1.$$

例 18 求 $\lim\limits_{x\to 0}\dfrac{x}{\mathrm{e}^x-1}$.

解 令 $t=\mathrm{e}^x-1$,则 $x=\ln(t+1)$,当 $x\to 0$ 时,$t\to 0$,故

$$\lim_{x\to 0}\frac{x}{\mathrm{e}^x-1}=\lim_{t\to 0}\frac{\ln(t+1)}{t}=1.$$

若将第二个重要极限中的自变量 x 换成 x 的函数 $\varphi(x)$,则有公式

$$\lim_{\varphi(x)\to\infty}\left(1+\frac{1}{\varphi(x)}\right)^{\varphi(x)}=\mathrm{e},$$

或

$$\lim_{\varphi(x)\to 0}(1+\varphi(x))^{\frac{1}{\varphi(x)}}=\mathrm{e}.$$

例 19 连续复利问题.

设有本金 P_0,计息期的利率为 r,计息期数为 t,如果每期结算一次,则 t 期后的本利和为

$$A_t=P_0(1+r)^t.$$

如果每期结算 m 次,那么每期的利率为 $\dfrac{r}{m}$,原 t 期后的本利和为

$$A_m=P_0\left(1+\frac{r}{m}\right)^{mt}.$$

如果 $m\to\infty$,则表示利息随时计入本金,意味着立即存入,立即结算.这样的复利称为**连续复利**.于是 t 期后的本利和为

$$\lim_{m\to\infty}P_0\left(1+\frac{r}{m}\right)^{mt}=P_0\lim_{m\to\infty}\left[\left(1+\frac{r}{m}\right)^{\frac{m}{r}}\right]^{rt}.$$

令 $n=\dfrac{m}{r}$,当 $m\to\infty$ 时,$n\to\infty$.于是

$$\lim_{m\to\infty}P_0\left(1+\frac{r}{m}\right)^{mt}=P_0\lim_{n\to\infty}\left[\left(1+\frac{1}{n}\right)^n\right]^{rt}$$

$$= P_0 \lim_{n\to\infty}\left[\left(1+\frac{1}{n}\right)^n\right]^{rt} = P_0 e^{rt}.$$

3.3 无穷小量的阶

由于事物的复杂性,有时在同一个变化过程中可能涉及几个无穷小量,尽管它们都趋向于零,但是它们趋向于零的速度可以是不同的.

例如,当 $n\to\infty$ 时,变量 $\frac{1}{n},\frac{1}{3n},\frac{1}{n^2}$ 都是无穷小量,它们趋向于零的速度见下表:

n	1	2	3	...	10	100	1000	...
$\frac{1}{n}$	1	$\frac{1}{2}$	$\frac{1}{3}$	...	$\frac{1}{10}$	$\frac{1}{100}$	$\frac{1}{1000}$	...
$\frac{1}{3n}$	$\frac{1}{3}$	$\frac{1}{6}$	$\frac{1}{9}$	...	$\frac{1}{30}$	$\frac{1}{300}$	$\frac{1}{3000}$	...
$\frac{1}{n^2}$	1	$\frac{1}{4}$	$\frac{1}{9}$	...	$\frac{1}{100}$	$\frac{1}{10000}$	$\frac{1}{1000000}$	...

从表中可以看出,当 $n\to\infty$ 时,$1/3n$ 与 $1/n$ 趋向于 0 的速度差不多;而 $1/n^2$ 比 $1/n$ 趋向于 0 的速度快得多. 我们可以由两个无穷小比值的极限来比较它们趋向于 0 的快慢程度.

例如,$1/3n$ 与 $1/n$ 的比值是 $1/3$,其极限为

$$\lim_{n\to\infty}\frac{\frac{1}{3n}}{\frac{1}{n}} = \lim_{n\to\infty}\frac{1}{3} = \frac{1}{3}.$$

这意味着当 $n\to\infty$ 时,$1/3n$ 与 $1/n$ 趋向于 0 的速度差不多(只差一个常数倍). 而 $1/n^2$ 与 $1/n$ 的比值是 $1/n$,其极限为

$$\lim_{n\to\infty}\frac{\frac{1}{n^2}}{\frac{1}{n}} = \lim_{n\to\infty}\frac{1}{n} = 0.$$

这意味着当 $n\to\infty$ 时,$1/n^2$ 比 $1/n$ 趋向于 0 的速度快(或者说 $1/n$ 比 $1/n^2$ 趋向于 0 的速度慢). 由此我们可以给出下面的定义.

定义 1.20 设 $\lim f=0, \lim g=0$, l, k 为常数.

(1) 如果 $\lim \dfrac{f}{g}=l\neq 0$, 则称 f 与 g 是**同阶无穷小量**, 记作
$$f \sim lg,$$
特别当 $l=1$ 时, 称 f 与 g 是**等价无穷小量**;

(2) 如果 $\lim \dfrac{f}{g}=0$, 则称 f 是 g 的**高阶无穷小量**(或称 g 是 f 的**低阶无穷小量**), 记作
$$f = o(g)$$
($o(g)$ 读作小欧 g, 特别的, 记 $g=o(1)$ 表示 g 是无穷小量.);

(3) 如果 $\lim \dfrac{f}{g^k}=l\neq 0$ ($k>0$), 则称 f 是关于 g 的 **k 阶无穷小量**.

例 20 当 $x\to 0$ 时, 试将下列无穷小量与无穷小量 x^2 进行比较:

(1) $\tan x - \sin x$; (2) $\sin \sqrt{x^2}$;
(3) $\ln(1-x^2)$; (4) $1-\sqrt{1-2x^2}$.

解 (1) 因为 $\lim\limits_{x\to 0}\dfrac{\tan x - \sin x}{x^2} = \lim\limits_{x\to 0}\tan x \cdot \dfrac{1-\cos x}{x^2}$
$$= 0 \cdot \dfrac{1}{2} = 0,$$
所以 $(\tan x - \sin x)$ 是比 x^2 较高阶的无穷小量, 可见
$$(\tan x - \sin x) = o(x^2).$$

(2) 由于 $\lim\limits_{x\to 0}\dfrac{x^2}{\sin\sqrt{x^2}} = \lim\limits_{x\to 0}\dfrac{\sqrt{x^2}}{\sin\sqrt{x^2}}\cdot \sqrt{x^2}$, 而
$$\lim_{x\to 0}\dfrac{\sqrt{x^2}}{\sin\sqrt{x^2}} = 1, \quad \lim_{x\to 0}\sqrt{x^2} = 0,$$
所以 $\lim\limits_{x\to 0}\dfrac{x^2}{\sin\sqrt{x^2}} = 0$, 因此 $\lim\limits_{x\to 0}\dfrac{\sin\sqrt{x^2}}{x^2} = \infty$. 可见 $\sin\sqrt{x^2}$ 是比 x^2 较低阶的无穷小量.

(3) 由于 $\lim\limits_{x\to 0}\dfrac{\ln(1-x^2)}{x^2} = \lim\limits_{x\to 0}\ln(1-x^2)^{\frac{1}{x^2}}$
$$= \lim_{x\to 0}\ln(1-x^2)^{-\frac{1}{x^2}(-1)} = \ln e^{-1} = -1,$$
可见, $\ln(1-x^2)$ 与 x^2 是同阶无穷小量. 这时我们也称 $\ln(1-x^2)$ 是 x

的二阶无穷小量.

(4) 因为 $\lim\limits_{x\to 0}\dfrac{1-\sqrt{1-2x^2}}{x^2}=\lim\limits_{x\to 0}\dfrac{1-(1-2x^2)}{x^2(1+\sqrt{1-2x^2})}=1$,所以 $(1-\sqrt{1-2x^2})$ 与 x^2 是等价无穷小量,可见

$$(1-\sqrt{1-2x^2})\sim x^2.$$

需要指出的是,并不是任意两个无穷小量都可以进行比较.例如当 $x\to 0$ 时,虽然有

$$\lim_{x\to 0}x=0,\quad \lim_{x\to 0}x\sin\dfrac{1}{x}=0,$$

但是由于 $[x\sin(1/x)]/x=\sin(1/x)$ 的极限不存在且不为无穷大,因此 x 与 $x\sin\dfrac{1}{x}$ 不能进行比较.

关于等价无穷小量有一个很有用的性质:设 $f_1\sim f_2, g_1\sim g_2$,且 $\lim(f_2/g_2)$ 存在,则

$$\lim\dfrac{f_1}{g_1}=\lim\dfrac{f_2}{g_2}.$$

上述性质说明,在乘、除的极限运算中,可以用等价无穷小量代换,而不改变其极限.注意,在和、差的极限中,一般不能使用等价无穷小量代换.

例 21 求 $\lim\limits_{x\to 0}\dfrac{1-\cos x}{x\sin x}$.

解 因为当 $x\to 0$ 时,$\sin x\sim x$,$1-\cos x\sim \dfrac{1}{2}x^2$,所以

$$\lim_{x\to 0}\dfrac{1-\cos x}{x\sin x}=\lim_{x\to 0}\dfrac{\dfrac{1}{2}x^2}{x\cdot x}=\dfrac{1}{2}.$$

例 22 求 $\lim\limits_{x\to 0}\dfrac{\sin(\sin x)}{\tan 2x}$.

解 当 $x\to 0$ 时,因为 $\sin(\sin x)\sim x$,$\tan 2x\sim 2x$,所以

$$\lim_{x\to 0}\dfrac{\sin(\sin x)}{\tan 2x}=\lim_{x\to 0}\dfrac{x}{2x}=\dfrac{1}{2}.$$

例 23 求 $\lim\limits_{x\to 0}\dfrac{\mathrm{e}^{\sin x}-1}{\ln(1+x)}$.

解 当 $x\to 0$ 时,$\ln(1+x)\sim x$,又 $\sin x\sim x$,$\mathrm{e}^x-1\sim x$,故 $\mathrm{e}^{\sin x}-1\sim \sin x$.于是

$$\lim_{x\to 0}\frac{e^{\sin x}-1}{\ln(1+x)}=\lim_{x\to 0}\frac{\sin x}{x}=1.$$

例 24 求 $\lim\limits_{x\to 0}\dfrac{\tan x-\sin x}{x^3}$.

解
$$\lim_{x\to 0}\frac{\tan x-\sin x}{x^3}=\lim_{x\to 0}\frac{\sin x\left(\dfrac{1}{\cos x}-1\right)}{x^3}$$

$$=\lim_{x\to 0}\left(\frac{\sin x}{x}\cdot\frac{1-\cos x}{x^2\cos x}\right)=\lim_{x\to 0}\frac{\dfrac{1}{2}x^2}{x^2\cos x}=\frac{1}{2}.$$

在上例中如用下面解法：

因为 $\sin x\sim x,\tan x\sim x$，所以

$$\lim_{x\to 0}\frac{\tan x-\sin x}{x^3}=\lim_{x\to 0}\frac{x-x}{x^3}=0.$$

显然，这种解法是错误的.

我们也可以利用等价无穷小的性质计算一些较复杂的极限.

例 25 求 $\lim\limits_{x\to 0}\dfrac{(x-x\cos x)\arctan x}{(\tan x-\sin x)\ln(1+x)}$.

解 因为当 $x\to 0$ 时，$\cos x\to 1$ 且有

$$\sin x\sim x,\quad 1-\cos x\sim\frac{1}{2}x^2;$$

$$\arctan x\sim x,\quad \ln(1+x)\sim x;$$

$$\tan x-\sin x=\sin x\frac{1-\cos x}{\cos x}\sim\frac{1}{2}x^3,$$

所以

$$\lim_{x\to 0}\frac{(x-x\cos x)\arctan x}{(\tan x-\sin x)\ln(1+x)}=\lim_{x\to 0}\frac{x(1-\cos x)\arctan x}{(\tan x-\sin x)\ln(1+x)}$$

$$=\lim_{x\to 0}\frac{x\cdot\dfrac{1}{2}x^2\cdot x}{\dfrac{1}{2}x^3\cdot x}=1.$$

§4 函数的连续性

在微积分中我们所研究的主要对象是连续函数和分段连续函数. 有了极限概念以后，我们便可以讨论函数的连续性问题了. 下面

先给出函数连续的概念与函数间断点的分类,然后讨论连续函数的某些性质.

4.1 函数连续的概念

1. 函数在一点的连续性

当我们把一个函数用它的图形表示出来时,就会发现它在很多地方是连着的,而在某些地方却是断开的.例如函数
$$f_1(x) = \begin{cases} 1, & x \neq 0, \\ 0, & x = 0 \end{cases}$$
在 $x=0$ 处是断开的,而在其他的地方都是连着的(见图 1-20).如何刻画函数的连续性呢?下面我们先从一点处连续性谈起.函数 $f_1(x)$ 在实轴上每一点都有定义,并且在实轴上每一点(注意包括 0 这一点)都有极限存在,且
$$\lim_{x \to x_0} f_1(x) = 1.$$

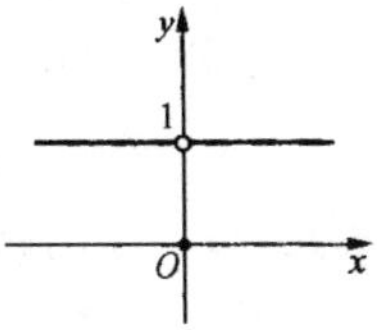

图 1-20

虽然这是刻画函数在一点连续必不可少的条件,但它并不是充分的.可以看出,造成函数 $f_1(x)$ 在 $x=0$ 处断开的原因是在该点处极限值不等于它的函数值,即
$$\lim_{x \to 0} f_1(x) = 1 \neq 0 = f_1(0).$$
于是我们有下面的定义.

定义 1.21 如果函数 $f(x)$ 在点 x_0 处满足:

(1) $f(x)$ 在 x_0 处有定义;

(2) $f(x)$ 在 x_0 处有极限存在,即
$$\lim_{x \to x_0} f(x) = A;$$

(3) $f(x)$ 在 x_0 处的极限值等于函数值,即
$$A = f(x_0),$$
则称函数 $f(x)$ 在点 x_0 处是**连续**的,并称 x_0 为 $f(x)$ 的**连续点**.否则就说函数 $f(x)$ 在点 x_0 处是**间断**的,并称 x_0 为 $f(x)$ 的**间断点**.

函数在一点连续的定义也可以用极限形式给出:

定义 1.22 如果当 x 趋向于 x_0 时,函数 $f(x)$ 以 $f(x_0)$ 为极限,

即
$$\lim_{x \to x_0} f(x) = f(x_0),$$
那么我们就称函数在点 x_0 处是连续的.

由定义 1.22 可以看出：
$$\lim_{x \to x_0} f(x) = f(x_0) \Longleftrightarrow \lim_{x \to x_0} [f(x) - f(x_0)] = 0.$$

如果我们记自变量的改变量为 Δx，那么 $x = x_0 + \Delta x$（Δx 可正可负）. 这样一来，$x \to x_0$ 就是 $\Delta x \to 0$，相应的函数的改变量为 Δy，有
$$\Delta y = f(x_0 + \Delta x) - f(x_0) = f(x) - f(x_0).$$
利用 $\Delta x, \Delta y$ 的符号，函数在一点连续定义又可以写成：

定义 1.23 若
$$\lim_{\Delta x \to 0} \Delta y = 0,$$
则称函数在点 x_0 处是**连续**的.

这就是说当函数 $f(x)$ 在点 x_0 处连续时，只要 x 无限地趋向于 x_0，即只要 $\Delta x \to 0$，$f(x)$ 就无限地趋向于 $f(x_0)$，即就有函数的改变量 $\Delta y \to 0$.

例1 讨论函数
$$f(x) = \begin{cases} \dfrac{x^2 - 3x + 2}{x - 2}, & x \neq 2, \\ 1, & x = 2 \end{cases}$$
在 $x = 2$ 处的连续性.

解 容易看出函数 $f(x)$ 在 $x = 2$ 处有定义，且 $f(2) = 1$；由于
$$\lim_{x \to 2} f(x) = \lim_{x \to 2} \frac{x^2 - 3x + 2}{x - 2} = \lim_{x \to 2} \frac{(x-2)(x-1)}{x - 2} = 1,$$
于是，我们有 $\lim_{x \to 2} f(x) = f(2)$，故函数 $f(x)$ 在 $x = 2$ 处连续.

由函数 $f(x)$ 在点 x_0 左极限与右极限的定义，可以得到函数 $f(x)$ 在点 x_0 左连续与右连续的定义.

定义 1.24 若 $\lim_{x \to x_0^-} f(x) = f(x_0)$，则称函数 $f(x)$ 在点 x_0 **左连续**；若 $\lim_{x \to x_0^+} f(x) = f(x_0)$，则称函数 $f(x)$ 在点 x_0 **右连续**.

由此可知,函数 $f(x)$ 在点 x_0 连续的**充分必要条件**是:函数 $f(x)$ 在点 x_0 既是左连续,又是右连续,即

$$\lim_{x \to x_0} f(x) = f(x_0) \iff \lim_{x \to x_0^-} f(x) = f(x_0) = \lim_{x \to x_0^+} f(x).$$

例 2 讨论函数 $f(x) = \begin{cases} x+2, & x \geqslant 0, \\ x-2, & x < 0 \end{cases}$ 在 $x=0$ 处的连续性.

解 由于 $f(0) = 2$,又因为

$$\lim_{x \to 0^-} f(x) = \lim_{x \to 0^-} (x-2) = -2,$$

$$\lim_{x \to 0^+} f(x) = \lim_{x \to 0^+} (x+2) = 2,$$

所以函数在 $x=0$ 处右连续,但不左连续,从而它在 $x=0$ 不连续.

最后,我们指出,若函数 $f(x)$ 在开区间 (a,b) 内的每一点处都连续,则称 $f(x)$ **在开区间 (a,b) 内是连续的**;若函数 $f(x)$ 在开区间 (a,b) 内连续,并且在区间的左端点 a 处是右连续的,在区间的右端点 b 处是左连续的,则称 $f(x)$ **在闭区间 $[a,b]$ 上是连续的**. 若一个函数 $f(x)$ 在它的定义域上的每一点都是连续的,则称它是**连续函数**.

例如,在§3中我们实际上已经证明了多项式 $P(x)$ 与有理函数 $R(x)$ 在其定义域中任意一点 x_0 处的极限的存在性,即

$$\lim_{x \to x_0} P(x) = P(x_0), \quad \lim_{x \to x_0} R(x) = R(x_0).$$

由连续函数的定义,可知多项式 $P(x)$ 与有理函数 $R(x)$ 在其定义域内是连续的.

同样地,我们也可以讨论其他一些基本初等函数的连续性.

2. 间断点的分类

定义 1.25 (1) 如果函数 $f(x)$ 在 x_0 点的左右极限都存在,但不都等于该点的函数值,那么就称 x_0 为**第 I 类间断点**;

(2) 如果函数 $f(x)$ 在 x_0 点的左右极限中至少有一个不存在,那么就称 x_0 为**第 II 类间断点**.

在第 I 类间断中,如果函数在间断点左、右极限存在并相等,但不等于该点的函数值,那么我们可以补充或重新定义函数在间断点的值,使得函数在该点变成是连续的,这种间断点我们称为**可去间断点**.

例3 讨论函数

$$f(x) = \begin{cases} x+1, & -1 \leqslant x \leqslant 0, \\ x, & 0 < x < 1 \end{cases}$$

在点 $x=0$ 处的连续性,如不连续,请指出它是哪种类型的间断点.

解 由图 1-21 可以看出:

$$f(0+0) = 0, \quad f(0-0) = 1.$$

由于 $f(x)$ 在点 $x=0$ 处左、右极限存在,但不相等.因此,它在点 $x=0$ 处不连续.由定义 1.25 可知 $x=0$ 是函数的一个第 I 类间断点.

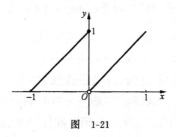

图 1-21

例4 讨论函数 $g(x) = \begin{cases} \dfrac{1-x^2}{1-x}, & x \neq 1, \\ 0, & x = 1 \end{cases}$ 在点 $x=1$ 处的连续性,如不连续,请指出它是哪种类型的间断点.

解 由于

$$\lim_{x \to 1} g(x) = \lim_{x \to 1} \frac{1-x^2}{1-x} = \lim_{x \to 1} \frac{(1-x)(1+x)}{1-x} = 2,$$

而 $g(1)=0 \neq 2$,所以 $g(x)$ 在 $x=1$ 处不连续.由定义 1.25 可知 $x=1$ 是函数的一个第 I 类间断点.

这时,如果我们改变函数在 $x=1$ 处的函数值,使其等于极限值,即令 $g_1(1)=2$,有

$$g_1(x) = \begin{cases} \dfrac{1-x^2}{1-x}, & x \neq 1, \\ 2, & x = 1, \end{cases}$$

则函数 $g_1(x)$ 在 $x=1$ 处就由间断变为连续了.可见 $x=1$ 也是函数 $g(x)$ 的一个可去间断点.

例5 讨论函数

§4 函数的连续性

$$k(x) = \begin{cases} \dfrac{1}{x}, & x > 0, \\ 0, & x \leqslant 0 \end{cases}$$

在点 $x=0$ 处的连续性,如不连续,请指出它是哪种类型的间断点.

解 由图 1-22 可以看出:
$$k(0-0) = 0, \quad k(0+0) = +\infty.$$
由于 $k(x)$ 在点 $x=0$ 处的极限不存在.因此它在 $x=0$ 处不连续,由定义 1.25 可知,$x=0$ 是函数 $k(x)$ 的一个第 II 类间断点.

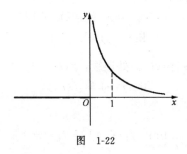

图 1-22

4.2 连续函数的运算法则

定理 1.5 若函数 $f(x)$ 与 $g(x)$ 在同一点 $x=x_0$ 处是连续的,则 $f(x) \pm g(x), f(x) \cdot g(x), f(x)/g(x)\,(g(x_0) \neq 0)$ 在点 x_0 处也是连续的.

我们只证明 $f(x)+g(x)$ 在点 x_0 处是连续的,其他情形可以类似地证明.

证明 因为 $f(x)$ 与 $g(x)$ 在点 x_0 处连续,所以根据极限的运算法则,有
$$\lim_{x \to x_0}[f(x) + g(x)] = \lim_{x \to x_0}f(x) + \lim_{x \to x_0}g(x) = f(x_0) + g(x_0).$$
这就证明了 $f(x)+g(x)$ 在点 x_0 处是连续的.

例 6 已知 $f(x)=x, g(x)=\sin x$ 都是 $(-\infty, +\infty)$ 上的连续函数,则由定理 1.5,
$$x \pm \sin x \quad \text{与} \quad x \cdot \sin x$$
也都是 $(-\infty, +\infty)$ 上的连续函数.

定理 1.5 可以扩充到有限多个函数的情况：在点 $x=x_0$ 处有限多个连续函数的和，差，积，商(在商的情况下，要求分母不为 0)在点 $x=x_0$ 处也都是连续的．

定理 1.6 设有两个函数 $y=f(u)$ 与 $u=\varphi(x)$．若函数 $u=\varphi(x)$ 在点 $x=x_0$ 处连续，函数 $y=f(u)$ 在点 $u_0=\varphi(x_0)$ 处连续，则复合函数
$$y=f[\varphi(x)]$$
在点 $x=x_0$ 处也连续．

证明 由于 $\varphi(x)$ 在点 $x=x_0$ 处连续，所以
$$\lim_{x\to x_0}\varphi(x)=\varphi(x_0).$$
又由于 $f(u)$ 在点 $u_0=\varphi(x_0)$ 处连续，所以
$$\lim_{u\to u_0}f(u)=f(u_0).$$
因此
$$\lim_{\varphi(x)\to\varphi(x_0)}f[\varphi(x)]=f[\varphi(x_0)].$$
综上所述
$$\lim_{x\to x_0}f[\varphi(x)]=f[\varphi(x_0)].$$
上式说明函数 $f[\varphi(x)]$ 在点 x_0 处是连续的．

例 7 讨论函数 $y=\cos^2 x$ 的连续性．

解 因为函数 $y=f(u)=u^2$ 在 $(-\infty,+\infty)$ 上是连续的，函数 $u=u(x)=\cos x$ 在 $(-\infty,+\infty)$ 上是连续的，所以根据定理 1.6 可知，复合函数 $y=\cos^2 x$ 在 $(-\infty,+\infty)$ 上也是连续的．

定理 1.7 单调连续函数的反函数也是单调连续的．

例 8 证明 $y=\arcsin x$ 在 $[-1,1]$ 上连续．

证明 因为 $y=\sin x$ 在 $[-\pi/2,\pi/2]$ 上是单调的连续函数，所以由定理 1.7 可知，它的反函数 $y=\arcsin x$ 在 $[-1,1]$ 上也是连续的．

由于基本初等函数在其定义区间内都是连续的，所以由基本初等函数经过有限次四则运算或复合运算所构成的初等函数在其定义区间上也都是连续的．

根据这一结论，求初等函数在其定义区间内某点 x_0 的极限时，只要求出该点的函数值即可．

例 9 求 $\lim\limits_{x \to 0} \dfrac{\ln(e+x^2)}{a^x \cos x}$.

解 由于该函数是初等函数,且 $x=0$ 在其定义区间内,故由初等函数的连续性,有

$$\lim_{x \to 0} \frac{\ln(e+x^2)}{a^x \cos x} = \frac{\ln(e+0)}{a^0 \cos 0} = \frac{\ln e}{1 \times 1} = 1.$$

例 10 求函数 $y = \dfrac{x}{\ln(1+2x)}$ 的连续区间.

解 所给函数为初等函数,其定义区间即连续区间.因此有

$$1 + 2x > 0 \quad \text{且} \quad 1 + 2x \neq 1.$$

即 $\quad x > -\dfrac{1}{2} \quad \text{且} \quad x \neq 0.$

函数 $y = \dfrac{x}{\ln(1+2x)}$ 的连续区间为 $\left(-\dfrac{1}{2}, 0\right) \cup (0, +\infty)$.

4.3 闭区间上连续函数的两个重要性质

函数 $f(x)$ 在点 x_0 连续,意味着 $f(x)$ 在点 x_0 有定义、有极限,且极限值等于函数值.这是函数的局部性质.下面我们不加证明地给出在闭区间上连续的函数所具有的两个重要性质,这些性质常常用来作为分析问题的理论依据.函数在整个区间上的性质,这可理解为函数的整体性质.

先给出最大值与最小值的概念.

定义 1.26 若 $x_1, x_2 \in [a,b]$,且对该区间内的一切 x,有

$$f(x_1) \leqslant f(x) \leqslant f(x_2),$$

则称 $f(x_1), f(x_2)$ 分别为函数 $f(x)$ 在闭区间 $[a,b]$ 上的**最小值与最大值**;并将 x_1, x_2 分别称为函数的**最小值点与最大值点**.

定理 1.8(最值定理) 若函数 $f(x)$ 在闭区间 $[a,b]$ 上连续,则 $f(x)$ 在 $[a,b]$ 上有**最大值与最小值**.

这个性质从几何上看是明显的.设函数 $y = f(x)$ 在 $[a,b]$ 上连续,从图 1-23 不难看出,从点 $A(a, f(a))$ 到点 $B(b, f(b))$ 的连续曲线 $y = f(x)$ 一定有最高点 $C(c_1, f(c_1))$ 和最低点 $D(c_2, f(c_2))$.需要指出的是,函数的最大值与最小值都是惟一的,而最大值点与最小值点却不一定是惟一的(图 1-23 中 c_2 与 c_3 之间的任意一个点都是函数的最小值点).

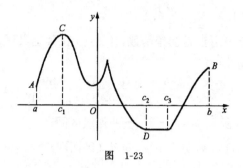

图 1-23

注意 若函数 $f(x)$ 在开区间内连续,它不一定有最大值与最小值. 如, $y=x^2$ 在区间 $(0,1)$ 内连续,它在该区间内既无最大值也无最小值.

定理 1.9（中间值定理） 若函数 $f(x)$ 在 $[a,b]$ 上连续,且 $f(a) \neq f(b)$, η 为 $f(a)$ 与 $f(b)$ 之间的任意一个值,则至少存在一点 $c \in [a,b]$, 使得

$$f(c) = \eta.$$

这个性质的几何意义是,设 $y=f(x)$ 是从点 $A(a,f(a))$ 到点 $B(b,f(b))$ 的连续曲线,在 $f(a)$ 与 $f(b)$ 之间任取一点 η, 作直线 $y=\eta$, 则这条直线一定与曲线 $y=f(x)$ 相交(见图 1-24).

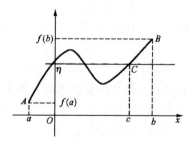

图 1-24

推论 1 若函数 $f(x)$ 在 $[a,b]$ 上连续,且 $f(a)$ 与 $f(b)$ 异号,则至少存在一点 $c \in [a,b]$, 使得

$$f(c) = 0.$$

推论 2 在闭区间上连续的函数一定可以取得最大值与最小值

之间的一切值.

例 11 证明方程 $x \cdot 3^x = 1$ 至少有一个小于 1 的正根.

分析 这是要证明所给方程在区间 $(0,1)$ 内有根.

证 设 $f(x) = x \cdot 3^x - 1$,则它在闭区间 $[0,1]$ 上连续,并且
$$f(0) = -1 < 0, \quad f(1) = 2 > 0.$$
由推论 1 可知,在 $(0,1)$ 内至少存在一点 c,使得 $f(c) = 0$,即方程 $x \cdot 3^x = 1$ 至少有一个小于 1 的正根.

习 题 一

(一) 选择题

1. 函数 $f(x) = \begin{cases} \sqrt{9-x^2}, & |x| \leqslant 3, \\ x^2 - 9, & 3 < |x| < 4 \end{cases}$ 的定义域是( ).

    (A) $[-3, 4]$; (B) $(-3, 4)$;
    (C) $[-4, 4]$; (D) $(-4, 4)$.

2. 若函数 $y = f(x)$ 的定义域为 $[1, 2]$,则函数 $f(1-\ln x)$ 的定义域是( ).

    (A) $(0, 1]$; (B) $[1-\ln 2, 1]$;
    (C) $[1/e, 1]$; (D) $[1, e]$.

3. 函数 $y = \sqrt{\lg\left(\dfrac{5x - x^2}{4}\right)}$ 的定义域为( ).

    (A) $(0, 5)$; (B) $[1, 4)$;
    (C) $(1, 4]$; (D) $[1, 4]$.

4. 设函数 $f(x)$ 在 $(-\infty, +\infty)$ 上有定义,下列函数中必为偶函数的是( ).

    (A) $y = f^2(x)$; (B) $y = x^2 f(x)$;
    (C) $y = f(|x|)$; (D) $y = f[(x+1)^2]$.

5. 设函数 $f(x) = \log_a(x + \sqrt{x^2+1})$ $(a > 0, a \neq 1)$,则该函数是( ).

    (A) 奇函数; (B) 偶函数;
    (C) 非奇非偶函数; (D) 既奇又偶函数.

6. 在 R 上,下列函数中为周期函数的是( ).

(A) $\sin x^3$;　　(B) $\sin 2x$;　　(C) $x\cos x$;　　(D) $x\sin x$.

7. 下列函数中为周期函数的是( ).

(A) $x\cos x$;　　(B) $\sin x^2$;　　(C) $\sin\dfrac{1}{x}$;　　(D) $\sin^2 x$.

8. 函数 $f(x)=|x^2-1|$ 的单调、有界区间是( ).

(A) $[-1,1]$;　　　　　　(B) $(1,+\infty)$;

(C) $[-2,0]$;　　　　　　(D) $[-2,-1]$.

9. 函数 $y=1+\lg(x+2)$ 的反函数是( ).

(A) $y=10^{x-2}+1$;　　　　(B) $y=10^{x-2}-1$;

(C) $y=10^{x-1}+2$;　　　　(D) $y=10^{x-1}-2$.

10. 下列函数中为初等函数的是( ).

(A) $y=\sqrt{\cos x-2}$;　　　　(B) $y=\sqrt{\sin x-1}$;

(C) $y=\begin{cases}\dfrac{x^2-1}{x-1}, & x\neq 1, \\ 0, & x=1;\end{cases}$　　(D) $y=\begin{cases}1+x, & x<0, \\ x, & x\geq 0.\end{cases}$

11. 设
$$f(x)=\begin{cases}-1, & x<0, \\ 0, & x=0, \\ 1, & x>0,\end{cases}$$
则 $f[f(x)]=($).

(A) $-f(x)$;　　(B) $f(-x)$;　　(C) 0;　　(D) $f(x)$.

12. 分段函数
$$f(x)=\begin{cases}1-x, & x\leq 0, \\ 1+x, & x>0\end{cases}$$
是一个( ).

(A) 奇函数;　　　　　　(B) 偶函数;

(C) 非奇非偶函数;　　　(D) 既是奇函数又是偶函数.

13. 设函数 $g(x)=1+x$ 且当 $x\neq 0$ 时, $f[g(x)]=\dfrac{1-x}{x}$,则 $f\left(\dfrac{1}{2}\right)$ 的值是( ).

(A) 0; (B) 1; (C) 3; (D) -3.

14. 数列 $\{x_n\} = \left\{\dfrac{1-n}{n}\right\}$ 的极限是( ).

(A) 0; (B) 1; (C) -1; (D) 不存在.

15. 数列 $\{S_n\} = \left\{1 + \dfrac{1}{2} + \dfrac{1}{2^2} + \cdots + \dfrac{1}{2^n}\right\}$ 的极限是( ).

(A) 4; (B) 3; (C) 2; (D) 不存在.

16. $\lim\limits_{n\to\infty} \dfrac{4n^3 - n + 1}{5n^3 + n^2 + n} = ($).

(A) 4/5; (B) 0; (C) 1/2; (D) ∞.

17. $\lim\limits_{n\to\infty} \dfrac{1 - 2n^2}{4n^2 + 2n - 3} = ($).

(A) 1; (B) $-1/2$; (C) $-1/3$; (D) 1/4.

18. $\lim\limits_{n\to\infty}(\sqrt{n+1} - \sqrt{n}) = ($).

(A) 0; (B) 1; (C) 1/2; (D) ∞.

19. 设 $\lim\limits_{n\to\infty}\left(1 + \dfrac{2}{n}\right)^{kn} = e^{-3}$,则 $k = ($).

(A) 3/2; (B) 2/3; (C) $-3/2$; (D) $-2/3$.

20. 设
$$f(x) = \begin{cases} -2, & x < 0, \\ 0, & x = 0, \\ 2, & x > 0, \end{cases}$$
则 $\lim\limits_{x\to 1} f(x)$ 的值为( ).

(A) -2; (B) 2; (C) 0; (D) 不存在.

21. 设
$$f(x) = \begin{cases} |x| + 1, & x \neq 0, \\ 2, & x = 0, \end{cases}$$
则 $\lim\limits_{x\to 0} f(x)$ 的值为( ).

(A) 0; (B) 1; (C) 2; (D) 不存在.

22. 当 $x \to \infty$ 时,下列函数中有极限的是( ).

(A) $\sin x$; (B) $\dfrac{1}{e^x}$; (C) $\dfrac{x+1}{x^2-1}$; (D) $\arctan x$.

23. 设 $f(x) = \begin{cases} 3x + 2, & x \leqslant 0, \\ x^2 - 2, & x > 0, \end{cases}$ 则 $\lim\limits_{x\to 0^+} f(x) = ($).

(A) 2; (B) 0; (C) −1; (D) −2.

24. $\lim\limits_{x \to 0} \dfrac{e^{x^2}-1}{\cos x - 1} = ($ $)$.

(A) 0; (B) ∞; (C) −2; (D) 2.

25. $\lim\limits_{x \to 3} \dfrac{x^2-x-6}{x^2-2x-3} = ($ $)$.

(A) 0; (B) 4/3; (C) 5/4; (D) ∞.

26. $\lim\limits_{x \to 2}\left(\dfrac{1}{x-2} - \dfrac{4}{x^2-4}\right) = ($ $)$.

(A) 0; (B) 1/4; (C) 1/2; (D) ∞.

27. $\lim\limits_{x \to \infty} x \sin \dfrac{\pi}{x} = ($ $)$.

(A) 0; (B) 1; (C) π; (D) 不存在.

28. $\lim\limits_{x \to 2} \dfrac{\sin(x-2)}{x^2-x-2} = ($ $)$.

(A) 0; (B) 1/3; (C) 1/2; (D) 1.

29. $\lim\limits_{x \to 0}(1-x)^{2-\frac{1}{x}} = ($ $)$.

(A) 1; (B) e; (C) e^{-1}; (D) e^2.

30. 若 $\lim\limits_{x \to +\infty}\left(\dfrac{x+a}{x-a}\right)^x = e^2$, 则 $a = ($ $)$.

(A) 0; (B) 1; (C) 2; (D) 4.

31. $\lim\limits_{x \to 0} \dfrac{\arcsin 4x}{\tan 2x} = ($ $)$.

(A) 4; (B) 2; (C) 1; (D) 0.

32. $\lim\limits_{x \to \infty} e^{\sin\frac{1}{1+x}} = ($ $)$.

(A) 0; (B) 1; (C) e; (D) 不存在.

33. $\lim\limits_{x \to \infty} \dfrac{\sin x}{x} = ($ $)$.

(A) 1; (B) 0; (C) ∞; (D) 不存在.

34. 下列变量在给定的变化过程中为无穷小量的是(   ).

(A) $e^{-x}+1 (x \to +\infty)$; (B) $e^{\frac{1}{x}}-1 (x \to -\infty)$;
(C) $e^{-x}-1 (x \to +\infty)$; (D) $e^{-\frac{1}{x}}+1 (x \to -\infty)$.

35. 当 $x \to +\infty$ 时,下列变量中为无穷大量的是(   ).

(A) $\ln(1+x)$; (B) $\dfrac{x}{\sqrt{x^2+1}}$; (C) $e^{-x}+1$; (D) $x\cos x$.

36. 当 $x \to 0$ 时,与无穷小量 $x+1000x^3$ 等价的无穷小量是( ).

(A) $\sqrt[3]{x}$;   (B) $\sqrt{x}$;   (C) x;   (D) x^3.

37. 当 $n \to \infty$ 时, $n\sin\dfrac{1}{n}$ 是一个( ).

(A) 无穷小量;   (B) 无穷大量;
(C) 无界变量;   (D) 有界变量.

38. 函数 $f(x)=\dfrac{x-3}{x^2-3x+2}$ 的间断点是( ).

(A) $x=1$ 或 $x=2$;   (B) $x=3$;
(C) $x=1, x=2, x=3$;   (D) 无间断点.

39. 函数 $f(x)=\dfrac{x+1}{x^2-2x-3}$ 的间断点为( ).

(A) $x=3$;   (B) $x=-1$;
(C) $x=-1$ 和 $x=3$;   (D) 不存在.

40. 函数 $y=f(x)$ 在点 $x=x_0$ 处有定义是它在该点处连续的一个( )

(A) 必要条件;   (B) 充分条件;
(C) 充要条件;   (D) 无关条件.

(二) 解答题

1. 指出下列各题中的两个函数是否相同,并说明原因:

(1) $y=x^2/x$ 与 $y=x$;   (2) $y=\lg x^2$ 与 $y=2\lg x$;
(3) $y=|x|$ 与 $y=\sqrt{x^2}$.

2. 求下列函数的定义域:

(1) $y=\dfrac{1}{x^2-2x}$;   (2) $y=\lg(x^2-4)$;

(3) $y=\sqrt{\dfrac{1+x}{1-x}}$;   (4) $y=\arcsin\dfrac{x-3}{2}$;

(5) $y=\dfrac{1}{1-x^2}+\sqrt{x+2}$;   (6) $y=\dfrac{1}{\sin x-\cos x}$.

3. 如果 $f(x)=x^2-3x+2$,求: $f(0), f(1), f(-2), f(-x)$, $f\left(\dfrac{1}{x}\right), f(x+\Delta x)-f(x)$.

4. 设 $\varphi(x)=x^3+1$,求 $\varphi(t^2)$,$[\varphi(t)]^2$.

5. 若 $f(x)=2x^2+\dfrac{2}{x^2}+\dfrac{5}{x}+5x$,证明:$f(x)=f\left(\dfrac{1}{x}\right)$.

6. 设 a 是实数,证明当 $|a|\geqslant 4$ 时,有 $\left|\dfrac{a+4}{a-2}\right|\leqslant |a|$.

7. 计算下列函数的增量 $\Delta y=f(x+\Delta x)-f(x)$:

(1) $f(x)=x,x=2,\Delta x=0.2$; (2) $f(x)=\dfrac{1}{x},x=4,\Delta x=0.1$;

(3) $f(x)=\lg x,x=1,\Delta x=0.01$.

8. 设 $f(x)=\begin{cases}\dfrac{x-8}{x+3}, & x\geqslant 8, \\ \dfrac{8-x}{x+3}, & x<8,x\neq -3,\end{cases}$ 求 $f(c)$.

9. 指出下列函数中哪些是奇函数,哪些是偶函数,哪些是非奇非偶函数:

(1) $y=e^{-x^2}$;   (2) $y=x^2\sin x$;

(3) $y=x^2+\sin x$;   (4) $y=\lg(x^2+1)$;

(5) $y=\sin(x^2+1)$;   (6) $y=|x+1|$.

10. 指出下列函数在指定区间内的增减性:

(1) $y=\sin x$ $(\pi/2\leqslant x\leqslant \pi)$;   (2) $y=x^3(-\infty<x<+\infty)$;

(3) $y=|x+1|$ $(-5\leqslant x\leqslant -1)$;   (4) $y=\lg x$ $(0<x<+\infty)$.

11. 指出下列函数中哪些是周期函数,哪些不是;若是周期函数,指出其周期:

(1) $y=\sin ax$ $(a>0)$;   (2) $y=4$;

(3) $y=\sin 2x+\sin\pi x$;   (4) $y=\sin x+\cos x$.

12. 求下列函数的反函数.

(1) $y=ax+b$ $(a\neq 0)$;   (2) $y=\sqrt[3]{x^2+4}$ $(x>0)$;

(3) $y=2\sin 3x(0<x<\pi/6)$;   (4) $y=\lg(x+4)$.

13. 求 $y=\dfrac{2x-3}{4x+2}$ 的反函数.

14. 已知 $f(x)=x+1$,求 $f^{-1}\left(\dfrac{1}{x}\right)$.

15. 已知一个无盖的圆柱形容器的体积为 V,试将其高表为底半径的函数,并将其表面积表为底半径的函数.

16. 已知在 x 轴上 $x=0$ 和 $x=1$ 点处,分别放置质量为 q, $p(p+q=1)$ 的两质点. 现在设 x 在 $(-\infty,+\infty)$ 内变化,试将区间 $(-\infty,x]$ 所包含的质量 M 表为 x 的函数.

17. 指出下列极限是否存在:

(1) $\lim\limits_{x\to 0}\dfrac{|x|}{x}$;

(2) $\lim\limits_{n\to +\infty}\left(1+(-1)^n\dfrac{1}{n}\right)$;

(3) $\lim\limits_{x\to 1}\mathrm{sgn}^2 x$;

(4) $\lim\limits_{x\to 3}\dfrac{1}{\sin(x-3)}$.

18. 指出下列各函数在 $x=0$ 点处的极限是否存在:

(1) $f(x)=\begin{cases}0, & x=0,\\ 1, & x\neq 0;\end{cases}$

(2) $f(x)=\begin{cases}x+1, & -1\leqslant x\leqslant 0,\\ x, & 0<x<1;\end{cases}$

(3) $f(x)=x^{-1}$;

(4) $f(x)=\begin{cases}1-x, & x>0,\\ 0, & x\leqslant 0.\end{cases}$

19. 试求下列各极限:

(1) $\lim\limits_{n\to\infty}\dfrac{4n^2+2}{3n^2+1}$;

(2) $\lim\limits_{n\to\infty}(\sqrt{n+1}-\sqrt{n})$;

(3) $\lim\limits_{x\to 2}\dfrac{4x+7}{x^2+1}$;

(4) $\lim\limits_{x\to 0}\dfrac{x^3-4}{4x^2+x-2}$;

(5) $\lim\limits_{x\to\infty}\dfrac{x^2-2}{4x^2+x+6}$;

(6) $\lim\limits_{x\to +\infty}\dfrac{\sqrt{x+1}-\sqrt{x-1}}{x}$;

(7) $\lim\limits_{n\to\infty}\dfrac{(-2)^n+5^n}{(-2)^{n+1}+5^{n+1}}$;

(8) $\lim\limits_{n\to\infty}\dfrac{\sqrt[3]{n}\sin n}{n+1}$;

(9) $\lim\limits_{\Delta x\to 0}\dfrac{\sqrt{x+\Delta x}-\sqrt{x}}{\Delta x}$;

(10) $\lim\limits_{n\to\infty}\dfrac{1+2+\cdots+n}{n^2}$;

(11) $\lim\limits_{n\to\infty}\dfrac{1+\dfrac{1}{2}+\dfrac{1}{4}+\cdots+\dfrac{1}{2^n}}{1+\dfrac{1}{3}+\dfrac{1}{9}+\cdots+\dfrac{1}{3^n}}$;

(12) $\lim\limits_{x\to 1}\dfrac{x^n-1}{x-1}$;

(13) $\lim\limits_{x\to -1}\left(\dfrac{1}{x+1}-\dfrac{3}{x^3+1}\right)$;

(14) $\lim\limits_{x\to 2}\dfrac{x-2}{x+1}$;

(15) $\lim\limits_{x\to 0}\dfrac{\sqrt{4+x^2}-2}{x}$;

(16) $\lim\limits_{x\to\infty}\left(4+\dfrac{1}{x}-\dfrac{1}{x^2}\right)$;

(17) $\lim\limits_{x\to 0}\dfrac{\dfrac{x}{2}}{\sin 2x}$;

(18) $\lim\limits_{x\to 0+0}\dfrac{\sqrt{1-\cos x}}{\sin x}$;

(19) $\lim\limits_{n\to\infty}\left(1+\dfrac{4}{n}\right)^n$;　　　　(20) $\lim\limits_{x\to\infty}\left(1-\dfrac{1}{x}\right)^x$;

(21) $\lim\limits_{n\to\infty}\left(1+\dfrac{1}{n}\right)^{n+m}\;(m\in N)$;　(22) $\lim\limits_{x\to 1}\dfrac{1}{1-x}$;

(23) $\lim\limits_{x\to-\infty}2^x$;　　　　(24) $\lim\limits_{x\to+\infty}2^x$;

(25) $\lim\limits_{x\to a}\dfrac{\sin x-\sin a}{x-a}$;　　(26) $\lim\limits_{x\to 0}\dfrac{\sin x^2}{2x}$;

(27) $\lim\limits_{x\to 0}\dfrac{(e^x-1)\sin x}{1-\cos x}$;　　(28) $\lim\limits_{x\to\pi}\dfrac{\sin x}{x-\pi}$;

(29) $\lim\limits_{x\to 0}\dfrac{2\sin 4x}{3\arctan 2x}$;　　(30) $\lim\limits_{x\to 0}\dfrac{\ln(1+2x)}{\tan 4x}$.

20. 指出下列函数的连续区间,如有间断点指出它所属的类型:

(1) $y=\dfrac{x^3}{1+x}$;　　　　(2) $y=\sqrt{x-1}$;

(3) $y=\dfrac{1}{2^x}$;　　　　(4) $y=\lg(x^2-9)$;

(5) $y=\dfrac{|x|}{x}$;　　　　(6) $y=\begin{cases}2, & x=1,\\ \dfrac{1}{1-x}, & x\neq 1;\end{cases}$

(7) $y=x\sin\dfrac{1}{x}$;　　　(8) $y=\dfrac{x^2-1}{x^2-3x+2}$.

21. 利用函数连续性计算下列各极限:

(1) $\lim\limits_{x\to\infty}\cos\dfrac{1-x}{1+x}$;　　(2) $\lim\limits_{x\to 1}\left(\dfrac{1+x}{2+x}\right)^{\frac{1-\sqrt{x}}{1-x}}$;

(3) $\lim\limits_{x\to 6}\dfrac{\sqrt{x+3}-3}{x-6}$;　　(4) $\lim\limits_{x\to 0}\dfrac{\ln(1+x)}{2x}$;

(5) $\lim\limits_{x\to\frac{\pi}{4}}\dfrac{x^4+\ln\left(1-\dfrac{\pi}{4}+x\right)}{\sin x}$;　(6) $\lim\limits_{x\to 0}\dfrac{\sqrt{1+x^2}-1}{2x}$.

22. 运用连续的性质,证明下列各题:

(1) 证明: $x\cdot 5^x=1$ 至少有一个小于1的正根;

(2) 如 $f(x)$ 在 $[a,b]$ 上连续,且无零点,则 $f(x)>0$ 或 $f(x)<0$;

(3) 设 $f(x)=e^x-2$,证明在 $(0,2)$ 内,$f(x)$ 至少存在一个不动点,即至少存在一点 x_0,使 $f(x_0)=x_0$.

第二章 一元函数微分学

本章将使用极限方法来研究函数的变化率及函数改变量的线性主部这样两个问题,从而给出导数与微分的定义及其计算方法,并在此基础上进一步讨论函数的性质.

§1 导数的概念

1.1 导数的定义

先来看两个实例.

在初等数学中,我们已经会求匀速运动的速度,但在实际问题中,物体的运动大都是非匀速运动.如何求非匀速运动的瞬时速度呢?

例 1 求物体沿直线运动的瞬时速度.

解 设物体在 $[0,t]$ 这段时间内所经过的路程为 s,则 s 是时刻 t 的函数 $s=s(t)$. 下面讨论物体在时刻 $t_0 \in [0,t]$ 的瞬时速度 $v(t_0)$.

首先考虑物体在 t_0 时刻附近很短一段时间内运动. 设物体从 t_0 到 $t_0+\Delta t$ 这段时间间隔内路程从 $s(t_0)$ 变到 $s(t_0+\Delta t)$,其改变量为

$$\Delta s = s(t_0 + \Delta t) - s(t_0).$$

在这段时间内的平均速度是

$$\bar{v} = \frac{\Delta s}{\Delta t} = \frac{s(t_0 + \Delta t) - s(t_0)}{\Delta t}.$$

我们可以用这段时间内的平均速度 $\bar{v}$ 去近似代替 t_0 时刻的瞬时速度,这种代替称为"**以不变代变**"或"**以匀代不匀**".

然后我们把时间间隔不断地减少,显然时间间隔越小,这种近似代替的精确度就越高. 当时间间隔 $\Delta t \to 0$ 时,我们把平均速度 $\bar{v}$ 的极限称为 t_0 时刻的**瞬时速度**,即

$$v(t_0) = \lim_{\Delta t \to 0} \frac{\Delta S}{\Delta t} = \lim_{\Delta t \to 0} \frac{S(t_0 + \Delta t) - S(t_0)}{\Delta t}.$$

在物理学中,呈直线状的细长物体称为质杆.一般我们认为质杆只计长度,不计横截面积.如果一个质杆在任何相等的两段上都有相同的质量,那么我们就说它是均匀的.显然在这种情况下,任何一段上的质量与其长度之比是一常量,称之为均匀质杆的线密度.设质杆长为 l,其质量为 M,则线密度 μ 为

$$\mu = \frac{M}{l}.$$

但在许多实际问题中,质杆的质量分布往往都是非均匀的,这就是说,它的线密度不是常量,而是随着质杆上点的位置不同而取不同的值.如何求非均匀质杆的线密度呢?

例 2 求非均匀质杆的线密度.

解 设长度为 l 的非均匀的质杆放在坐标轴上,其左端点位于原点,记相应于区间 $[0, x_0]$ 上质杆的质量为 $m = m(x_0)$,$x_0 \in [0, l]$.考虑一小段质杆 $[x_0, x_0 + \Delta x]$,相应的质量为

$$\Delta m = m(x_0 + \Delta x) - m(x_0).$$

这一小段上的平均线密度为

$$\bar{\mu} = \frac{\Delta m}{\Delta x} = \frac{m(x_0 + \Delta x) - m(x_0)}{\Delta x},$$

当 $\Delta x \to 0$ 时,我们把平均线密度 $\bar{\mu}$ 的极限称为质杆在 x_0 点的线密度,即

$$\mu(x) = \lim_{\Delta x \to 0} \frac{\Delta m}{\Delta x} = \lim_{\Delta x \to 0} \frac{m(x_0 + \Delta x) - m(x_0)}{\Delta x}.$$

上面我们讨论的两个例子虽然各有其特殊内容,但是从数量关系上有其共性,即都是求某一函数的改变量与自变量改变量比值的极限,他们都刻画因变量随自变量变化的快慢程度,这个极限值我们称为函数在某点的**变化率**.

总结上面的两个例子,得到计算函数 $y = f(x)$ 的变化率的三个步骤:

第一步,求增量.给自变量 x 在点 x_0 处一个改变量 Δx,相应地因变量 y 就有一个改变量 Δy:

$$\Delta y = f(x_0 + \Delta x) - f(x_0);$$

第二步,做比值. 写出 Δy 与 Δx 的比 $\dfrac{\Delta y}{\Delta x}$,即写出函数 $f(x)$ 在区间 $[x_0, x_0+\Delta x]$ 上的平均变化率:

$$\frac{\Delta y}{\Delta x} = \frac{f(x_0 + \Delta x) - f(x_0)}{\Delta x};$$

第三步,取极限. 当 $\Delta x \to 0$ 时,平均变化率就转化成在点 x_0 处的变化率:

$$\lim_{\Delta x \to 0} \frac{\Delta y}{\Delta x}.$$

在实践中,像电流、比热、化学反应率和生物繁殖率等很多问题都是用函数的变化率来刻画的. 变化率在数学上称为导数. 下面我们给出导数的定义

定义 2.1 设函数 $y=f(x)$ 在 $U(x_0)$ 内有定义. 给 x_0 一个改变量 Δx,使得 $x_0+\Delta x \in U(x_0)$,函数 $y=f(x)$ 相应地有改变量 $\Delta y = f(x_0+\Delta x) - f(x_0)$. 如果极限

$$\lim_{\Delta x \to 0} \frac{\Delta y}{\Delta x} = \lim_{\Delta x \to 0} \frac{f(x_0+\Delta x) - f(x_0)}{\Delta x}$$

存在,那么就称此极限为函数 $f(x)$ 在 x_0 点的**导数**(或**微商**),记作

$$f'(x_0) \quad \text{或} \quad y'\Big|_{x=x_0} \quad \text{或} \quad \frac{\mathrm{d}y}{\mathrm{d}x}\Big|_{x=x_0},$$

并称函数 $y=f(x)$ 在点 x_0 处是**可导的**.

例 3 求函数 $y=x^2$ 在点 $x=3$ 处的导数.

解 按照导数定义给 $x_0=3$ 一个改变量 Δx. 首先计算函数的改变量 Δy:

$$\Delta y = f(3+\Delta x) - f(3) = (3+\Delta x)^2 - 3^2$$
$$= 6\Delta x + (\Delta x)^2;$$

做这两个改变量的比:

$$\frac{\Delta y}{\Delta x} = \frac{6\Delta x + (\Delta x)^2}{\Delta x} = 6 + \Delta x.$$

求 $\dfrac{\Delta y}{\Delta x}$ 的极限:

$$\lim_{\Delta x \to 0} \frac{\Delta y}{\Delta x} = \lim_{\Delta x \to 0}(6+\Delta x) = 6,$$

所以
$$(x^2)'|_{x=3} = 6.$$

类似左、右极限的定义,在这里我们定义
$$\lim_{\Delta x \to 0-0} \frac{\Delta y}{\Delta x}$$

为函数 $f(x)$ 在点 x_0 处的**左导数**,记为 $f'_-(x_0)$;定义
$$\lim_{\Delta x \to 0+0} \frac{\Delta y}{\Delta x}$$

为函数 $f(x)$ 在点 x_0 处的**右导数**,记作 $f'_+(x_0)$. 函数的左导数与右导数统称为**单侧导数**.

由函数极限存在的充分必要条件可知,函数在点 x_0 的导数与在该点的左右导数的关系有下述结论:

函数 $f(x)$ 在点 x_0 可导的充分必要条件是它在点 x_0 的左导数 $f'_-(x_0)$ 和右导数 $f'_+(x_0)$ 都存在,并且相等,即

$$f'(x_0) = A \Longleftrightarrow f'_-(x_0) = f'_+(x_0).$$

例 4 讨论函数 $f(x) = |x|$ 在 $x = 0$ 处是否可导.

解 我们知道 $f(x) = |x|$ 是一个分段函数,$x = 0$ 是分段点(见图 1-4).

先考察函数在 $x = 0$ 的左导数和右导数.

由于 $f(0) = 0$,且

$$f'_-(0) = \lim_{\Delta x \to 0-0} \frac{f(\Delta x) - f(0)}{\Delta x} = \lim_{\Delta x \to 0-0} \frac{-\Delta x - 0}{\Delta x} = -1,$$

$$f'_+(0) = \lim_{\Delta x \to 0+0} \frac{f(\Delta x) - f(0)}{\Delta x} = \lim_{\Delta x \to 0+0} \frac{\Delta x - 0}{\Delta x} = 1.$$

可见,虽然该函数在 $x = 0$ 处的左导数和右导数都存在,但 $f'_-(0) \neq f'_+(0)$,因此函数 $f(x) = |x|$ 在 $x = 0$ 处不可导.

例 5 讨论函数 $f(x) = \begin{cases} x, & x < 0, \\ \ln(1+x), & x \geq 0 \end{cases}$ 在 $x = 0$ 处是否可导.

解 这是分段函数,$x = 0$ 是分段点. 先考察函数在 $x = 0$ 的左导数和右导数.

由于 $f(0) = \ln(1+0) = 0$,且

$$f'_-(0) = \lim_{x \to 0-0} \frac{f(x) - f(0)}{x} = \lim_{x \to 0-0} \frac{x - 0}{x} = 1,$$

$$f'_+(0) = \lim_{x \to 0+0} \frac{f(x) - f(0)}{x} = \lim_{x \to 0+0} \frac{\ln(1+x) - 0}{x} = 1,$$

可见,$f'_-(0) = f'_+(0)$. 因此函数 $f(x)$ 在 $x=0$ 处可导,并且

$$f'(0) = 1.$$

如果函数 $y=f(x)$ 在区间 (a,b) 内的每一点处都可导,则称函数 $f(x)$ 在区间 (a,b) 内**可导**. 对于区间 $[a,b]$ 的左端点 a 来说,函数 $f(x)$ 只能有右导数,而对右端点 b 来说,它只能有左导数.

如果 $f(x)$ 在 (a,b) 内可导,那么对于 (a,b) 内任意一点 x 都有一个导数 $f'(x)$ 与它对应. 也就是说 $f'(x)$ 仍为 x 的函数,我们称之为 $f(x)$ 的**导函数**. 为了方便起见也称导函数为**导数**,记作 $f'(x)$ 或 y'. 例如,对于函数 $y=x^2$ 在 $(-\infty, +\infty)$ 内的每一点 x 处都可以按照定义求出它的导数值为 $2x$,因而有 $y'=2x$. 我们称 $2x$ 为 $y=x^2$ 的导数.

由导数的定义可知,例 1 中的变速直线运动的瞬时速度就是路程对时间的导数,即 $v = \dfrac{\mathrm{d}s}{\mathrm{d}t}$;而非均匀质杆的线密度就是质量对长度的导数,即 $\mu = \dfrac{\mathrm{d}m}{\mathrm{d}x}$. 总而言之,函数的导数就是函数对自变量的变化率.

下面我们利用导数的定义来讨论几个基本初等函数的导数.

例 6 证明导数公式

$$(C)' = 0.$$

证明 计算函数的改变量:$\Delta y = C - C = 0$;

做差商:$\dfrac{\Delta y}{\Delta x} = \dfrac{0}{\Delta x} = 0$;

取极限:$\lim\limits_{\Delta x \to 0} \dfrac{\Delta y}{\Delta x} = 0$,即

$$C' = 0.$$

例 7 证明导数公式

$$(\sin x)' = \cos x.$$

证明 计算函数的改变量:

$$\Delta y = \sin(x+\Delta x) - \sin x = 2\cos\left(x+\frac{\Delta x}{2}\right)\sin\frac{\Delta x}{2};$$

做差商：$\dfrac{\Delta y}{\Delta x} = \dfrac{2\cos\left(x+\frac{\Delta x}{2}\right)\sin\frac{\Delta x}{2}}{\Delta x} = \cos\left(x+\frac{\Delta x}{2}\right)\dfrac{\sin\frac{\Delta x}{2}}{\frac{\Delta x}{2}};$

取极限：由 $\cos x$ 的连续性，有 $\lim\limits_{\Delta x \to 0}\cos\left(x+\dfrac{\Delta x}{2}\right)=\cos x$，并且有

$$\lim_{\Delta x \to 0}\frac{\sin\frac{\Delta x}{2}}{\frac{\Delta x}{2}} = 1.$$

因此

$$\lim_{\Delta x \to 0}\frac{\Delta y}{\Delta x} = \lim_{\Delta x \to 0}\cos\left(x+\frac{\Delta x}{2}\right)\lim_{\Delta x \to 0}\frac{\sin\frac{\Delta x}{2}}{\frac{\Delta x}{2}} = \cos x,$$

即

$$(\sin x)' = \cos x.$$

用同样方法，可以求出

$$(\cos x)' = -\sin x.$$

例 8 证明导数公式

$$(\ln x)' = \frac{1}{x}.$$

证明 计算函数的改变量：

$$\Delta y = \ln(x+\Delta x) - \ln x = \ln\left(1+\frac{\Delta x}{x}\right).$$

做差商：$\dfrac{\Delta y}{\Delta x} = \dfrac{\ln\left(1+\frac{\Delta x}{x}\right)}{\Delta x} = \dfrac{1}{\Delta x}\ln\left(1+\dfrac{\Delta x}{x}\right)$

$$= \frac{1}{x}\cdot\frac{x}{\Delta x}\ln\left(1+\frac{\Delta x}{x}\right) = \frac{1}{x}\ln\left(1+\frac{\Delta x}{x}\right)^{\frac{x}{\Delta x}};$$

取极限：由 $\ln x$ 的连续性，有

$$\lim_{\Delta x \to 0}\ln\left(1+\frac{\Delta x}{x}\right)^{\frac{x}{\Delta x}} = \ln\lim_{\Delta x \to 0}\left(1+\frac{\Delta x}{x}\right)^{\frac{x}{\Delta x}},$$

并且当 $\Delta x \to 0$ 时，$\dfrac{\Delta x}{x} \to 0$. 因此

$$\lim_{\Delta x \to 0} \frac{\Delta y}{\Delta x} = \lim_{\Delta x \to 0} \frac{1}{x} \ln\left(1 + \frac{\Delta x}{x}\right)^{\frac{x}{\Delta x}} = \frac{1}{x} \ln \lim_{\frac{\Delta x}{x} \to 0} \left(1 + \frac{\Delta x}{x}\right)^{\frac{x}{\Delta x}}$$

$$= \frac{1}{x} \ln e = \frac{1}{x},$$

即
$$(\ln x)' = \frac{1}{x}.$$

例 9 证明导数公式
$$(x^n)' = nx^{n-1},$$
其中 n 为自然数.

证明 根据二项式定理,有
$$(x + \Delta x)^n = x^n + nx^{n-1}\Delta x$$
$$+ \frac{n(n-1)}{2!}x^{n-2}(\Delta x)^2 + \cdots + (\Delta x)^n.$$

计算函数的改变量:
$$\Delta y = (x + \Delta x)^n - x^n$$
$$= nx^{n-1}\Delta x + \frac{n(n-1)}{2!}x^{n-2}(\Delta x)^2 + \cdots + (\Delta x)^n.$$

做差商:
$$\frac{\Delta y}{\Delta x} = nx^{n-1} + \frac{n(n-1)}{2!}x^{n-2}\Delta x + \cdots + (\Delta x)^{n-1}.$$

取极限:$\lim\limits_{\Delta x \to 0} \dfrac{\Delta y}{\Delta x} = nx^{n-1}$,即
$$(x^n)' = nx^{n-1}.$$

以后将证明,对任意实数 α,幂函数 $y = x^\alpha$ 有导数公式
$$y' = (x^\alpha)' = \alpha x^{\alpha-1}.$$

例如,当 $\alpha = \dfrac{1}{2}$ 时,$y = x^{\frac{1}{2}}$,则
$$y' = (x^{\frac{1}{2}})' = \frac{1}{2}x^{\frac{1}{2}-1} = \frac{1}{2}x^{-\frac{1}{2}} = \frac{1}{2\sqrt{x}};$$

当 $\alpha = -2$ 时,$y = x^{-2} = \dfrac{1}{x^2}$,则
$$y' = (x^{-2})' = -2x^{-2-1} = -2x^{-3} = -\frac{2}{x^3}.$$

1.2 导数与连续

下面我们根据导数的定义来讨论函数在一点处可导与在该点连续之间的关系.

定理 2.1 如果函数 $y=f(x)$ 在点 x_0 处是可导的,那么 $y=f(x)$ 在点 x_0 处是连续的.

证明 因为函数 $f(x)$ 在点 x_0 处可导,所以由导数定义,有

$$\lim_{\Delta x \to 0} \Delta y = \lim_{\Delta x \to 0} \frac{\Delta y}{\Delta x} \cdot \Delta x = \lim_{\Delta x \to 0} \frac{\Delta y}{\Delta x} \cdot \lim_{\Delta x \to 0} \Delta x = f'(x_0) \cdot 0 = 0.$$

上式表明当 $\Delta x \to 0$ 时 $\Delta y \to 0$. 由连续定义可知,$y=f(x)$ 在点 x_0 处是连续的. 证毕.

需要指出,上述结论的逆命题不成立,即函数 $f(x)$ 在点 x_0 连续,但它在该点不一定可导. 因此,连续是可导的必要条件,而不是充分条件.

在例 4 中,函数 $f(x)=|x|$ 在 $x=0$ 处不可导,但在 $x=0$ 处却是连续的.

例 10 讨论函数 $f(x)=\begin{cases} x\sin\dfrac{1}{x}, & x\neq 0, \\ 0, & x=0 \end{cases}$ 在 $x=0$ 处的连续性与可导性.

解 由于 $\lim\limits_{x\to 0} f(x) = \lim\limits_{x\to 0} x\sin\dfrac{1}{x} = 0 = f(0)$,根据函数连续的定义可知,$f(x)$ 在 $x=0$ 处连续.

又由于在 $x=0$ 处,有

$$\frac{f(\Delta x)-f(0)}{\Delta x} = \frac{\Delta x \sin\dfrac{1}{\Delta x} - 0}{\Delta x} = \sin\frac{1}{\Delta x},$$

可见,当 $\Delta x \to 0$ 时,上式的极限不存在,故 $f(x)$ 在 $x=0$ 处不可导.

1.3 导数的几何意义

在第一章中我们用极限方法求出了抛物线 $y=2x^2$ 在点 $P_0(a, 2a^2)$ 处的切线的斜率. 一般地,函数 $y=f(x)$ 所表示的曲线在

点 $(x_0, f(x_0))$ 处的切线的斜率为

$$\tan\alpha = \lim_{\Delta x \to 0} \frac{\Delta y}{\Delta x} = f'(x_0),$$

即函数 $y=f(x)$ 在一点 x_0 处的导数 $f'(x_0)$ 在几何上表示曲线 $y=f(x)$ 在点 $(x_0, f(x_0))$ 处切线的斜率. 从而可知,当 $f'(x_0) \neq 0$ 时,曲线 $y=f(x)$ 在点 $(x_0, f(x_0))$ 处的切线方程为

$$y - y_0 = f'(x_0)(x - x_0);$$

法线方程为

$$y - y_0 = -\frac{1}{f'(x_0)}(x - x_0).$$

例 11 求曲线 $y=4x^3$ 在点 $(1,4)$ 处的切线方程和法线方程.

解 函数 $y=4x^3$ 的导数 $y'=12x^2$,在 $x=1$ 处的导数 $y'|_{x=1}=12$. 根据导数的几何意义,可知曲线 $y=4x^3$ 在点 $(1,4)$ 处的切线斜率为 12,故切线方程为

$$y - 4 = 12(x - 1), \quad 即 \quad 12x - y - 8 = 0;$$

法线方程为

$$y - 4 = -\frac{1}{12}(x - 1), \quad 即 \quad x + 12y - 49 = 0.$$

例 12 讨论曲线 $y=\sqrt[3]{x}$ 在点 $(0,0)$ 处的切线方程.

解 由图 2-1 可以看出,这条曲线在点 $(0,0)$ 处的切线就是 y 轴,切线方程应是 $x=0$,它的倾角 $\alpha=\dfrac{\pi}{2}$.

但是,由幂函数的导数公式,有

$$(\sqrt[3]{x})' = (x^{\frac{1}{3}})' = \frac{1}{3}x^{-\frac{2}{3}} = \frac{1}{3\sqrt[3]{x^2}},$$

显然,在 $x=0$ 时,导数 y' 不存在. 但是我们可根据导数定义,规定 $y'|_{x=0}=+\infty$. 这恰好与该曲线在原点 $(0,0)$ 处的切线斜率 $\tan\dfrac{\pi}{2}=+\infty$ 一致.

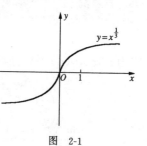

图 2-1

一般说来,若函数 $y=f(x)$ 在 $x=x_0$ 处有 $f'(x_0)=\infty$,则说明曲线 $y=f(x)$ 在点 $(x_0, f(x_0))$ 处有垂直于 x 轴的切线 $x=x_0$.

§2 导数的运算法则与基本公式

2.1 导数的运算法则

1. 四则运算法则

定理 2.2（四则运算法则） 当函数 $u(x), v(x)$ 在点 x 处可导，则函数 $u(x) \pm v(x), u(x) \cdot v(x), \dfrac{u(x)}{v(x)}(v(x) \neq 0)$ 分别在该点处也可导，并且有

(1) $[u(x) \pm v(x)]' = u'(x) \pm v'(x)$；

(2) $[u(x) \cdot v(x)]' = u'(x)v(x) + u(x)v'(x)$；

(3) $[Cu(x)]' = Cu'(x)$；

(4) $\left[\dfrac{u(x)}{v(x)}\right]' = \dfrac{u'(x)v(x) - u(x)v'(x)}{[v(x)]^2}$.

证明 在这里我们仅证明(1).

令 $y = u(x) + v(x)$，则函数的改变量

$$\Delta y = [u(x + \Delta x) + v(x + \Delta x)] - [u(x) + v(x)]$$
$$= [u(x + \Delta x) - u(x)] + [v(x + \Delta x) - v(x)]$$
$$= \Delta u + \Delta v;$$

做差商

$$\frac{\Delta y}{\Delta x} = \frac{\Delta u}{\Delta x} + \frac{\Delta v}{\Delta x},$$

因为 $u(x), v(x)$ 可导，所以

$$\lim_{\Delta x \to 0} \frac{\Delta u}{\Delta x} = u'(x), \quad \lim_{\Delta x \to 0} \frac{\Delta v}{\Delta x} = v'(x),$$

故 $\lim\limits_{\Delta x \to 0} \dfrac{\Delta y}{\Delta x} = \lim\limits_{\Delta x \to 0} \dfrac{\Delta u}{\Delta x} + \lim\limits_{\Delta x \to 0} \dfrac{\Delta v}{\Delta x} = u'(x) + v'(x),$

即 $[u(x) + v(x)]' = u'(x) + v'(x).$

同样可证明

$$[u(x) - v(x)]' = u'(x) - v'(x). \text{ 证毕.}$$

由(1),(3)结论可知，求有限多个函数的线性组合的导数，可以先求每个函数的导数，然后再线性组合，即

$$\left(\sum_{i=1}^{n} a_i f_i(x)\right)' = \sum_{i=1}^{n} a_i f_i'(x).$$

例1 求函数 $y = x^4 + \dfrac{4}{x} - \sqrt{x} + 2$ 的导数.

解 $y' = \left(x^4 + \dfrac{4}{x} - \sqrt{x} + 2\right)' = (x^4)' + \left(\dfrac{4}{x}\right)' - (\sqrt{x})' + 2'$

$= 4x^3 - \dfrac{4}{x^2} - \dfrac{1}{2\sqrt{x}}.$

例2 求函数 $y = x^2 \sin x$ 的导数.

解 $y' = (x^2 \sin x)' = (x^2)' \sin x + x^2 (\sin x)' = 2x \sin x + x^2 \cos x.$

例3 证明导数公式 $(\tan x)' = \sec^2 x = \dfrac{1}{\cos^2 x}$.

证 根据商的导数法则,有

$(\tan x)' = \left(\dfrac{\sin x}{\cos x}\right)' = \dfrac{(\sin x)' \cos x - \sin x (\cos x)'}{\cos^2 x}$

$= \dfrac{\cos x \cdot \cos x - \sin x (-\sin x)}{\cos^2 x} = \dfrac{1}{\cos^2 x} = \sec^2 x.$

同样可证

$$(\cot x)' = -\csc^2 x,$$
$$(\sec x)' = \sec x \cdot \tan x,$$
$$(\csc x)' = -\csc x \cot x.$$

例4 证明导数公式

$$(\log_a x)' = \dfrac{1}{x \ln a}.$$

证 由于 $(\ln x)' = \dfrac{1}{x}$,有

$$(\log_a x)' = \left(\dfrac{\ln x}{\ln a}\right)' = \dfrac{1}{x \ln a}.$$

2. 反函数的导数

定理 2.3(反函数的导数) 设函数 $y = f(x)$ 与 $x = f^{-1}(y)$ 互为反函数,若函数 $f^{-1}(y)$ 可导且 $[f^{-1}(y)]' \neq 0$,则

$$f'(x) = \dfrac{1}{[f^{-1}(y)]'} \quad \text{或} \quad \dfrac{dy}{dx} = \dfrac{1}{\dfrac{dx}{dy}}.$$

可见，反函数的导数等于直接函数导数的倒数.

例 5 证明导数公式 $(\arcsin x)' = \dfrac{1}{\sqrt{1-x^2}}$.

证 由于 $y = \arcsin x, x \in (-1, 1)$ 是正弦函数 $x = \sin y$, $y \in \left(-\dfrac{\pi}{2}, \dfrac{\pi}{2}\right)$ 的反函数. 由反函数的导数法则可得

$$(\arcsin x)' = \dfrac{1}{(\sin y)'} = \dfrac{1}{\cos y} = \dfrac{1}{\sqrt{1-\sin^2 y}} = \dfrac{1}{\sqrt{1-x^2}}.$$

这里，根号前取正号是因为 $y \in (-\pi/2, \pi/2)$ 时，$\cos y > 0$ 的缘故.

同样可证

$$(\arccos x)' = -\dfrac{1}{\sqrt{1-x^2}}.$$

例 6 证明导数公式 $(\arctan x)' = \dfrac{1}{1+x^2}$.

证 由于 $y = \arctan x, x \in (-\infty, +\infty)$ 是正切函数 $x = \tan y$, $y \in (-\pi/2, \pi/2)$ 的反函数. 由反函数的导数法则可得

$$(\arctan x)' = \dfrac{1}{(\tan y)'} = \dfrac{1}{\sec^2 y} = \dfrac{1}{1+\tan^2 y} = \dfrac{1}{1+x^2}.$$

同样可证

$$(\operatorname{arccot} x)' = -\dfrac{1}{1+x^2}.$$

例 7 证明导数公式 $(a^x)' = a^x \ln a$.

证 由于 $y = a^x, x \in (-\infty, +\infty)$ 是对数函数 $x = \log_a y$, $y \in (0, +\infty)$ 的反函数. 由反函数的导数法则可得

$$(a^x)' = \dfrac{1}{(\log_a y)'} = \dfrac{1}{\dfrac{1}{y \ln a}} = y \ln a = a^x \ln a.$$

特别有

$$(e^x)' = e^x.$$

3. 复合函数的导数

定理 2.4（复合函数的导数） 设函数 $u = \varphi(x)$ 在一点 x 处有导数 $u'_x = \varphi'(x)$，又函数 $y = f(u)$ 在对应点 u 处有导数 $y'_u = f'_u$，则复合函数 $y = f[\varphi(x)]$ 在点 x 处也有导数，并且

$$y'_x = y'_u \cdot u'_x \quad \text{或} \quad \dfrac{dy}{dx} = \dfrac{dy}{du} \cdot \dfrac{du}{dx}.$$

这就是说,函数 y 对自变量 x 的导数等于 y 对中间变量 u 的导数乘以中间变量 u 对自变量 x 的导数.

例 8 求 $y=\mathrm{e}^{\frac{1}{x}}$ 的导数.

解 把 $y=\mathrm{e}^{\frac{1}{x}}$ 看成是由 $y=\mathrm{e}^u$,$u=\dfrac{1}{x}$ 复合而成,于是

$$y' = (\mathrm{e}^u)'\left(\frac{1}{x}\right)' = \mathrm{e}^u \cdot \left(-\frac{1}{x^2}\right) = -\frac{1}{x^2}\mathrm{e}^{\frac{1}{x}}.$$

注意 在求复合函数的导数时,因为需要我们引进中间变量,所以在计算的过程中出现了中间变量,但最后必须将中间变量用自变量的函数代换.

例 9 求 $y=\sqrt{1-x^2}$ 的导数.

解 设 $y=u^{\frac{1}{2}}$,$u=1-x^2$,于是

$$y' = (u^{\frac{1}{2}})'(1-x^2)' = \frac{1}{2\sqrt{u}}(-2x) = -\frac{x}{\sqrt{1-x^2}}.$$

例 10 证明导数公式 $(x^\alpha)' = \alpha x^{\alpha-1}$,其中 α 为实数.

证明 由于 x^α 可写成指数函数形式 $\mathrm{e}^{\alpha\ln x}=\mathrm{e}^u$(其中 $u=\alpha\ln x$),于是

$$(x^\alpha)' = (\mathrm{e}^{\alpha\ln x})' = (\mathrm{e}^u)'(\alpha\ln x)' = \mathrm{e}^u \alpha \frac{1}{x}$$

$$= \alpha \mathrm{e}^{\alpha\ln x}\frac{1}{x} = \alpha x^\alpha \frac{1}{x} = \alpha x^{\alpha-1}.$$

利用复合函数的求导公式计算导数的关键是,适当地选取中间变量,将所给的函数拆成两个或几个基本初等函数的复合,然后用一次或几次复合函数求导公式,求出所给函数的导数.需要指出的是,以后在利用复合函数求导公式解题时,不要求写出中间变量 u,只要在心中默记就可以了.

例 11 求函数 $y=\sin(\cos x^3)$ 的导数.

解
$$\begin{aligned}
y' &= \cos(\cos x^3) \cdot (\cos x^3)' \\
&= \cos(\cos x^3) \cdot (-\sin x^3) \cdot (x^3)' \\
&= -\cos(\cos x^3)\sin x^3 \cdot 3x^2 \\
&= -3x^2 \sin x^3 \cdot \cos(\cos x^3).
\end{aligned}$$

例 12 求函数 $y=\ln|x|$ 的导数.

解 当 $x>0$ 时,
$$y' = (\ln|x|)' = (\ln x)' = \frac{1}{x};$$
当 $x<0$ 时,
$$y' = [\ln(-x)]' = \frac{1}{(-x)}(-x)'$$
$$= \frac{1}{-x} \cdot (-1) = \frac{1}{x}.$$
所以只要 $x \neq 0$,总有
$$(\ln|x|)' = \frac{1}{x}.$$

4. 隐函数的导数

用公式法表示函数,一般有两种不同的形式. 我们把形如
$$y = f(x), \quad x \in D_f$$
的函数叫做**显函数**,例如 $y=2x, y=\sqrt{R^2-x^2}$ 等就是显函数. 另一种由两个变量 x 与 y 的方程
$$F(x,y) = 0$$
所确定的函数,例如 $y-2x=0, x^2+y^2=R^2, y-x+\frac{1}{2}\sin y=0$ 等.

通常,由未解出因变量 y 的方程 $F(x,y)=0$ 所确定的函数称为**隐函数**.

对于由方程确定的隐函数,虽然我们可以证明隐函数是存在的,但我们还可以证明有些隐函数所确定的显函数不能用初等函数表示(如 $y-x+\frac{1}{2}\sin y=0$),用通俗的话来说就是不能把显函数解出来,我们称之为不能"显化". 下面我们讨论在不解出显函数的情况下,假定隐函数是存在且可导,如何求隐函数导数的方法.

例 13 求方程 $x^2+y^2=R^2$ 所确定的隐函数的导数.

解 把方程中的 y 看成由它确定的隐函数,这时方程变成 x 的恒等式:
$$x^2 + y^2(x) \equiv R^2.$$
假定导数 y' 存在,对上面方程两边求 x 的导数,注意到 y^2 是 x 的复合函数,有

$$2x + 2yy' = 0,$$

解出 y'，得 $y' = -\dfrac{x}{y}$.

注意 $-x/y$ 中的 y 仍是 x 的函数，不必把它写成 $f(x)$ 的形式. 如果我们从圆周方程 $x^2+y^2=R^2$ 中解出显函数后，再求导数，其结果是一样的. 请读者自己验证.

例 14 求由方程 $y-x-\dfrac{1}{2}\sin y=0$ 所确定的函数 $y=f(x)$ 的导数.

解 在方程 $y-x-\dfrac{1}{2}\sin y=0$ 的两边同时对 x 求导，得到

$$y'_x - 1 - \frac{1}{2}\cos y \cdot y'_x = 0,$$

由此解出

$$y'_x = \frac{1}{1 - \dfrac{1}{2}\cos y}.$$

由此可见，尽管由这个隐函数方程得不到显函数的表达式，但我们仍可以算出它的导数.

例 15 求曲线 $y^3+y^2=2x$ 在 $(1,1)$ 点的切线方程.

解 首先求出切线的斜率. 根据隐函数求导法则，在方程 $y^3+y^2=2x$ 两边同时对 x 求导，有

$$3y^2 \cdot y'_x + 2y \cdot y'_x = 2, \quad 即 \quad y'_x(3y^2 + 2y) = 2.$$

于是 $y'_x = \dfrac{2}{3y^2+2y}$. 所以切线在 $(1,1)$ 点处的斜率

$$k = y'_x|_{(1,1)} = \frac{2}{5}.$$

再求直线的点斜式方程，得到切线方程为

$$y - 1 = \frac{2}{5}(x-1), \quad 即 \quad 2x - 5y + 3 = 0.$$

利用隐函数求导法则还可以简化一些求导数的运算. 具体的方法是，先对显函数 $y=f(x)$ 的两边取对数.

$$\ln y = \ln f(x),$$

然后把 y 看作是 x 的函数，再按复合函数的求导法则对 x 求导数，最后再解出 y'_x.

例 16 求函数 $y = x\sqrt[3]{\dfrac{1-x}{1+x}}$ 的导数.

解 对所给函数两边取对数得

$$\ln y = \ln\left[x\sqrt[3]{\dfrac{1-x}{1+x}}\right]$$

$$= \ln x + \dfrac{1}{3}\ln(1-x) - \dfrac{1}{3}\ln(1+x),$$

两边对 x 求导得

$$\dfrac{1}{y}y' = \dfrac{1}{x} + \dfrac{-1}{3(1-x)} - \dfrac{1}{3(1+x)}.$$

于是

$$y' = x\sqrt[3]{\dfrac{1-x}{1+x}}\left[\dfrac{1}{x} - \dfrac{1}{3(1-x)} - \dfrac{1}{3(1+x)}\right].$$

利用隐函数求导方法,我们也可以导出指数函数、幂函数和反三角函数的求导公式,留给读者当作练习.

5. 幂指函数的导数

定理 2.5(幂指函数的导数) 对于一般的幂指函数有下面的求导公式

$$([f(x)]^{g(x)})' = g(x)[f(x)]^{g(x)-1} \cdot f'(x) + [f(x)]^{g(x)}\ln f(x) \cdot g'(x).$$

证明 对 $y = [f(x)]^{g(x)}$ 两边取对数,得到

$$\ln y = g(x)\ln f(x).$$

在上式的两边同时对 x 求导,得

$$\dfrac{y'_x}{y} = g(x)\dfrac{1}{f(x)} \cdot f'(x) + \ln f(x) \cdot g'(x).$$

解出

$$y'_x = y\left(g(x)\dfrac{1}{f(x)} \cdot f'(x) + \ln f(x) \cdot g'(x)\right)$$

$$= [f(x)]^{g(x)}\left(g(x)\dfrac{1}{f(x)} \cdot f'(x) + \ln f(x) \cdot g'(x)\right)$$

$$= g(x)[f(x)]^{g(x)-1}f'(x) + [f(x)]^{g(x)}\ln f(x) \cdot g'(x).$$

可见,幂指函数的导数等于分别按幂函数与指数函数各求导一

次再相加.

例 17 求函数 $y=(\ln x)^x$ 的导数.

解 由幂指函数求导公式,立即得到

$$[(\ln x)^x]' = x(\ln x)^{x-1}(\ln x)' + (\ln x)^x \cdot (\ln\ln x) \cdot x'$$

$$= x(\ln x)^{x-1}\frac{1}{x} + (\ln x)^x \ln\ln x$$

$$= (\ln x)^x \left(\frac{1}{\ln x} + \ln\ln x\right).$$

对于形如 $[f(x)]^{g(x)}$ 的幂指函数我们也可以采取下面两种方法求导数. 一种方法是设 $y=[f(x)]^{g(x)}$,在等式的两边取对数后根据隐函数求导的法则再求导;另一种方法是化成指数 $y=e^{g(x)\ln f(x)}$ 的形式后根据复合函数求导法则再求导数.

例 18 求函数 $y=x^{\sin x}$ 的导数.

解 对 $y=x^{\sin x}$ 的两边取对数,得到

$$\ln y = \sin x \cdot \ln x.$$

在上式的两边同时对 x 求导,得到

$$\frac{y'_x}{y} = \frac{\sin x}{x} + \cos x \cdot \ln x.$$

解出

$$y'_x = y\left(\frac{\sin x}{x} + \cos x \cdot \ln x\right) = x^{\sin x}\left(\frac{\sin x}{x} + \cos x \cdot \ln x\right).$$

上式又可以写成

$$y'_x = \sin x \cdot x^{\sin x - 1} + x^{\sin x} \ln x \cdot \cos x.$$

例 19 求函数 $y=(1+x)^x$ 的导数.

解 先把函数 $y=(1+x)^x$ 化成指数形式

$$y = (1+x)^x = e^{\ln(1+x)^x} = e^{x\ln(1+x)}.$$

根据指数函数求导公式及复合函数求导法则,得

$$y'_x = e^{x\ln(1+x)}[x\ln(1+x)]'$$

$$= (1+x)^x\left[\frac{x}{1+x} + \ln(1+x)\right].$$

上式又可以写成

$$y'_x = x(1+x)^{x-1} + (1+x)^x \ln(1+x).$$

2.2 导数的基本公式与求导的运算法则小结

1. 基本公式

为了便于查阅,现将基本初等函数的求导公式列表如下:

(1) $(C)' = 0$;

(2) $(x^a)' = \alpha x^{\alpha-1}$;

(3) $(a^x)' = a^x \ln a (a>0, a \neq 1)$,特别地, $(e^x)' = e^x$;

(4) $(\log_a x)' = \dfrac{1}{x \ln a}$,特别地, $(\ln x)' = \dfrac{1}{x}$;

(5) $(\sin x)' = \cos x$;

(6) $(\cos x)' = -\sin x$;

(7) $(\tan x)' = \sec^2 x$;

(8) $(\cot x)' = -\csc^2 x$;

(9) $(\arcsin x)' = \dfrac{1}{\sqrt{1-x^2}}$;

(10) $(\arccos x)' = -\dfrac{1}{\sqrt{1-x^2}}$;

(11) $(\arctan x)' = \dfrac{1}{1+x^2}$;

(12) $(\text{arccot } x)' = -\dfrac{1}{1+x^2}$.

有了这些公式,再利用四则运算及复合函数与隐函数的求导法则就可以把所有的初等函数的导数求出来.求导的关键是要准确地、熟练地和灵活地运用这些公式和法则.

2. 求导运算法则小结

设 u, v 是 x 的可导函数,C 为常数.

(1) $(Cu)' = Cu'$;

(2) $(u \pm v)' = u' \pm v'$;

(3) $(uv)' = u'v + v'u$;

(4) $\left(\dfrac{u}{v}\right)' = \dfrac{u'v - v'u}{v^2} (v \neq 0)$, $\left(\dfrac{1}{v}\right)' = \dfrac{-v'}{v^2}$;

(5) $y = y(u), u = u(x)$,则 $y'_x = y'_u \cdot u'_x$;

(6) $y=f(x)$ 的反函数为 $x=f^{-1}(y)$,则 $x'_y = \dfrac{1}{y'_x}$ ($y'_x \neq 0$);

(7) $(u^v)' = u^v \left[v' \ln u + v \dfrac{u'}{u} \right]$ ($u(x) > 0$).

2.3 高阶导数

一般说来,函数 $y=f(x)$ 的导数 $y'=f'(x)$ 仍是 x 的函数,因此我们又可以讨论 $f'(x)$ 的导数.

定义 2.2 设函数 $y=f(x)$ 在 $U(x)$ 内是可导的,如果其导函数 $f'(x)$ 在点 x 处又有导数

$$[f'(x)]' = \lim_{\Delta x \to 0} \frac{f'(x+\Delta x) - f'(x)}{\Delta x},$$

则称它为函数 $f(x)$ 在点 x 处的**二阶导数**,记作

$$f^{(2)}(x), \quad y'', \quad \frac{\mathrm{d}^2 y}{\mathrm{d} x^2} \quad \text{或} \quad \frac{\mathrm{d}^2 f}{\mathrm{d} x^2},$$

并称函数在点 x 处是**二阶可导的**.

如果函数 $y=f(x)$ 在区间 (a,b) 内的每一点处都是二阶可导,那么称 $f(x)$ **在 (a,b) 内二阶可导**.

例 20 求自由落体运动中路程函数 $s=s(t)=\dfrac{1}{2}gt^2$ 对时间 t 的二阶导数.

解 由 $s(t)$ 表达式对 t 求一阶、二阶导数得

$$s'(t) = \frac{1}{2}g(2t) = gt; \quad s''(t) = (gt)' = g.$$

由这个例子可以看出自由落体的重力加速度 g 等于速度函数的导数,它也就等于路程函数 $s(t)$ 的导数 $s'(t)$ 的导数 $a(t) = [s'(t)]' = (gt)' = g$. 在力学上称速度对时间的变化率为加速度,用 $a(t)$ 来表示,即

$$a(t) = v'(t) = [s'(t)]',$$

加速度可以是正的也可以是负的. 加速度是正的,表示速度是增加的;加速度是负的,表示速度是减少的. 而它的值表示速度变化的快慢.

例 21 验证 $y=e^x \sin x$ 满足关系式 $y'' - 2y' + 2y = 0$.

证 先求 y' 和 y''.
$$y' = e^x \sin x + e^x \cos x = e^x(\sin x + \cos x),$$
$$y'' = e^x(\sin x + \cos x) + e^x(\cos x - \sin x) = 2e^x \cos x.$$

再将 y, y' 和 y'' 的表示式代入 $y''-2y'+2y$ 中,有
$$y'' - 2y' + 2y = 2e^x \cos x - 2e^x(\sin x + \cos x) + 2e^x \sin x = 0,$$
即 $y=e^x \sin x$ 满足关系式 $y''-2y'+2y=0$. 证毕.

同样,函数 $y=f(x)$ 的二阶导数 $f''(x)$ 的导数称为函数 $f(x)$ 的**三阶导数**,记作
$$y''', \quad f'''(x), \quad \frac{d^3y}{dx^3} \quad \text{或} \quad \frac{d^3f}{dx^3}.$$

一般,$n-1$ 阶导数 $f^{(n-1)}(x)$ 的导数称为函数 $y=f(x)$ 的 n 阶导数,记作
$$y^{(n)}, \quad f^{(n)}(x), \quad \frac{d^n y}{dx^n} \quad \text{或} \quad \frac{d^n f}{dx^n}.$$

二阶和二阶以上的导数统称为**高阶导数**. 相对于高阶导数而言,我们把函数 $f(x)$ 的导数 $f'(x)$ 称为一阶导数;而把函数本身称为零阶导数,记作
$$f(x) = f^{(0)}(x).$$

同样地,如果函数 $y=f(x)$ 在区间 (a,b) 内的每一点处都是 n 阶可导的,那么就称 $f(x)$ 在 (a,b) **内 n 阶可导**.

例 22 求下列函数的 n 阶导数:
(1) $y=\sin x$; (2) $y=\ln(1+x)$.

解 (1) 考虑到
$$y' = \cos x = \sin\left(x + \frac{\pi}{2}\right),$$
$$y'' = \cos\left(x + \frac{\pi}{2}\right) = \sin\left(x + \frac{2\pi}{2}\right),$$
$$y''' = \cos\left(x + \frac{2\pi}{2}\right) = \sin\left(x + \frac{3\pi}{2}\right),$$

不难看出,每求一次导数,自变量就增加一个 $\frac{\pi}{2}$,因此
$$y^{(n)} = \sin\left(x + \frac{n\pi}{2}\right).$$

用同样的方法,可以求出
$$(\cos x)^{(n)} = \cos\left(x + \frac{n\pi}{2}\right).$$

(2) 考虑到
$$y' = \frac{1}{1+x} = (1+x)^{-1},$$
$$y'' = (-1)(1+x)^{-2},$$
$$y''' = (-1)(-2)(1+x)^{-3} = (-1)^2 2! \ (1+x)^{-3},$$
$$y^{(4)} = (-1)^2 2! \cdot (-3)(1+x)^{-4}$$
$$= (-1)^3 3! \ (1+x)^{-4},$$

因此
$$y^{(n)} = (-1)^{n-1} \frac{(n-1)!}{(1+x)^n} \ (n \geqslant 1).$$

§3 微 分

3.1 微分的概念

1. 微分的定义

在许多实际问题中,我们经常遇到当自变量有一个微小的改变量时,需要计算函数相应的改变量.一般来说,直接去计算函数的改变量是比较困难的.但是对于连续函数来说,可以找到一个简单的近似计算公式.

例1 在初速为 0 的自由落体运动中,从时刻 t 到 $t+\Delta t$ 的时间内,当 Δt 很小时,问落体所走的路程大约等于多少?

解 这时落体的路程函数为 $s = \frac{1}{2}gt^2$, Δt 对应的增量 Δs 为
$$\Delta s = \frac{1}{2}g(t+\Delta t)^2 - \frac{1}{2}gt^2 = gt\Delta t + \frac{1}{2}g(\Delta t)^2.$$

显然,当 $\Delta t \to 0$ 时,上式右端第一项是 Δt 的同阶无穷小,第二项是 Δt 的高阶无穷小.当 Δt 很小时,这个近似公式为 $\Delta s \approx gt\Delta t$. 因此,这段时间内落体所走的路程大约为 $gt\Delta t$.

此例说明,在函数改变量 Δs 中,可以分离出自变量改变量 Δt 的线性函数 $gt\Delta t$,它是函数改变量 Δs 的线性主要部分(简称为**线性主**

部).这就是说,它与函数改变量之差是 Δt 的高阶无穷小.数学上把这个线性主部叫做"函数的微分".

对于一般的连续函数来说,函数的改变量 Δy 通常都是 Δx 的较复杂的函数,但在有些情况下,可以找到这样一个常数 A,把 Δy 分成 Δx 的一次式和 Δx 的高阶无穷小项.从上面的实例可以看出,讨论函数改变量的这种分解是很重要的.为此,我们给出下面的定义.

定义 2.3 设函数 $y=f(x)$ 在 $U(x_0)$ 内有定义,给 x_0 一个改变量 Δx,使得 $x_0+\Delta x \in U(x_0)$,函数 $y=f(x)$ 相应地有改变量 Δy.如果存在着这样的一个常数 A,使得

$$\Delta y = f(x_0 + \Delta x) - f(x_0) = A \cdot \Delta x + o(\Delta x) \quad (\Delta x \to 0),$$

那么就称 $A \cdot \Delta x$ 为函数 $f(x)$ 在点 x_0 处的**微分**,记作

$$\mathrm{d} f(x_0) \quad 或 \quad \mathrm{d} y|_{x=x_0},$$

并称函数 $y=f(x)$ 在点 x_0 处是**可微的**.

如果 $y=f(x)$ 在区间 (a,b) 内的每一点处都可微,则称函数 $f(x)$**在区间** (a,b)**内可微**,记作 $\mathrm{d} y$ 或 $\mathrm{d} f(x)$.

由上述定义可以看出,在 $\Delta x \to 0$ 的过程中,$\Delta y, \Delta x, \mathrm{d} y$ 都是无穷小量,它们之间的关系是:

$$\Delta y = \mathrm{d} y + o(\Delta x) \quad (\Delta x \neq 0, \Delta x \to 0).$$

例 2 求函数 $y=x^3$ 的微分.

解 因为所给函数的改变量为

$$\begin{aligned}\Delta y &= (x+\Delta x)^3 - x^3 \\ &= 3x^2 \Delta x + 3x(\Delta x)^2 + (\Delta x)^3 \\ &= 3x^2 \Delta x + o(\Delta x) \quad (\Delta x \to 0),\end{aligned}$$

所以 $y=x^3$ 在 x 点可微,其微分为

$$\mathrm{d} y = 3x^2 \Delta x.$$

2. 可导与可微

下面我们直接给出函数在一点处可微与可导之间的关系.

定理 2.6 函数 $y=f(x)$ 在点 x_0 处可微的充要条件是:函数 $f(x)$ 在 x_0 点可导,且 $\mathrm{d} y|_{x=x_0} = f'(x_0) \cdot \Delta x$.

这个定理告诉我们,对于一元函数来说,可导与可微是两个等价的概念.

为了运算方便,我们规定自变量 x 的微分 dx 就是 Δx,这一规定与计算函数 $y=x$ 的微分所得到的结果是一致的,即
$$dy = dx = x'\Delta x = \Delta x.$$
于是函数 $y=f(x)$ 在点 x_0 处的微分也可以写成 $dy=f'(x_0)dx$. 由于 $dx=\Delta x \neq 0$,从而有 $\dfrac{dy}{dx}\bigg|_{x=x_0} = f'(x_0)$. 可以看出函数的导数(微商)是函数的微分与自变量的微分之商,这就是微商这个名词的来源以及把它记为 $\dfrac{dy}{dx}$ 的原因所在.

3. 微分的几何意义

假定 $y=f(x)$ 在点 $x=x_0$ 处可微,则 $f'(x_0)$ 存在. 在 x 轴上取两点 $P_0(x_0,0)$ 和 $P(x_0+\Delta x,0)$,在曲线上对应的有两点 $M_0(x_0,f(x_0))$ 和 $M(x_0+\Delta x,f(x_0+\Delta x))$,过 M_0 做平行于 x 轴的直线,交直线 MP 于 Q;过 M_0 作曲线的切线交 MP 于点 N,如图 2-2 所示. 于是

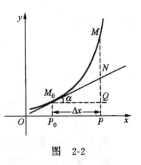

图 2-2

$$\Delta y = f(x_0+\Delta x) - f(x_0) = PM - P_0M_0 = QM.$$
根据微分的定义,我们有
$$dy = f'(x_0)\Delta x = \tan\alpha \cdot \Delta x = QN.$$
这表明:当 x 从 x_0 变到 $x_0+\Delta x$ 时,曲线 $f(x)$ 在点 $(x_0,f(x_0))$ 处的切线的纵坐标的改变量 QN 就是函数 $y=f(x)$ 在点 x_0 处的微分. 当以 dy 代替函数的增量 Δy 时,所产生的绝对误差 $|\Delta y-dy|$ 就是 MN 的长度,当 $|\Delta x|$ 减小时,它比 $|\Delta x|$ 减小得更快.

3.2 微分的计算

由微分与导数的关系式 $dy=f'(x)dx$ 可知,计算函数 $f(x)$ 的微分实际上可以归结为计算导数 $f'(x)$,所以与导数的基本公式和运算法则相对应,可以建立微分的基本公式和运算法则. 通常我们把计算导数与计算微分的方法都叫做微分法.

1. 基本初等函数的微分公式

$dC=0$; $\qquad dx^\alpha = \alpha x^{\alpha-1}dx$;

$$da^x = a^x \ln a \, dx; \qquad (de^x = e^x dx);$$
$$d\log_a x = \frac{1}{x \ln a} dx; \qquad \left(d\ln x = \frac{1}{x} dx\right);$$
$$d\sin x = \cos x dx; \qquad d\cos x = -\sin x dx;$$
$$d\tan x = \sec^2 x dx; \qquad d\cot x = -\csc^2 x dx;$$
$$d\arcsin x = \frac{1}{\sqrt{1-x^2}} dx; \qquad d\arccos x = -\frac{1}{\sqrt{1-x^2}} dx;$$
$$d\arctan x = \frac{1}{1+x^2} dx; \qquad d\text{arccot} x = -\frac{1}{1+x^2} dx.$$

2. 微分四则运算法则

设函数 $u(x), v(x)$ 可微，则

$$d(u \pm v) = du \pm dv;$$
$$d(uv) = vdu + udv;$$
$$d(Cu) = Cdu;$$
$$d\left(\frac{u}{v}\right) = \frac{vdu - udv}{v^2} \quad (v(x) \neq 0).$$

例 3 求函数 $y = x^2 + \ln x + 3^x$ 的微分.

解 根据微分四则运算法则，有

$$dy = d(x^2 + \ln x + 3^x)$$
$$= 2xdx + \frac{1}{x}dx + 3^x \ln 3 dx$$
$$= \left(2x + \frac{1}{x} + 3^x \ln 3\right) dx.$$

例 4 求函数 $y = x^3 e^x \sin x$ 的微分.

解 由微分四则运算法则，有

$$dy = d(x^3 e^x \sin x)$$
$$= e^x \sin x dx^3 + x^3 \sin x de^x + x^3 e^x d\sin x$$
$$= e^x \sin x (3x^2) dx + x^3 \sin x e^x dx + x^3 e^x \cos x dx$$
$$= x^2 e^x (3\sin x + x\sin x + x\cos x) dx.$$

例 5 求 $y = \frac{x^2 + 1}{x + 1}$ 的微分.

解 由微分四则运算法则，有

$$dy = d\left(\frac{x^2 + 1}{x + 1}\right) = d\left(x - 1 + \frac{2}{x + 1}\right)$$

$$= \mathrm{d}x + 2\mathrm{d}\left(\frac{1}{x+1}\right) = \mathrm{d}x + \frac{-2}{(x+1)^2}\mathrm{d}x$$

$$= \frac{x^2+2x-1}{(x+1)^2}\mathrm{d}x.$$

3. 复合函数的微分法则与一阶微分形式不变性

设由 $y=f(u), u=\varphi(x)$ 复合而成的复合函数是 $y=f[\varphi(x)]$,根据微分定义及复合函数求导法则,我们可以给出复合函数的微分法则,即

$$\mathrm{d}y = f'(u) \cdot \varphi'(x)\mathrm{d}x.$$

考虑到 $\mathrm{d}u=\varphi'(x)\mathrm{d}x$,上式又可以写成

$$\mathrm{d}y = f'(u)\mathrm{d}u.$$

因此,不论 u 是自变量还是中间变量,函数 $y=f(u)$ 的微分都具有同样的形式:

$$\mathrm{d}y = f'(u)\mathrm{d}u.$$

这个性质称为**一阶微分形式的不变性**. 利用它进行微分运算时,可以不必分辨 u 是自变量还是因变量,这比求导数的运算来得方便些.

例6 求函数 $y=\mathrm{e}^{\sin^2 x}$ 的微分.

解 由一阶微分形式不变性,有

$$\mathrm{d}y = \mathrm{d}\mathrm{e}^{\sin^2 x} = \mathrm{e}^{\sin^2 x}\mathrm{d}\sin^2 x = \mathrm{e}^{\sin^2 x} \cdot 2\sin x \mathrm{d}\sin x$$

$$= \mathrm{e}^{\sin^2 x} \cdot 2\sin x \cos x \mathrm{d}x = \sin 2x \mathrm{e}^{\sin^2 x}\mathrm{d}x.$$

考虑到函数的导数是微分的商,因此有时我们也可以通过微分来计算函数的导数. 因为在微分运算中不必分辨是自变量还是中间变量,所以用微分来计算隐函数的导数,有时比较简单.

例7 由方程 $x^2+2xy-y^2=2x$,求 $\dfrac{\mathrm{d}y}{\mathrm{d}x}$.

解 对等式两边取微分,有

$$\mathrm{d}(x^2+2xy-y^2) = \mathrm{d}(2x),$$

即

$$\mathrm{d}x^2 + 2\mathrm{d}(xy) - \mathrm{d}(y^2) = 2\mathrm{d}x,$$

亦即

$$2x\mathrm{d}x + 2(x\mathrm{d}y + y\mathrm{d}x) - 2y\mathrm{d}y = 2\mathrm{d}x.$$

合并 $\mathrm{d}x$ 与 $\mathrm{d}y$ 前面的系数,有

$$(2x - 2y)\mathrm{d}y = (2 - 2x - 2y)\mathrm{d}x$$

得到
$$\frac{dy}{dx} = \frac{1-x-y}{x-y}.$$

例 8 求函数 $y = \sqrt{\dfrac{1+\sin x}{1-\sin x}}$ 的导数.

解 对等式两边取对数,有
$$\ln y = \frac{1}{2} \ln \frac{1+\sin x}{1-\sin x}.$$
即
$$2\ln y = \ln(1+\sin x) - \ln(1-\sin x).$$
再取微分
$$\frac{2dy}{y} = \frac{d(1+\sin x)}{1+\sin x} - \frac{d(1-\sin x)}{1-\sin x}$$
$$= \frac{\cos x\, dx}{1+\sin x} + \frac{\cos x\, dx}{1-\sin x}$$
$$= \frac{2\cos x\, dx}{1-\sin^2 x} = \frac{2}{\cos x} dx.$$
于是
$$\frac{dy}{dx} = \frac{y}{\cos x} = \frac{1}{\cos x} \sqrt{\frac{1+\sin x}{1-\sin x}}.$$

3.3 微分的应用

在前面的讨论中我们已经知道:如果函数 $y=f(x)$ 在点 x_0 处的微商 $f'(x_0) \neq 0$,则当 $\Delta x \to 0$ 时,有
$$\Delta y = f(x_0 + \Delta x) - f(x_0) = f'(x_0)\Delta x + o(\Delta x).$$
略去高阶无穷小 $o(\Delta x)$,便得到
$$f(x_0 + \Delta x) - f(x_0) \approx f'(x_0)\Delta x, \tag{2.1}$$
$$\Delta y \approx f'(x_0)\Delta x = y'\Delta x \tag{2.2}$$
这样两个近似公式.

1. 近似计算

在 (2.1) 式中,令 $x = x_0 + \Delta x$,即 $\Delta x = x - x_0$,于是 (2.1) 式可以改写成
$$f(x) \approx f(x_0) + f'(x_0)(x - x_0). \tag{2.3}$$
可见,当 $|\Delta x|$ 很小时,可以用 (2.3) 式来计算点 x 处的函数值 $f(x)$.

例 9 计算 $\sqrt[3]{1.03}$ 的近似值.

解 设函数 $f(x)=\sqrt[3]{x}$. 取 $x=1.03, x_0=1$,根据公式(2.3)有
$$\sqrt[3]{1.03} = f(x) \approx f(x_0) + f'(x_0)(x-x_0).$$
由 $f(x_0)=1, f'(x_0)=\frac{1}{3}x_0^{-\frac{2}{3}}=\frac{1}{3}$,所以
$$\sqrt[3]{1.03} \approx 1 + \frac{1}{3}(1.03-1) = 1.01.$$

例 10 当 $|x|$ 很小时,导出近似公式:
$$\sin x \approx x.$$

解 设函数 $f(x)=\sin x$. 取 $x_0=0$,根据公式(2.3)有
$$\sin x = f(x) \approx f(x_0) + f'(x_0)(x-x_0) = f(0) + f'(0)x.$$
由 $f(0)=0, f'(0)=\cos 0=1$,所以当 $|x|$ 很小时,就有
$$\sin x \approx x.$$

类似地,当 $|x|$ 很小时,我们可以导出下面几个常用的近似公式:
$$\tan x \approx x, \quad e^x \approx 1+x,$$
$$\ln(1+x) \approx x, \quad \frac{1}{1+x} \approx 1-x.$$

例 11 半径为 8 cm 的金属球加热以后,其半径伸长了 0.04 cm,问它的体积增大了多少?

解 设球的半径与体积分别为 r, V,则
$$V = \frac{4}{3}\pi r^3,$$
这里 $r_0=8$ cm, $\Delta r=0.04$ cm. 由于 $|\Delta r|$ 是很小的,根据公式(2.2)有
$$\Delta V \approx V' \Delta r = 4\pi r_0^2 \cdot \Delta r = 10.24 \pi \text{ cm}^3.$$

2. 误差估计

在实际工作中,常常需要计算一些由公式 $y=f(x)$ 所确定的量. 由于各种原因我们所得到的数据 x 往往带有误差(称之为直接误差),而根据这些带有误差的数据 x 计算出的 y 也会有误差(称之为间接误差). 当我们根据直接测量值 x 按公式 $y=f(x)$ 计算 y 的值时,如果已知 x 的绝对误差为 δ_x,即
$$|\Delta x| \leqslant \delta_x,$$
那么,当 $y' \neq 0$ 时,由公式(2.2),y 的误差

$$|\Delta y| \approx |\mathrm{d}y| = |y'| \cdot |\Delta x| \leqslant |y'| \cdot \delta_x,$$

即 y 的绝对误差约为

$$\delta_y = |y'| \cdot \delta_x, \tag{2.4}$$

而 y 的相对误差约为

$$\frac{\delta_y}{|y|} = \left|\frac{y'}{y}\right| \cdot \delta_x. \tag{2.5}$$

例 12 设测得一圆片的直径 d 为 22.6 cm, 其绝对误差 $\delta_d = 0.1$ cm. 由公式

$$S = \frac{\pi}{4} d^2$$

计算圆片面积时, 求面积 S 的绝对误差与相对误差.

解 由 $S = \frac{\pi}{4} d^2$, 有 $S' = \frac{\pi}{2} d$. 根据公式 (2.4), (2.5) 得到

$$\delta_S = \left|\frac{\pi}{2} \times 22.6\right| \cdot |0.1| \mathrm{cm}^2 = 1.13\,\pi\mathrm{cm}^2;$$

$$\frac{\delta_S}{|S|} = \frac{\frac{\pi}{2} \times 2.26}{\frac{\pi}{4} \times 22.6^2} \approx 8.8\text{‰}.$$

例 13 测量球的半径 r, 其相对误差为何值时, 才能保证球的体积由公式

$$V = \frac{4}{3}\pi r^3$$

计算后相对误差不超过 3%?

解 由公式 (2.5) 有

$$\frac{\delta_V}{|V|} = \left|\frac{V'}{V}\right| \delta_r = \left|\frac{4\pi r^2}{\frac{4}{3}\pi r^3}\right| \cdot \delta_r = 3\frac{\delta_r}{|r|}.$$

由此可见, 要使得 $\frac{\delta_V}{|V|} \leqslant 3\%$, 就要求

$$\frac{\delta_r}{|r|} \leqslant \frac{1}{3} \times 3\% = 1\%.$$

习 题 二

(一) 选择题

1. 函数 $f(x)=|x-2|$ 在点 $x=2$ 时的导数为( ).

(A) 1;   (B) 0;   (C) -1;   (D) 不存在.

2. 设 $f(x)=\ln(1-2x)$,则 $\lim\limits_{\Delta x \to 0} \dfrac{f(x_0)-f(x_0-\Delta x)}{\Delta x}=($).

(A) $\dfrac{2x_0}{2x_0-1}$;   (B) $\dfrac{-2x_0}{2x_0-1}$;   (C) $\dfrac{2}{2x_0-1}$;   (D) $\dfrac{-2}{2x_0-1}$.

3. 设函数 $f(x)=x^2$,则 $\lim\limits_{x \to 2} \dfrac{f(x)-f(2)}{x-2}=($).

(A) $2x$;   (B) 2;   (C) 4;   (D) 不存在.

4. 设 $f(x)$ 是可导函数,则 $\lim\limits_{h \to 0} \dfrac{f(x+2h)-f(x)}{h}=($).

(A) $f'(x)$;   (B) $-f'(x)$;   (C) $\dfrac{1}{2}f'(x)$;   (D) $2f'(x)$.

5. 根据函数在一点处连续和可导的关系,可知函数

$$f(x)=\begin{cases} x^2+2x, & x \leqslant 0, \\ 2x, & 0<x<1, \\ \dfrac{1}{x}, & x \geqslant 1 \end{cases}$$

的不可导点是( ).

(A) $x=-1$;   (B) $x=0$;   (C) $x=1$;   (D) $x=2$.

6. 函数

$$f(x)=\begin{cases} \sin x, & x \leqslant 0, \\ \sqrt{1+x}-\sqrt{1-x}, & 0<x \leqslant 1, \end{cases}$$

则 $f'(0)$ 的值为( ).

(A) 0;   (B) 1;   (C) 2;   (D) 不存在.

7. 函数

$$f(x)=\begin{cases} 2x+1, & x<0, \\ x^2, & x \geqslant 0 \end{cases}$$

在 $x=0$ 处是( ).

(A) 没有极限； (B) 有极限但不连续；
(C) 连续但不可导； (D) 可导.

8. 设 $f(x)=\dfrac{\ln x}{2-\ln x}$，则 $f'(1)=(\quad)$.

(A) 0；　　(B) $-\dfrac{1}{2}$；　　(C) $\dfrac{1}{2}$；　　(D) 1.

9. 设 $f(x)=\operatorname{arccot} x^2$，则 $f'(x_0)=(\quad)$.

(A) $\dfrac{2x_0}{1+x_0^2}$；　(B) $\dfrac{-2x_0}{1+x_0^2}$；　(C) $\dfrac{2x_0}{1+x_0^4}$；　(D) $\dfrac{-2x_0}{1+x_0^4}$.

10. 设 $f\left(\dfrac{1}{x}\right)=x$，则 $f'(x)=(\quad)$.

(A) $\dfrac{1}{x}$；　　(B) $-\dfrac{1}{x}$；　　(C) $\dfrac{1}{x^2}$；　　(D) $-\dfrac{1}{x^2}$.

11. 设 $y=f(-x)$，则 $y'=(\quad)$.

(A) $f'(x)$；　(B) $-f'(x)$；　(C) $f'(-x)$；　(D) $-f'(-x)$.

12. 设 $y=x\ln x$，则 $y^{(3)}=(\quad)$.

(A) $\ln x$；　　(B) x；　　(C) $\dfrac{1}{x^2}$；　　(D) $-\dfrac{1}{x^2}$.

13. 设 $y=x\mathrm{e}^x$，则 $y^{(n)}=(\quad)$.

(A) $nx\mathrm{e}^x$；　　　　　(B) $(n-x)\mathrm{e}^x$；
(C) $(n+x)\mathrm{e}^x$；　　　　(D) $(1+x)^n\mathrm{e}^x$.

14. 设 $f(x)=x^n$（n 为自然数），则 $f^{(n+1)}(x)=(\quad)$.

(A) $(n+1)!$；　(B) 0；　(C) $n!$；　(D) ∞.

15. $\mathrm{d}(\sin 2x)=(\quad)$.

(A) $\cos 2x\mathrm{d}x$；　　　　(B) $-\cos 2x\mathrm{d}x$；
(C) $2\cos 2x\mathrm{d}x$；　　　(D) $-2\cos 2x\mathrm{d}x$.

16. 设 $y=-\ln 3$，则 $\mathrm{d}y=(\quad)$.

(A) $3\mathrm{d}x$；　(B) $-\dfrac{1}{3}\mathrm{d}x$；　(C) $\dfrac{1}{3}\mathrm{d}x$；　(D) 0.

17. 设 $y=\cos(x^2)$，则 $\mathrm{d}y=(\quad)$.

(A) $-2x\cos(x^2)\mathrm{d}x$；　　(B) $2x\cos(x^2)\mathrm{d}x$；
(C) $-2x\sin(x^2)\mathrm{d}x$；　　(D) $2x\sin(x^2)\mathrm{d}x$.

18. 过点 $(1,3)$ 且切线斜率为 $2x$ 的曲线方程 $y=y(x)$ 应满足的关系是（　）.

(A) $y'=2x$; (B) $y''=2x$;
(C) $y'=2x, y(1)=3$; (D) $y''=2x, y(1)=3$.

(二) 解答题

1. 根据导数的定义,求下列函数的导数:

(1) $y=x^2+1$; (2) $y=\cos(x+2)$.

2. 已知函数 $y=f(x)$ 在 $x=x_0$ 点处可导,求
$$\lim_{x\to x_0}\frac{f(x)-f(x_0)}{x-x_0}.$$

3. 若下面的极限都存在,判别下式是否正确.

(1) $\lim\limits_{\Delta x\to 0}\dfrac{f(x_0)-f(x_0-\Delta x)}{\Delta x}=f'(x_0)$;

(2) $\lim\limits_{\Delta x\to 0}\dfrac{f(x_0+\Delta x)-f(x_0-\Delta x)}{2\Delta x}=f'(x_0)$.

4. 试讨论函数
$$f(x)=\begin{cases} x^k\sin\dfrac{1}{x}, & x\neq 0, \\ 0, & x=0 \end{cases}$$
当 k 分别为 $0,1,2$ 时,在点 $x=0$ 处的可导性.

5. 函数 $y=|\sin x|$ 在点 $x=0$ 处导数是否存在?为什么?

6. 若函数
$$f(x)=\begin{cases} x^2, & x\leqslant x_0, \\ ax+b, & x>x_0, \end{cases}$$
试选择 a,b 使 $f(x)$ 处处可导,并作出草图来.

7. 求下列函数的导数:

(1) $y=\dfrac{x+1}{x-1}$; (2) $y=(5x+1)(2x^2-3)$;

(3) $y=xe^x$; (4) $y=\sec x$;

(5) $y=\dfrac{2}{x^2-1}$; (6) $y=(x^2-2x+1)^{10}$;

(7) $y=3\sin x+\cos^2 x$; (8) $y=\dfrac{\tan x}{x^2+1}$;

(9) $y=\sin 4x$; (10) $y=10^{6x}$;

(11) $y=e^{\frac{x}{2}}(x^2+1)$; (12) $y=\arcsin(2x+3)$;

(13) $y=\ln(\sin x)$; (14) $y=(\ln x)^3$;

(15) $y=\arctan\sqrt{x^2+1}$； (16) $y=\arcsin\dfrac{1}{x}$；

(17) $y=\ln(x+\sqrt{x^2+a^2})$； (18) $y=x^{\frac{1}{x}}$；

(19) $y=(\sin x)^{\cos x}$； (20) $y=\sqrt{\dfrac{x-1}{x(x+3)}}$.

8. 设 $y=\begin{cases} 2x, & x<0, \\ \ln(1+x), & x\geqslant 0, \end{cases}$ 求 $y'(0)$.

9. 设 $f(x)=\begin{cases} 1-e^{2x}, & x\leqslant 0, \\ x^2, & x>0, \end{cases}$ 求 f'_x.

10. 判断函数
$$f(x)=\begin{cases} x^2+1, & x\leqslant 1, \\ 2x+3, & x>1 \end{cases}$$
在 $x=1$ 是否可导.

11. 若 $f'(x_0)=-1$，求 $\lim\limits_{x\to 0}\dfrac{x}{f(x_0-2x)-f(x_0-x)}$.

12. 若
$$g(x)=\begin{cases} x^3\sin\dfrac{1}{x}, & x\neq 0, \\ 0, & x=0, \end{cases}$$
$f(x)$ 在点 $x=0$ 处可导，$F(x)=f[g(x)]$，求 $F'(0)$.

13. 求下列方程所确定的隐函数的导数：

(1) $(x-2)^2+(y-3)^2=25$； (2) $\cos(xy)=x$；

(3) $y=1+xe^y$； (4) $x^y=y^x$.

14. 求曲线 $x^2+3xy+y^2+1=0$ 在点 $M(2,-1)$ 处的切线方程与法线方程.

15. 求下列函数的二阶导数：

(1) $y=\dfrac{x-1}{(x+1)^2}$； (2) $y=xe^{x^2}$；

(3) $y=e^x\cos x$； (4) $y=\ln\sin x$.

16. 设 $y=\ln\sqrt{\dfrac{1-x}{1+x^2}}$，求 $y''|_{x=0}$.

17. 设 $y=\ln(x+\sqrt{1+x^2})$，求 $y'''|_{x=\sqrt{3}}$.

18. 若 $x+2y-\cos y=0$，求 $\dfrac{d^2y}{dx^2}$.

19. 验证函数 $y = e^{-\sqrt{x}} + e^{\sqrt{x}}$ 满足关系式
$$xy'' + \frac{1}{2}y' - \frac{1}{4}y = 0.$$

20. 由恒等式 $\sum_{k=0}^{n} x^k = \frac{1-x^{n+1}}{1-x} (x \neq 1)$,求出 $\sum_{k=1}^{n} kx^{k-1}$.

21. 已知 $y = x^3 - 1$,在点 $x = 2$ 处计算当 Δx 分别为 $1, 0.1, 0.01$ 时的 Δy 及 dy 之值.

22. 求下列各函数的微分:

(1) $y = \frac{1}{2x^2}$; (2) $y = \sin^2 x$; (3) $y = xe^x$; (4) $y = x^{5x}$.

23. 试计算下列各函数值的近似值:

(1) $e^{1.01}$; (2) $\cos 151°$.

24. 半径为 r 的金属球加热后,它的半径增加了 Δr,问其表面积增加了多少?

第三章　中值定理和导数的应用

微分学中值定理包括罗尔(Rolle)定理、拉格朗日(Lagrange)定理和柯西(Cauchy)定理,它们是微分学的理论基础.本章将介绍这几个定理并运用导数来研究函数的性态及导数在实际中的应用.

§1　中值定理

1.1　罗尔定理

罗尔定理　若函数 $f(x)$ 在闭区间 $[a,b]$ 上连续,在开区间 (a,b) 内可导,并且 $f(a)=f(b)$,则在开区间 (a,b) 内至少存在一点 x_0,使得 $f'(x_0)=0$.

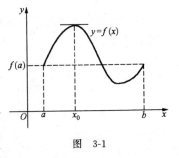

图　3-1

罗尔定理的几何意义是,如果一条连续、光滑的曲线 $y=f(x)$ 的两个端点处的纵坐标相等,那么在这条曲线上至少能找到一点,使得曲线在该点处的切线平行于 x 轴(见图 3-1).

值得注意的是,罗尔定理中的三个条件是定理成立的充分条件,且三个条件缺一不可.否则定理就不成立(图 3-2).

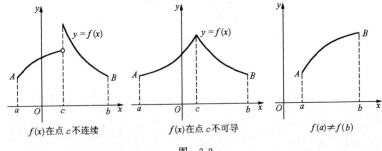

图　3-2

下面我们给出罗尔定理的证明.

证明 因为函数 $f(x)$ 在闭区间 $[a,b]$ 上是连续的,所以根据闭区间上连续函数的性质,函数 $f(x)$ 在闭区间 $[a,b]$ 上一定取得最大值 M 和最小值 m.

下面分两种情形来讨论:

(1) 设 $M=m$. 因为函数值 $f(x)$ 是在其最大值 M 与最小值 m 之间的,所以函数 $f(x)$ 在 $[a,b]$ 上恒等于常数 M. 于是在 $[a,b]$ 上,对任意的 x,有 $f'(x)=0$. 这时 x_0 可以取 (a,b) 中的任意一点.

(2) 设 $M\neq m$. 那么在 M,m 之中至少有一个不是区间 $[a,b]$ 的端点的函数值(否则,$f(a)=f(b)=M=m$,这与 $M\neq m$ 相矛盾). 不妨设 $M\neq f(a)$,并设 x_0 为 (a,b) 内的一点,使得 $f(x_0)=M$.

由于函数 $f(x)$ 在点 x_0 处达到最大值,所以只要 $x_0+\Delta x$ 在 (a,b) 内,便有

$$f(x_0+\Delta x)\leqslant f(x_0), \quad 即 \quad f(x_0+\Delta x)-f(x_0)\leqslant 0.$$

从而当 $\Delta x>0$ 时,有

$$\frac{f(x_0+\Delta x)-f(x_0)}{\Delta x}\leqslant 0;$$

当 $\Delta x<0$ 时,有

$$\frac{f(x_0+\Delta x)-f(x_0)}{\Delta x}\geqslant 0.$$

根据导数定义与极限不等式性质,便得

$$f'(x_0)=\lim_{\Delta x\to 0+0}\frac{f(x_0+\Delta x)-f(x_0)}{\Delta x}\leqslant 0,$$

$$f'(x_0)=\lim_{\Delta x\to 0-0}\frac{f(x_0+\Delta x)-f(x_0)}{\Delta x}\geqslant 0,$$

于是必有

$$f'(x_0)=0.$$

例1 验证:函数 $f(x)=x^3+4x^2-7x-10$ 在区间 $[-1,2]$ 上满足罗尔定理的三个条件,并求出满足 $f'(\xi)=0$ 的 ξ 点.

解 因 $f(x)=x^3+4x^2-7x-10$ 是多项式,所以在 $(-\infty,+\infty)$ 上可导,故它在 $[-1,2]$ 上连续,且在 $(-1,2)$ 内可导. 容易验证

$$f(-1) = f(2) = 0.$$

因此,$f(x)$满足罗尔定理的三个条件. 而
$$f'(x) = 3x^2 + 8x - 7,$$
令 $f'(x)=0$,即 $3x^2+8x-7=0$,解之得
$$x_1 = \frac{-4+\sqrt{37}}{3}, \quad x_2 = \frac{-4-\sqrt{37}}{3}.$$
显然,x_2 不在 $[-1,2]$ 内,应舍去. 而 $x_1 \in [-1,2]$,因而可把 x_1 取作 ξ,就有 $f'(\xi)=0$.

例2 不求出导数,判定函数
$$f(x) = (x+1)(x-2)(x-3)$$
的导数方程 $f'(x)=0$ 有几个实根,以及它们所在的范围.

解 因为 $f(-1)=f(2)=f(3)=0$,且 $f(x)$ 为有理整函数,所以 $f(x)$ 在 $[-1,2]$ 和 $[2,3]$ 上都满足罗尔定理的三个条件. 因此,在开区间 $(-1,2)$ 内至少存在一点 ξ_1,使得 $f'(\xi_1)=0$,即 $x=\xi_1$ 是导数方程 $f'(x)=0$ 的一个实根;在开区间 $(2,3)$ 内至少存在一点 ξ_2,使得 $f'(\xi_2)=0$,即 $x=\xi_2$ 又是导数方程 $f'(x)=0$ 的另一个实根.

由于 $f'(x)$ 为二次多项式函数,只能有两个实根,分别分布在开区间 $(-1,2)$ 和 $(2,3)$ 内.

1.2 拉格朗日中值定理

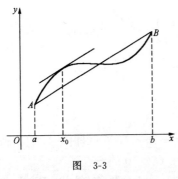

图 3-3

拉格朗日中值定理 若函数 $f(x)$ 在闭区间 $[a,b]$ 上连续,在开区间 (a,b) 内可导,则在开区间 (a,b) 内至少存在一点 x_0,使得
$$f(b) - f(a) = f'(x_0)(b-a).$$

拉格朗日中值定理的几何意义是,如果一条连续、光滑曲线 $y=f(x)$ 的两个端点分别为 A,B,那么在这条曲线上至少能找到一点,使得曲线在该点处的切线平行于直线 AB(见图 3-3).

证明 引进辅助函数

$$\varphi(x) = f(x) - \left[f(a) + \frac{f(b) - f(a)}{b - a}(x - a) \right].$$

显然 $\varphi(a) = \varphi(b) = 0$,并且 $\varphi(x)$ 在闭区间 $[a,b]$ 上连续,在开区间 (a,b) 内可导. 根据罗尔定理在开区间 (a,b) 内至少存在一点 x_0,使得

$$\varphi'(x_0) = f'(x_0) - \frac{f(b) - f(a)}{b - a} = 0.$$

于是

$$f(b) - f(a) = f'(x_0)(b - a).$$

这就证明了拉格朗日中值定理.

例 3 对于函数 $f(x) = \ln x$,在闭区间 $[1,e]$ 上验证拉格朗日定理的正确性.

解 显然 $f(x) = \ln x$ 在 $[1,e]$ 连续,在 $(1,e)$ 内可导,又

$$f(1) = \ln 1 = 0, \quad f(e) = \ln e = 1, \quad f'(x) = \frac{1}{x},$$

设 $\dfrac{\ln e - \ln 1}{e - 1} = \dfrac{1}{\xi}$,从而解得

$$\xi = e - 1 \in (1, e).$$

故可取 $\xi = e - 1$,使 $f'(\xi) = \dfrac{f(e) - f(1)}{e - 1}$ 成立.

直接应用拉格朗日中值定理,可以得到下面两个推论:

推论 1 如果函数 $f(x)$ 在区间 (a,b) 内每一点处的导数都是零,即 $f'(x) = 0$ $(a < x < b)$,那么函数 $f(x)$ 在区间 (a,b) 内为一常数.

证明 在区间 (a,b) 内任取两点 x_1, x_2(设 $x_1 < x_2$). 因为函数在 (a,b) 内可导,所以它在 $[x_1, x_2]$ 上连续,并在 (x_1, x_2) 内可导. 根据拉格朗日中值定理,在 (x_1, x_2) 内至少存在一点 x_0,使得

$$f(x_2) - f(x_1) = f'(x_0)(x_2 - x_1).$$

已知 $f'(x_0) = 0$,因此 $f(x_1) = f(x_2)$. 由于 x_1, x_2 是任意的,所以函数 $f(x)$ 在 (a,b) 内是一个常数,即 $f(x) = C$ $(a < x < b)$.

推论 2 如果函数 $f(x)$ 与 $g(x)$ 在区间 (a,b) 内每一点处的导数都相等,即 $f'(x) = g'(x)$,那么这两个函数在区间 (a,b) 内最多相差一个常数.

证明 设函数 $h(x) = f(x) - g(x)$. 已知对区间 (a,b) 内的每一

点处都有 $f'(x)=g'(x)$,因此
$$h'(x) = (f(x) - g(x))' = f'(x) - g'(x) = 0.$$
由推论 1 可知函数 $h(x)=C$ $(a<x<b)$,即
$$f(x) - g(x) = C \quad (a < x < b).$$
这就证明了函数 $f(x)$ 与 $g(x)$ 在区间 (a,b) 内最多相差一个常数.

利用中值定理及其推论可以证明一些重要的等式与不等式.

例 4 证明 $|\arctan x - \arctan y| \leqslant |x-y|$.

证明 令 $f(t)=\arctan t$. 设 $x<y$,显然 $\arctan t$ 在 $[x,y]$ 上连续,在 (x,y) 内可导. 根据拉格朗日中值定理,$\arctan t$ 在 (x,y) 内至少存在一点 x_0,使得
$$\arctan y - \arctan x = \frac{1}{1+x_0^2}(y-x).$$
又因为 $\frac{1}{1+x_0^2} \leqslant 1$,所以
$$|\arctan x - \arctan y| \leqslant |x-y|.$$

例 5 试证明:在 $(-\infty, +\infty)$ 上有
$$\arctan x + \mathrm{arccot}\, x = \frac{\pi}{2}.$$

证 设函数
$$f(x) = \arctan x + \mathrm{arccot}\, x,$$
则对任意的 $x \in (-\infty, +\infty)$,有
$$f'(x) = \frac{1}{1+x^2} - \frac{1}{1+x^2} \equiv 0,$$
于是,由拉格朗日定理的推论 1,在区间 $(-\infty, +\infty)$ 内,恒有
$$\arctan x + \mathrm{arccot}\, x = C \quad (C\text{ 为常数}).$$
考虑到,当 $x=0$ 时,有
$$\arctan 0 + \mathrm{arccot}\, 0 = 0 + \frac{\pi}{2} = \frac{\pi}{2},$$
因此,在 $(-\infty, +\infty)$ 内有
$$\arctan x + \mathrm{arccot}\, x = \frac{\pi}{2}.$$

1.3 柯西中值定理

若函数 $f(x)$ 和 $g(x)$ 都在闭区间 $[a,b]$ 上连续,在开区间 (a,b)

内可导,并且在(a,b)内每一点处均有$g'(x)\neq 0$,则在开区间(a,b)内至少存在一点x_0,使得

$$\frac{f(b)-f(a)}{g(b)-g(a)}=\frac{f'(x_0)}{g'(x_0)}.$$

证明 对于函数$g(x)$,根据拉格朗日中值定理,有

$$g(b)-g(a)=g'(x_0)(b-a) \quad (a<x_0<b).$$

因为$g'(x)\neq 0$ $(a<x<b)$,所以$g(b)-g(a)\neq 0$.于是我们可以引入辅助函数

$$\varphi(x)=f(x)-\left[f(a)+\frac{f(b)-f(a)}{g(b)-g(a)}(g(x)-g(a))\right].$$

显然$\varphi(a)=\varphi(b)=0$,并且$\varphi(x)$在闭区间$[a,b]$上连续,在开区间(a,b)内可导.根据罗尔定理,在开区间(a,b)内至少存在一点x_0,使得

$$\varphi'(x_0)=f'(x_0)-\frac{f(b)-f(a)}{g(b)-g(a)}g'(x_0)=0,$$

于是

$$\frac{f(b)-f(a)}{g(b)-g(a)}=\frac{f'(x_0)}{g'(x_0)}.$$

这就证明了柯西中值定理.

在柯西中值定理中取$g(x)=x$即得拉格朗日中值定理,可见柯西定理是拉格朗日定理的推广.

例6 对函数$f(x)=x^3$及$g(x)=x^2+1$在区间$[1,2]$上验证柯西中值定理的正确性.

解 显然$f(x)$和$g(x)$在$[1,2]$上连续,在$(1,2)$内可导,及$x\in(1,2)$时,$g'(x)\neq 0$,又

$$f(1)=1, \quad f(2)=8, \quad g(1)=2, \quad g(2)=5.$$
$$f'(x)=3x^2, \quad g'(x)=2x.$$

设

$$\frac{f(2)-f(1)}{g(2)-g(1)}=\frac{3\xi^2}{2\xi},$$

从而解得$\xi=\frac{14}{9}$,ξ在$(1,2)$内.故可取$\xi=\frac{14}{9}$,使

$$\frac{f(2)-f(1)}{g(2)-g(1)}=\frac{f'(\xi)}{g'(\xi)}$$

成立.

§2 洛必达法则

中值定理的一个重要的应用是计算一些特殊类型的函数的极限,而这些极限往往都是不确定的.

当 $x \to a$(或 $x \to +\infty$)时,若 $f(x)$ 与 $g(x)$ 都趋于零或都趋于无穷,这时比值 $\dfrac{f(x)}{g(x)}$ 的极限分别称为"$\dfrac{0}{0}$"型未定式或"$\dfrac{\infty}{\infty}$"型未定式. 所谓未定式是指:这时极限 $\lim \dfrac{f(x)}{g(x)}$ 可能存在,可能不存在. 例如极限 $\lim\limits_{x \to 0} \dfrac{\sin x}{x}$ 与 $\lim\limits_{x \to 0} \dfrac{x}{|x|}$ 都是"$\dfrac{0}{0}$"型未定式,但前者存在,后者不存在. 又如极限 $\lim\limits_{x \to +\infty} \dfrac{x + \cos x}{x}$ 与 $\lim\limits_{x \to +\infty} \dfrac{2x - x\sin x}{x}$ 都是"$\dfrac{\infty}{\infty}$"型未定式,也是前者存在,后者不存在. 这里我们把求未定式的极限称为未定式的定值. 洛必达(L'Hospital)法则是一个非常有效的定值方法. 下面我们介绍洛必达法则,并讨论各种类型的未定式的定值问题.

2.1 洛必达法则 I

定理(洛必达法则 I) 设函数 $f(x)$ 与 $g(x)$ 在 $U(\bar{a})$ 内处处可导,并且 $g'(x) \neq 0$. 如果

$$\lim_{x \to a} f(x) = 0, \quad \lim_{x \to a} g(x) = 0,$$

而极限

$$\lim_{x \to a} \frac{f'(x)}{g'(x)} = l \quad (l \text{ 为有限或 } \infty),$$

则

$$\lim_{x \to a} \frac{f(x)}{g(x)} = \lim_{x \to a} \frac{f'(x)}{g'(x)} = l.$$

证明 由定理条件

$$\lim_{x \to a} f(x) = 0, \quad \lim_{x \to a} g(x) = 0$$

可知,点 $x = a$ 或者是 $f(x)$ 与 $g(x)$ 的连续点,或者是它们的可去间断点. 如果是可去间断点,那么我们可以补充或修改 $f(x)$ 与 $g(x)$ 在

点 $x=a$ 处的定义,使得它们在该点是连续的.因此不论是上述哪种情况,总会有 $f(a)=g(a)=0$.

设 x 为邻域内的一点.由于 $f(x)$ 与 $g(x)$ 在邻域内处处可导,所以在以 x 及 a 为端点的闭区间上它们一定是连续的;在以 x 及 a 为端点的开区间上它们是可导的.应用柯西中值定理,得到

$$\frac{f(x)}{g(x)} = \frac{f(x)-0}{g(x)-0} = \frac{f(x)-f(a)}{g(x)-g(a)}$$
$$= \frac{f'(x_0)}{g'(x_0)} \quad (x_0 \text{ 在 } x \text{ 与 } a \text{ 之间}).$$

对上式两端令 $x \to a$ 取极限,并注意到当 $x \to a$ 时,夹在 x 与 a 之间的 x_0 也有 $x_0 \to a$. 考虑到极限 $\lim\limits_{x_0 \to a}\dfrac{f'(x_0)}{g'(x_0)}$ 存在,所以极限 $\lim\limits_{x \to a}\dfrac{f(x)}{g(x)}$ 是存在的,并有

$$\lim_{x \to a}\frac{f(x)}{g(x)} = \lim_{x_0 \to a}\frac{f'(x_0)}{g'(x_0)} = \lim_{x \to a}\frac{f'(x)}{g'(x)}.$$

即

$$\lim_{x \to a}\frac{f(x)}{g(x)} = l.$$

例 1 求极限 $\lim\limits_{x \to 0}\dfrac{e^x - 1}{x}$.

解 由于 $\lim\limits_{x \to 0}(e^x - 1) = 0, \lim\limits_{x \to 0}x = 0$,因此这是一个"$\dfrac{0}{0}$"型的未定式,应用洛必达法则 I,得到

$$\lim_{x \to 0}\frac{e^x - 1}{x} = \lim_{x \to 0}\frac{e^x}{1} = 1.$$

例 2 求极限 $\lim\limits_{x \to 1}\dfrac{\ln x}{(x-1)^2}$.

解 这是一个"$\dfrac{0}{0}$"型的未定式.应用洛必达法则 I,得到

$$\lim_{x \to 1}\frac{\ln x}{(x-1)^2} = \lim_{x \to 1}\frac{1}{2x(x-1)} = \infty.$$

有时需要多次应用洛必达法则 I 才能求出极限.

例 3 求极限 $\lim\limits_{x \to 0}\dfrac{x - \sin x}{x^3}$.

解 这是一个"$\dfrac{0}{0}$"型未定式,由洛必达法则 I 得

$$\lim_{x\to 0}\frac{x-\sin x}{x^3}=\lim_{x\to 0}\frac{1-\cos x}{3x^2}=\lim_{x\to 0}\frac{\sin x}{6x}$$
$$=\lim_{x\to 0}\frac{\cos x}{6}=\frac{1}{6}.$$

需要指出的是,对于当 $x\to\infty$ 时的 "$\frac{0}{0}$" 型未定式,只要作一个简单的变换 $t=\frac{1}{x}$,就有当 $x\to\infty$ 时 $t\to 0$. 于是便可使用洛必达法则 I. 但是当我们计算 $x\to\infty$ 这一过程的极限时,不必再进行变换,只要像法则 I 那样直接对未定式的分子分母求导即可.

例 4 求极限 $\lim\limits_{x\to+\infty}\dfrac{\dfrac{\pi}{2}-\arctan x}{\dfrac{1}{x}}$.

解 这是一个 "$\frac{0}{0}$" 型未定式,由洛必达法则 I 得

$$\lim_{x\to+\infty}\frac{\frac{\pi}{2}-\arctan x}{\frac{1}{x}}=\lim_{x\to+\infty}\frac{-\frac{1}{1+x^2}}{-\frac{1}{x^2}}=\lim_{x\to+\infty}\frac{x^2}{1+x^2}=1.$$

2.2 洛必达法则 II

定理(洛必达法则 II) 设函数 $f(x)$ 与 $g(x)$ 在 $U(\bar{a})$ 内处处可导,并且 $g'(x)\neq 0$. 如果
$$\lim_{x\to a}f(x)=\infty,\quad \lim_{x\to a}g(x)=\infty,$$
而极限
$$\lim_{x\to a}\frac{f'(x)}{g'(x)}=l\quad(l\text{ 为有限或 }\infty),$$
则
$$\lim_{x\to a}\frac{f(x)}{g(x)}=\lim_{x\to a}\frac{f'(x)}{g'(x)}=l.$$

证明从略.

与洛必达法则 I 类似,对于 $x\to\infty$ 时的 "$\frac{\infty}{\infty}$" 型的未定式也可以使用洛必达法则 II.

例 5 求极限 $\lim\limits_{x\to 0+0}\dfrac{\ln x}{x^{-1}}$.

解 由于
$$\lim_{x\to 0+0}\ln x = -\infty, \quad \lim_{x\to 0+0} x^{-1} = +\infty,$$
因此这是一个"$\dfrac{\infty}{\infty}$"型的未定式. 应用洛必达法则 II, 得到
$$\lim_{x\to 0+0}\dfrac{\ln x}{x^{-1}} = \lim_{x\to 0+0}\dfrac{x^{-1}}{-x^{-2}} = -\lim_{x\to 0+0} x = 0.$$

例 6 求极限 $\lim\limits_{x\to +\infty}\dfrac{x^4}{e^x}$.

解 这是一个"$\dfrac{\infty}{\infty}$"型的未定式. 应用洛必达法则 II, 得到
$$\lim_{x\to +\infty}\dfrac{x^4}{e^x} = \lim_{x\to +\infty}\dfrac{4x^3}{e^x} = \lim_{x\to +\infty}\dfrac{12x^2}{e^x}$$
$$= \lim_{x\to +\infty}\dfrac{24x}{e^x} = \lim_{x\to +\infty}\dfrac{24}{e^x} = 0.$$

2.3 其他待定型

对于"$0\cdot\infty$","$\infty-\infty$","0^0","1^∞","∞^0"型的未定式,我们总可通过适当变换将它们化为"$\dfrac{0}{0}$"型或"$\dfrac{\infty}{\infty}$"型未定式,然后再应用洛必达法则.

1. "$0\cdot\infty$"型可化为"$\dfrac{0}{0}$"型或"$\dfrac{\infty}{\infty}$"型

设在某一变化过程中, $f(x)\to 0, F(x)\to\infty$, 则
$$f(x)\cdot F(x) = \dfrac{f(x)}{\dfrac{1}{F(x)}}\left(\text{"}\dfrac{0}{0}\text{"型}\right) = \dfrac{F(x)}{\dfrac{1}{f(x)}}\left(\text{"}\dfrac{\infty}{\infty}\text{"型}\right).$$

例 7 求 $\lim\limits_{x\to 0+0} x^k \ln x \ (k>0)$.

解 所求极限属"$0\cdot\infty$"型,故可化为
$$\lim_{x\to 0+0} x^k \ln x = \lim_{x\to 0+0}\dfrac{\ln x}{\dfrac{1}{x^k}} = \lim_{x\to 0+0}\dfrac{\dfrac{1}{x}}{-\dfrac{k}{x^{k+1}}} = \lim_{x\to 0+0}\left(-\dfrac{x^k}{k}\right) = 0.$$

注意：在本例中我们是将"$0 \cdot \infty$"型化为"$\dfrac{\infty}{\infty}$"型后再用洛必达法则计算的. 但注意, 若化为"$\dfrac{0}{0}$"型将得不出结果：

$$\lim_{x \to 0+0} x^k \ln x = \lim_{x \to 0+0} \frac{x^k}{\dfrac{1}{\ln x}} = \lim_{x \to 0+0} \frac{kx^{k-1}}{-\dfrac{1}{\ln^2 x} \cdot \dfrac{1}{x}}$$

$$= \lim_{x \to 0+0} \frac{kx^k}{-\dfrac{1}{\ln^2 x}} = \cdots.$$

可见不管用多少次洛必达法则, 其结果仍为"$\dfrac{0}{0}$"型, 所以我们究竟把"$0 \cdot \infty$"型化为"$\dfrac{0}{0}$"型还是"$\dfrac{\infty}{\infty}$"型要视具体问题而定.

2. "$\infty - \infty$"型一般可化为"$\dfrac{0}{0}$"型

设在某一变化过程中, $f(x) \to \infty$, $F(x) \to \infty$, 则

$$f(x) - F(x) = \frac{1}{\dfrac{1}{f(x)}} - \frac{1}{\dfrac{1}{F(x)}} = \frac{\dfrac{1}{F(x)} - \dfrac{1}{f(x)}}{\dfrac{1}{f(x)} \cdot \dfrac{1}{F(x)}} \quad \left(\text{"}\dfrac{0}{0}\text{"型}\right).$$

在实际计算中, 有时可不必采用上述步骤, 而只需经过通分就可化为"$\dfrac{0}{0}$"型.

例 8 求 $\lim\limits_{x \to \frac{\pi}{2}} (\sec x - \tan x)$.

解 所求极限是"$\infty - \infty$"型, 利用通分即可化为"$\dfrac{0}{0}$"型：

$$\lim_{x \to \frac{\pi}{2}} (\sec x - \tan x) = \lim_{x \to \frac{\pi}{2}} \left(\frac{1}{\cos x} - \frac{\sin x}{\cos x}\right) = \lim_{x \to \frac{\pi}{2}} \frac{1 - \sin x}{\cos x}$$

$$= \lim_{x \to \frac{\pi}{2}} \frac{-\cos x}{-\sin x} = 0.$$

3. "1^∞", "0^0", "∞^0"型可转化为"$\dfrac{0}{0}$"型或"$\dfrac{\infty}{\infty}$"型

对于"1^∞", "0^0", "∞^0"型未定型, 由于它们都是来源于幂指函数

$[f(x)]^{F(x)}$ 的极限,因此通常可用取对数的方法或利用

$$[f(x)]^{F(x)} = e^{\ln [f(x)]^{F(x)}} = e^{F(x)\ln f(x)},$$

即可化为"$0 \cdot \infty$"型待定型,再化为"$\dfrac{0}{0}$"型或"$\dfrac{\infty}{\infty}$"型讨论.

例 9 求 $\lim\limits_{x \to 0+0} x^x$.

解 所求极限为"0^0"型. 记 $y = x^x$,两边取对数得 $\ln y = x \ln x$,当 $x \to 0+0$ 时就化为"$0 \cdot \infty$"型,于是

$$\lim_{x \to 0+0} \ln y = \lim_{x \to 0+0} x \ln x = \lim_{x \to 0+0} \frac{\ln x}{\dfrac{1}{x}} = \lim_{x \to 0+0} \frac{\dfrac{1}{x}}{-\dfrac{1}{x^2}}$$

$$= \lim_{x \to 0+0} (-x) = 0,$$

所以,$\lim\limits_{x \to 0+0} y = e^{\lim\limits_{x \to 0+0} \ln y} = e^0 = 1$.

例 10 求 $\lim\limits_{x \to e} (\ln x)^{\frac{1}{1-\ln x}}$.

解 所求极限为"1^∞"型. 记 $y = (\ln x)^{\frac{1}{1-\ln x}}$,则

$$\lim_{x \to e} y = \lim_{x \to e} e^{\ln(\ln x)^{\frac{1}{1-\ln x}}} = \lim_{x \to e} e^{\frac{\ln \ln x}{1-\ln x}} = e^{\lim\limits_{x \to e} \frac{\ln \ln x}{1-\ln x}}$$

$$= e^{\lim\limits_{x \to e} \frac{\frac{1}{\ln x} \cdot \frac{1}{x}}{-\frac{1}{x}}} = e^{-1}.$$

例 11 求 $\lim\limits_{x \to 0} (\cot x)^{\sin x}$.

解 所求极限为"∞^0"型. 记 $y = (\cot x)^{\sin x}$,则

$$\lim_{x \to 0} y = e^{\lim\limits_{x \to 0} \ln(\cot x)^{\sin x}} = e^{\lim\limits_{x \to 0} \sin x \ln \cot x} = e^{\lim\limits_{x \to 0} \frac{\ln \cot x}{1/\sin x}}$$

$$= e^{\lim\limits_{x \to 0} \frac{\frac{1}{\cot x} \cdot \frac{-1}{\sin^2 x}}{-\frac{1}{\sin^2 x} \cdot \cos x}} = e^{\lim\limits_{x \to 0} \frac{\sin x}{\cos^2 x}} = e^0 = 1.$$

以上我们讨论了各种类型的未定式,值得注意的是,只有"$\dfrac{0}{0}$"型和"$\dfrac{\infty}{\infty}$"型未定式才能应用洛必达法则,否则就会得出荒谬的结果. 例如

$$\lim_{x\to 0}\frac{x}{1+\sin x}$$

不是"$\frac{0}{0}$"型未定式的极限. 利用极限四则运算容易得到

$$\lim_{x\to 0}\frac{x}{1+\sin x}=\frac{0}{1+0}=0.$$

但如果滥用洛必达法则,就会得到下面错误的结果:

$$\lim_{x\to 0}\frac{x}{1+\sin x}=\lim_{x\to 0}\frac{1}{\cos x}=1.$$

注意,洛必达法则是由 $\lim\frac{f'(x)}{g'(x)}$ 存在,导出 $\lim\frac{f(x)}{g(x)}$ 是存在的. 如果 $\lim\frac{f'(x)}{g'(x)}$ 不存在,并不能断定 $\lim\frac{f(x)}{g(x)}$ 不存在. 例如

$$\lim_{x\to+\infty}\frac{x+\cos x}{x}$$

是"$\frac{\infty}{\infty}$"型未定式. 而

$$\frac{(x+\cos x)'}{(x)'}=\frac{1-\sin x}{1}=1-\sin x,$$

当 $x\to+\infty$ 时,上式极限是不存在的,但原式的极限却是存在的,有

$$\lim_{x\to+\infty}\frac{x+\cos x}{x}=\lim_{x\to+\infty}\left(1+\frac{\cos x}{x}\right)$$
$$=1+\lim_{x\to+\infty}\frac{\cos x}{x}=1.$$

§3 函数的单调性与极值

3.1 函数的单调性

在第一章里我们已经给出了函数在区间上单调的定义,这里我们将利用导数来对函数的单调性进行讨论.

一个函数在区间上递增(或递减),其图形的特点是沿 x 轴正方向曲线是上升(或下降)的,而曲线的升降是与切线的方向密切相关的. 由于导数是曲线切线的斜率,从图3-4可以看出,当斜率为正时,曲线上升,函数递增;当斜率为负时,曲线下降,函数递减. 因此我们可以利用导数的符号来判别函数的单调性.

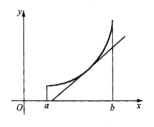 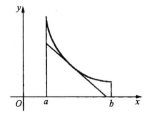

图 3-4

定理(函数单调性的充分条件) 设函数 $f(x)$ 在区间 (a,b) 内可导,且导函数 $f'(x)$ 不变号.

(1) 若 $f'(x)>0$,则 $f(x)$ 在区间 (a,b) 内是单调递增的;

(2) 若 $f'(x)<0$,则 $f(x)$ 在区间 (a,b) 内是单调递减的.

证明 设 x_1,x_2 为区间 (a,b) 内的任意两点,且 $x_1<x_2$. 由于函数 $f(x)$ 在区间 (a,b) 内可导,因而它在闭区间 $[x_1,x_2]$ 上连续,在开区间 (x_1,x_2) 内可导.根据拉格朗日中值定理有

$$f(x_2)-f(x_1)=f'(x_0)(x_2-x_1) \quad (x_1<x_0<x_2).$$

(1) 已知 $f'(x)>0$,则上式右端大于零,即

$$f(x_2)-f(x_1)>0, \quad 亦即 \quad f(x_2)>f(x_1).$$

由于 x_1,x_2 是任意的,所以函数 $f(x)$ 在区间 (a,b) 内是单调递增的.

同理可证(2). 证毕.

需要指出的是,这个定理只是判定函数单调性的充分条件,而不是必要条件.当函数 $f(x)$ 的导数 $f'(x)$ 在区间 (a,b) 内,除了在个别点处为零外均为正值(或负值)时,函数 $f(x)$ 在这个区间内仍是单调递增(或递减)的.例如在区间 $(-\infty,+\infty)$ 内,函数 $f(x)=x^3$ 的导数 $f'(x)=3x^2$ 在点 $x=0$ 处为零,除此之外 $f'(x)$ 均为正值,因而函数 $f(x)=x^3$ 在 $(-\infty,+\infty)$ 内是单调递增的.

例1 讨论函数 $y=\ln(1-x^2)$ 的单调性.

解 函数 $y=\ln(1-x^2)$ 的定义域为 $(-1,1)$. 由于 $y'=-\dfrac{2x}{1-x^2}$,因此

当 $-1<x<0$ 时,$y'>0$,故函数 $y=\ln(1-x^2)$ 在 $(-1,0)$ 内单调增加;

当 $0<x<1$ 时,$y'<0$,故函数 $y=\ln(1-x^2)$ 在 $(0,1)$ 内单调减少.

例 2 讨论函数 $y=1+(x+1)^{\frac{2}{3}}$ 的单调性.

解 函数的定义域为 $(-\infty,+\infty)$. 由于 $y'=\dfrac{2}{3\sqrt[3]{x+1}}$,可见在 $x=-1$ 点处导数不存在. 因此

当 $-\infty<x<-1$ 时,$y'<0$,故函数 $y=1+(x+1)^{\frac{2}{3}}$ 在 $(-\infty,-1)$ 内单调递减;

当 $-1<x<+\infty$ 时,$y'>0$,故函数 $y=1+(x+1)^{\frac{2}{3}}$ 在 $(-1,+\infty)$ 内单调增加.

例 3 证明函数 $y=x+\sin x$ 在其定义域内是单调增加的.

证 函数 $y=x+\sin x$ 的定义域是 $(-\infty,+\infty)$. 由于
$$f'(x)=1+\cos x\geqslant 0,$$
并且仅当 $x=(2n+1)\pi(n=0,\pm 1,\pm 2,\cdots)$ 时,
$$f'(x)=0,$$
所以函数 $f(x)=x+\sin x$ 在其定义域内是单调增加的.

利用函数的单调性,可以证明一些不等式.

例 4 证明:当 $x\neq 0$ 时,$e^x>x+1$.

证 设函数 $f(x)=e^x-x-1$. 由于
$$f'(x)=e^x-1,$$
由此可见:

当 $x>0$ 时,$f'(x)>0$ 函数 $f(x)$ 单调增加,因此有
$$f(x)>f(0)=0;$$
当 $x<0$ 时,$f'(x)<0$,函数 $f(x)$ 单调减少,因此有
$$f(x)>f(0)=0.$$
因此,当 $x\neq 0$ 时,有
$$f(x)=e^x-x-1>0, \quad 即 \quad e^x>x+1.$$

3.2 极值的定义

定义 设函数 $y=f(x)$ 在 $U(x_0)$ 内有定义,如果对于任意的 $x\in U(\bar{x}_0)$ 都有

$$f(x) < f(x_0),$$

那么就称函数 $f(x)$ 在点 x_0 处取得**极大值**；如果对于任意的 $x \in U(\bar{x}_0)$ 都有

$$f(x) > f(x_0),$$

那么就称函数 $f(x)$ 在点 x_0 处取得**极小值**.

函数的极大值与极小值统称为**极值**. 使函数取得极值的点称为**极值点**. 例如, 函数 $f(x)=x^2$ 在点 $x=0$ 处取得极小值 $f(0)=0$, 则点 $x=0$ 就是 $f(x)=x^2$ 的极小值点. 由 $f(x)=x^2$ 图形上可以看出, 函数 $f(x)$ 在 $x=0$ 处的左侧单调递减, 右侧单调递增. 这个特点决定了 $f(0)$ 是函数 $f(x)=x^2$ 的极小值. 而函数的单调性可由导数 $f'(x)$ 的符号来决定. 因此我们可以用导数的符号来讨论极值的判别法. 为此下面我们不加证明地给出可导函数在一点取得极值的必要条件和两个充分条件.

定理（函数取得极值的必要条件） 若函数 $f(x)$ 在点 x_0 处可导, 并且在 x_0 处 $f(x)$ 取得极值, 则它在该点的导数 $f'(x_0)=0$.

这个定理又称为费马(Fermat)定理. 它的几何意义是, 当一条连续、光滑的曲线 $y=f(x)$ 在点 $(x_0,f(x_0))$ 处取得极值时, 它在该点处的切线一定平行于 x 轴.

我们把使得导数 $f'(x)$ 为零的点称为函数 $f(x)$ 的**驻点**(或称为**稳定点**). 费马定理告诉我们：可导函数 $f(x)$ 的极值点必定是它的驻点. 因此, 要找可导函数 $f(x)$ 的驻点, 首先要从方程 $f'(x)=0$ 中求解 x 值, 然后再去判别此 x 值是否为极值.

应该注意的是, 费马定理的逆定理是不成立的, 即驻点不一定是极值点. 例如函数 $y=x^3$ 在点 $x=0$ 处的导数为 0, 但 0 点不是它的极值点. 另外, 上述定理假定了函数在所论点处是具有导数的. 如果函数在极值点没有导数存在, 那么该点就不可能是驻点了. 例如函数 $y=|x|$ 在 $x=0$ 处取得极小值, 但它在该点处没有导数. 因此 0 点就不是驻点.

定理（函数取得极值的第一充分条件） 设函数 $f(x)$ 在 $U(x_0)$ 内可导, 并且 $f'(x_0)=0$.

(1) 若当 $x \in U^-(\bar{x}_0)$ 时, $f'(x) > 0$; 当 $x \in U^+(\bar{x}_0)$ 时,

$f'(x)<0$,则 $f(x)$ 在点 x_0 处取得极大值;

(2) 若当 $x \in U^-(\overline{x}_0)$ 时,$f'(x)<0$;当 $x \in U^+(\overline{x}_0)$ 时,$f'(x)>0$,则 $f(x)$ 在点 x_0 处取得极小值.

例 5 讨论函数 $f(x)=\dfrac{x^3}{3}+x^2-3x+4$ 的单调性和极值.

解 函数 $f(x)$ 的定义域为 $(-\infty,+\infty)$.由

$$f'(x) = x^2 + 2x - 3 = (x+3)(x-1)$$

解 $f'(x)=0$,得到 $x_1=-3, x_2=1$.用点 $x_1=-3, x_2=1$ 将定义域 $(-\infty,+\infty)$ 分成三个区间:$(-\infty,-3), (-3,1), (1,+\infty)$.在这三个区间上分别讨论 $f(x)$ 的单调性.

当 $x<-3$ 时,$f'(x)>0$,即函数 $f(x)$ 在区间 $(-\infty,-3)$ 内是单调递增的;

当 $-3<x<1$ 时,$f'(x)<0$,即函数 $f(x)$ 在区间 $(-3,1)$ 内是单调递减的;

当 $x>1$ 时,$f'(x)>0$,即函数 $f(x)$ 在区间 $(1,+\infty)$ 内是单调递增的.

由上面的定理可以判定函数 $f(x)=\dfrac{x^3}{3}+x^2-3x+4$ 在点 $x=-3$ 处取得极大值,在点 $x=1$ 处取得极小值.

为了简便起见,我们也可以把例 5 用列表的形式来讨论函数 $f(x)$ 的单调性和极值:

x	$(-\infty,-3)$	-3	$(-3,1)$	1	$(1,+\infty)$
$f'(x)$	$+$	0	$-$	0	$+$
$f(x)$	↗	极大值	↘	极小值	↗

在上面的讨论中,我们假定函数在一点的某个邻域内是可导的.但是有些函数(例如 $y=|x|$)在它的不可导的点($x=0$)处,取得极小值.如果函数 $f(x)$ 在点 x_0 处不可导但连续,并在点 x_0 附近都可导的话,那么我们仍可利用第一充分条件的方法来确定函数 $f(x)$ 在点 x_0 处是否取得极值.

例 6 求函数 $f(x)=3-(x-2)^{2/5}$ 的极值.

解 对所给函数求导得

$$f'(x) = -\frac{2}{5}(x-2)^{-3/5},$$

可见 $f'(x)=0$ 是无解的. 不难看出函数 $f(x)$ 在 $x=2$ 处是不可导的但连续, 并当 $x \in U^-(\overline{2})$ 时, $f'(x)>0$; 而当 $x \in U^+(\overline{2})$ 时, $f'(x)<0$. 所以函数 $f(x)$ 在点 $x=2$ 处取得极大值 $f(2)=3$.

当函数 $f(x)$ 在驻点处的二阶导数存在时, 特别是当 $f'(x)$ 的符号不易直接判定时, 我们也可以利用下面的定理来判定函数的极值.

定理(函数取得极值的第二充分条件) 设函数 $f(x)$ 在点 x_0 处具有二阶导数, 且 $f'(x_0)=0$.

(1) 若 $f''(x_0)<0$, 则 $f(x)$ 在点 x_0 处取得极大值;

(2) 若 $f''(x_0)>0$, 则 $f(x)$ 在点 x_0 处取得极小值.

例 7 求函数 $f(x)=x^2+\dfrac{54}{x}$ 的极值.

解 对所给函数求导得

$$f'(x) = 2x - \frac{54}{x^2},$$

解 $f'(x)=0$ 得到驻点 $x=3$. 又由

$$f''(x) = 2 + \frac{108}{x^3}$$

易见 $f''(3)>0$. 根据函数取得极值的第二种充分条件可知函数 $f(x)$ 在点 $x=3$ 处取得极小值 $f(3)=27$.

注意, 当函数 $f(x)$ 在点 x_0 处具有二阶导数, 且 $f'(x_0)=0$, 如果这时 $f''(x_0)=0$, 那么 $f(x)$ 在点 x_0 处可能有极值, 也可能没有极值. 例如函数 $f(x)=x^3$, 有 $f'(0)=f''(0)=0$, 但 $f(x)=x^3$ 在 $x=0$ 处没有极值; 而函数 $f(x)=x^4$, 有 $f'(0)=f''(0)=0$, 但 $f(x)=x^4$ 在 $x=0$ 处取得极小值.

3.3 函数的最值

在实际问题中, 有时我们需要计算函数在某一个区间上的最大值或最小值(以后我们简称为**最值**). 与函数的单调性一样, 最值也是函数在区间上的一个整体性质.

在第一章 §4 中我们曾指出, 闭区间上的连续函数一定可以取得最大值与最小值.一般来说,如果函数在开区间内取得最值,那么这个最值一定也是函数的一个极值.由于连续函数取得极值的点只可能是该函数的驻点或不可导点,又由于函数的最值也可能在区间的端点上取得.因此,求函数最值的步骤是:首先找出函数在区间内所有的驻点和不可导点,然后计算出它们及端点的函数值,最后再将这些值进行比较,其中最大(小)者就是函数在该区间上的最大(小)值.

例 8 求函数 $f(x)=3x^4-4x^3-12x^2+1$ 在区间 $[-3,1]$ 上的最大值和最小值.

解 由于

$$f'(x) = 12x^3 - 12x^2 - 24x$$
$$= 12x(x+1)(x-2) \xlongequal{令} 0,$$

解得 $x_1=-1, x_2=0, x_3=2$ ($x_3=2$ 舍去,不在所给区间内).可算得

$$f(-1) = -4, \quad f(0) = 1.$$

而区间端点的函数值为:

$$f(-3) = 244, \quad f(1) = -12.$$

经比较可知,在区间 $[-3,1]$ 上,最小值是 $f(1)=-12$,最大值是 $f(-3)=244$.

例 9 求函数 $f(x)=2-(x-1)^{\frac{2}{3}}$ 在区间 $[-1,2]$ 上的最大值与最小值.

解 由

$$f'(x) = -\frac{2}{3}(x-1)^{-\frac{1}{3}}$$

知,该函数没有驻点;在 $x=1$ 处, $f'(x)$ 不存在,且 $f(1)=2$.而区间端点的函数值

$$f(-1) = 2 - \sqrt[3]{4}, \quad f(2) = 1.$$

经比较可知,在区间 $[-1,2]$ 上, $f(1)=2$ 是最大值, $f(-1)=2-\sqrt[3]{4}$ 是最小值.

需要说明的是,对于某些实际问题,如果我们能够根据问题本身的特点判断出函数应该有一个不在区间端点上取值的最值,而且在

区间内该函数只有一个驻点(或不可导点),那么这个点就是函数的最值点.

例 10 在一块边长为 $2a$ 的正方形铁皮上,四角各截去一个边长为 x 的小正方形,用剩下的部分做成一个无盖的盒子(见图 3-5).试问当 x 取什么值时,它的容积最大,其值是多少?

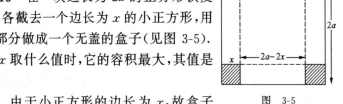

图 3-5

解 由于小正方形的边长为 x,故盒子底边长为 $2a-2x$,它的容积为
$$V(x) = 4x(a-x)^2, \quad x \in (0,a).$$
由
$$V'(x) = 12(x-a)\left(x-\frac{a}{3}\right),$$
解 $V'(x)=0$ 得驻点 $x_1=a, x_2=a/3$. 由于当 $x_1=a$ 时,表示铁皮完全被截去,这时容积为零,不合题意,故 $V(x)$ 在开区间 $(0,a)$ 内只有惟一的驻点 $x_2=a/3$. 另一方面,根据此问题的特点可以判断 $V(x)$ 一定有最大值. 因此当 $x_2=a/3$ 时, $V(x)$ 取得最大值,其值为
$$V\left(\frac{a}{3}\right) = 4 \times \frac{a}{3}\left(a-\frac{a}{3}\right)^2 = \frac{16}{27}a^3.$$

例 11 某商店按批发价每件 6 元买进一批商品进行零售,若零售价每件定为 7 元,可卖出 100 件,若每件的售价每降低 0.1 元时可多卖出 50 件. 问商店应买进多少件时,才可获得最大收益?最大收益是多少?

解 设因降价可多卖出 x 件,收益为 R.
依题意,卖出的件数为 $100+x$,每件降价为 $0.1 \times \frac{x}{50} = 0.002x$ 元,因而每件售价为 $7-0.002x$ 元,每件收益为 $1-0.002x$ 元. 于是,收益函数为每件收益与销售件数的乘积,即
$$R = R(x) = (1-0.002x)(100+x)$$
$$= -0.002x^2 + 0.8x + 100.$$
由 $R'(x) = -0.004x + 0.08 \xlongequal{令} 0$,得 $x=200$. 又
$$R''(x) = -0.004 < 0,$$

所以,当多卖出 200 件时,收益最大;最大收益为
$$R(200) = -0.002 \cdot (200)^2 + 0.8 \cdot 200 + 100 = 180(元).$$
由此可知,商店进货件数为 $100+200=300$(件).

§4 函数的微分法作图

为了讨论函数的微分法作图,我们先来介绍几个有关曲线的几个概念.

4.1 曲线的凹凸性

定义 若曲线弧位于它每一点的切线的上方,则称此曲线弧是**凹**的(见图 3-6);若曲线弧位于它每一点的切线的下方,则称此曲线弧是**凸**的(见图 3-7).

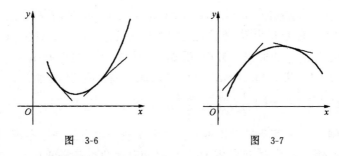

图 3-6   图 3-7

由此可见,曲线的弯曲方向是由切线在曲线弧的上方还是下方所确定.例如,函数 $f(x)=x^2$ 的曲线在其切线上方,所以它是凹弧;而函数 $f(x)=x^3$ 的曲线在第一象限中位于其切线的上方,所以它是凹弧;在第三象限中位于其切线的下方,所以它是凸弧.

如何判别曲线在某一区间上的凹凸性呢?我们知道,若曲线是凸弧,则当 x 由小变大时,x 轴与曲线的切线的夹角是减小的,即切线的斜率是递减的;若曲线是凹弧,则当 x 由小变大时,x 轴与曲线的切线的夹角是增大的,即切线的斜率是递增的.从而我们可以根据函数的一阶微商是递增的还是递减的,或根据它的二阶微商是正的还是负的来判别它的凹凸性.下面我们给出曲线凹凸性的判别法.

定理(曲线凹凸性的判别法) 设函数 $f(x)$ 在区间 (a,b) 上具有

二阶导数 $f''(x)$,则在该区间上:

(1) 当 $f''(x) > 0$ 时,曲线弧 $y = f(x)$ 是凹的;

(2) 当 $f''(x) < 0$ 时,曲线弧 $y = f(x)$ 是凸的.

例 1 判别曲线 $y = \ln x$ 的凹凸性.

解 因为 $f''(x) = -\dfrac{1}{x^2} < 0 \ (0 < x < +\infty)$,所以在区间 $(0, +\infty)$ 内曲线 $y = \ln x$ 是凸的.

例 2 判别曲线 $y = x - \ln(x+1)$ 的凹凸性.

解 因为函数定义域为 $(-1, +\infty)$,并且

$$y' = 1 - \frac{1}{x+1}, \quad y'' = \frac{1}{(x+1)^2} > 0,$$

所以,在区间 $(-1, +\infty)$ 内曲线 $y = x - \ln(x+1)$ 为凹的(图 3-8).

例 3 判别曲线 $y = \dfrac{1}{x}$ 的凹凸性.

解 函数 $f(x) = 1/x$ 的定义域为 $(-\infty, 0), (0, +\infty)$. $f'(x) = -1/x^2, f''(x) = 2/x^3$. 当 $-\infty < x < 0$ 时,$f''(x) < 0$,所以在区间 $(-\infty, 0)$ 内曲线 $y = \dfrac{1}{x}$ 是凸的;当 $0 < x < +\infty$ 时 $f''(x) > 0$,所以在区间 $(0, +\infty)$ 内曲线 $y = \dfrac{1}{x}$ 是凹的.

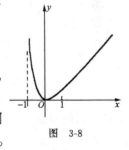

图 3-8

4.2 拐点

定义 连续曲线的凹弧与凸弧的分界点称为曲线的**拐点**.

例如函数 $y = x^3$ 的定义域为 $(-\infty, +\infty)$,$y'' = 6x$. 在区间 $(-\infty, 0)$ 上,$y'' < 0$,函数 $y = x^3$ 的曲线是凸的;在区间 $(0, +\infty)$ 上,$y'' > 0$,函数 $y = x^3$ 的曲线是凹的. 所以 $(0, 0)$ 点是它的拐点. 一般来说,函数 $y = f(x)$ 的二阶导数为零或不存在的点可能是拐点,利用二阶微商的符号来判别曲线的拐点,有下述的定理.

定理(拐点的判定法) 设函数 $y = f(x)$ 在区间 (a, b) 上有二阶连续导数 $f''(x)$. 若 x_0 是 (a, b) 内一点,

(1) 当 $f''(x)$ 在 x_0 附近的左边和右边不同号时,点 $(x_0, f(x_0))$

是 $y=f(x)$ 的一个拐点.

(2) 当 $f''(x)$ 在 x_0 附近的左边和右边同号时,点 $(x_0,f(x_0))$ 不是 $y=f(x)$ 的一个拐点.

例 4 判别曲线 $y=x^4$ 的凹凸性,并求出拐点.

解 因为 $f''(x)=12x^2$,所以当 $x\neq 0$ 时,总有 $f''(x)>0$;故 $y=x^4$ 曲线是凹弧.而当 $x=0$ 时,虽然 $f''(x)=0$,但是因为在 $x=0$ 点附近 $f''(x)$ 同号,所以 $(0,0)$ 不是拐点.

通过这个例子我们看到,如果函数 $f(x)$ 的二阶微商 $f''(x)$ 在 (a,b) 内除在个别点为零外,它的符号恒为正(或负),则曲线弧仍旧是凹(或凸)的.

例 5 判别曲线 $y=\ln(1+x^2)$ 的凹凸性,并求出拐点.

解 因为
$$y' = \frac{2x}{1+x^2},$$
$$y'' = \frac{2(1+x^2)-2x\cdot 2x}{(1+x^2)^2} = \frac{2(1-x^2)}{(1+x^2)^2},$$

令 $y''=0$,解得 $x_1=-1$,$x_2=1$.

用 $x_1=-1$ 和 $x_2=1$ 将函数的连续区间 $(-\infty,+\infty)$ 分成三个部分区间 $(-\infty,-1)$,$(-1,1)$ 和 $(1,+\infty)$.讨论结果列表如下:

x	$(-\infty,-1)$	-1	$(-1,1)$	1	$(1,+\infty)$
y''	$-$	0	$+$	0	$-$
y	凸的	拐点	凹的	拐点	凸的

计算 $y(-1)=\ln 2$,$y(1)=\ln 2$,所以,曲线上的拐点为 $(-1,\ln 2)$ 和 $(1,\ln 2)$.

4.3 曲线的渐近线

定义 如果点 M 沿曲线 $y=f(x)$ 离坐标原点无限远移时,M 与某一条直线 L 的距离趋近于零,则称直线 L 为曲线 $y=f(x)$ 的一条**渐近线**,并且

(1) 若 $\lim\limits_{x\to a-0}f(x)=\infty$ 或 $\lim\limits_{x\to a+0}f(x)=\infty$,则称 $x=a$ 为曲线

$y=f(x)$ 的**垂直渐近线**;

(2) 若 $\lim\limits_{x\to+\infty} f(x)=A$ 或 $\lim\limits_{x\to-\infty} f(x)=B$,则称 $y=A$ 或 $y=B$ 为曲线 $y=f(x)$ 的**水平渐近线**.

(3) 若 $\lim\limits_{x\to+\infty}\dfrac{f(x)}{x}=a_1$ 或 $\lim\limits_{x\to-\infty}\dfrac{f(x)}{x}=a_2$,并且

$$\lim_{x\to+\infty}(f(x)-a_1 x)=b_1 \quad \text{或} \quad \lim_{x\to-\infty}(f(x)-a_2 x)=b_2,$$

则称 $y=a_1 x+b_1$ 或 $y=a_2 x+b_2$ 为曲线 $y=f(x)$ 的**斜渐近线**.

例 6 求曲线 $y=1/x$ 的渐近线.

解 由于

$$\lim_{x\to 0-0}\frac{1}{x}=-\infty,\quad \lim_{x\to 0+0}\frac{1}{x}=+\infty.$$

当 x 大于零趋向于零时,$1/x$ 趋向于 $+\infty$;当 x 小于零趋向于零时,$1/x$ 趋向于 $-\infty$,故 $x=0$ 是它的一条垂直渐近线. 又有

$$\lim_{x\to\infty}\frac{1}{x}=0,$$

故 $y=0$ 是它的一条水平渐近线(见图 3-9).

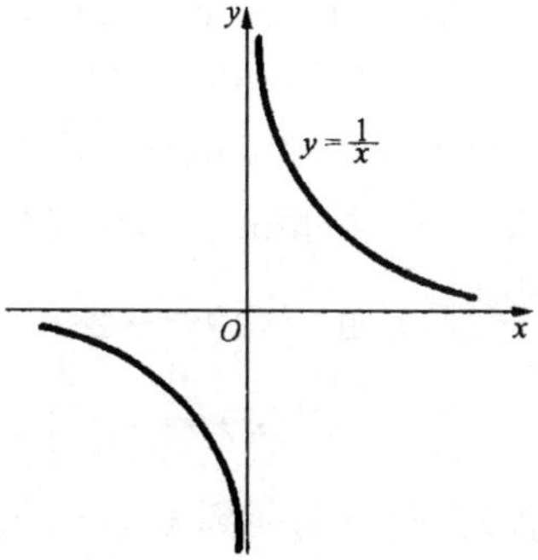

图 3-9

例 7 求曲线 $y=\dfrac{x^3}{(x+3)(x-1)}$ 的渐近线.

解 由于 $\lim\limits_{x\to-3} y=\infty$,$\lim\limits_{x\to 1} y=\infty$,因此,直线 $x=-3$ 与 $x=1$ 都是它的垂直渐近线. 又因为

$$\lim_{x\to\infty}\frac{f(x)}{x}=\lim_{x\to\infty}\frac{x^2}{x^2+2x-3}=1,$$

$$\lim_{x\to\infty}[f(x)-x]=\lim_{x\to\infty}\left[\frac{x^3}{x^2+2x-3}-x\right]=-2,$$

所以 $y=x-2$ 是它的一条斜渐近线.

4.4 函数的作图

函数的微分法作图,一般可以分这样几个步骤来完成:

(1) 求出函数 $f(x)$ 的定义域,确定图形的范围;

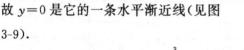

(2) 讨论函数的奇偶性和周期性,确定图形的对称性和周期;
(3) 找出渐近线,确定图形的变化趋势;
(4) 计算函数的 $f'(x)$ 与 $f''(x)$,求 $f(x)$ 的驻点和拐点;
(5) 列表讨论函数图形的升降、凹凸、极值和拐点;
(6) 适当选取一些辅助点,一般常找出曲线和坐标轴的交点. 在作图时,要具体情况具体分析,不一定对上述几点都讨论.

例 8 作函数 $y=e^{-x^2}$ 的图形.

解 (1) $y=e^{-x^2}$ 的定义域为 $-\infty<x<+\infty$.

(2) $f(-x)=e^{-(-x)^2}=e^{-x^2}=f(x)$. 可知函数 $y=e^{-x^2}$ 是偶函数. 它的图形关于 y 轴是对称的. 因此只讨论 $x \geqslant 0$ 即可.

(3) 由 $\lim\limits_{x \to \infty} e^{-x^2}=0$,可知 $y=0$ 是函数图形的水平渐近线.

(4) 由 $f'(x)=-2xe^{-x^2}$,解 $f'(x)=0$,得到 $x=0$. 由

$$f''(x) = 4x^2 e^{-x^2} - 2e^{-x^2} = 4\left(x^2 - \frac{1}{2}\right)e^{-x^2},$$

解 $f''(x)=0$,得到 $x_{1,2}=\pm\sqrt{1/2}$.

(5) 列表讨论函数图形的升降、凹凸、极值和拐点:

x	0	$(0,\sqrt{1/2})$	$\sqrt{1/2}$	$(\sqrt{1/2},+\infty)$
y'	0	$-$	$-$	$-$
y''	$-$	$-$	0	$+$
y	1(极大值)	↘(凸的)	$e^{-1/2}$	↘(凹的)

由表可见 $(\sqrt{1/2}, e^{-1/2})$ 为一个拐点.

(6) 为了比较准确描出图形变化情况,在 $(\sqrt{1/2},+\infty)$ 再取一个辅助点 $(2, e^{-4})$,即可作出图形(见图 3-10).

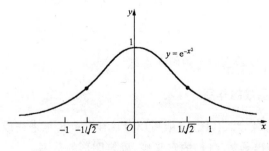

图 3-10

习 题 三

(一) 选择题

1. 在区间 $[-1,1]$ 上,下列函数中不满足罗尔定理的是( ).

(A) $f(x)=e^{x^2}-1$;   (B) $f(x)=\ln(1+x^2)$;

(C) $f(x)=\sqrt{x}$;   (D) $f(x)=\dfrac{1}{1+x^2}$.

2. 函数 $f(x)=x\sqrt{3-x}$ 在闭区间 $[0,3]$ 上满足罗尔定理的 $\xi=($).

(A) 0;   (B) 3;   (C) 3/2;   (D) 2.

3. 设函数 $f(x)=(x-1)(x-2)(x-3)$,则方程 $f'(x)=0$ 有( ).

(A) 一个实根;   (B) 两个实根;

(C) 三个实根;   (D) 无实根.

4. 函数 $f(x)=x^3+2x$ 在区间 $[0,1]$ 上满足拉格朗日定理条件,则定理中的 $\xi=($).

(A) $\pm\dfrac{1}{\sqrt{3}}$;   (B) $\dfrac{1}{\sqrt{3}}$;   (C) $-\dfrac{1}{\sqrt{3}}$;   (D) $\sqrt{3}$.

5. 设 $y=x^3$ 在闭区间 $[0,1]$ 上满足拉格朗日中值定理,则定理中的 $\xi=($).

(A) $-\sqrt{3}$;   (B) $\sqrt{3}$;   (C) $-\dfrac{\sqrt{3}}{3}$;   (D) $\dfrac{\sqrt{3}}{3}$.

6. $f(x)=x\left(\dfrac{\pi}{2}-\arctan x\right)$,则 $\lim\limits_{x\to+\infty}f(x)$ 是哪种类型未定式的极限( ).

(A) $\infty-\infty$;   (B) $\infty\cdot 0$;   (C) $\infty+\infty$;   (D) $\infty\cdot\infty$.

7. 下列求极限问题中能够使用洛必达法则的是( ).

(A) $\lim\limits_{x\to 0}\dfrac{x^2\sin\dfrac{1}{x}}{\sin x}$;   (B) $\lim\limits_{x\to 1}\dfrac{1-x}{1-\sin bx}$;

(C) $\lim\limits_{x\to\infty}\dfrac{x-\sin x}{x\sin x}$;   (D) $\lim\limits_{x\to+\infty}x\left(\dfrac{\pi}{2}-\arctan x\right)$.

8. 函数 $y=x^2+1$ 在区间 $[0,2]$ 上( ).

(A) 单调增加；　　　　　　(B) 单调减少；
(C) 不增不减；　　　　　　(D) 有增有减.

9. 函数 $y=x-\ln(1+x^2)$ 在定义域内（　　）.

(A) 无极值；　　　　　　　(B) 极大值为 $1-\ln 2$；
(C) 极小值为 $1-\ln 2$；　　(D) $f(x)$ 为非单调函数.

10. 函数 $y=\sin\left(x+\dfrac{\pi}{2}\right)$ 在 $x\in[-\pi,\pi]$ 上的极大值点 $x_0=$（　　）.

(A) π；　　(B) $-\pi$；　　(C) $\dfrac{\pi}{2}$；　　(D) 0.

11. $f'(x_0)=0, f''(x_0)>0$ 是函数 $y=f(x)$ 在点 $x=x_0$ 处有极值的一个（　　）.

(A) 必要条件；　　　　　　(B) 充要条件；
(C) 充分条件；　　　　　　(D) 无关条件.

12. 函数 $y=(x+1)^3$ 在区间 $(-1,2)$ 内（　　）.

(A) 单调增；　　　　　　　(B) 单调减；
(C) 不增不减；　　　　　　(D) 有增有减.

13. 函数 $y=|x-1|+2$ 的最小值点是 $x=$（　　）.

(A) 0；　　(B) 1；　　(C) 2；　　(D) -1.

14. 设 $f(x)=x^4-2x^2+5$，则 $f(0)$ 为 $f(x)$ 在区间 $[-2,2]$ 上的（　　）.

(A) 极小值；　(B) 最小值；　(C) 极大值；　(D) 最大值.

15. 函数 $y=x-\dfrac{3}{2}x^{\frac{2}{3}}$（　　）.

(A) 有极大值 0；　　　　　(B) 有极大值 1；
(C) 有极小值 -1；　　　　(D) 无极值.

16. 曲线 $y=\dfrac{4x-1}{(x-2)^2}$（　　）.

(A) 只有水平渐近线；　　　(B) 只有垂直渐近线；
(C) 没有渐近线；　　　　　(D) 有水平渐近线也有垂直渐近线.

17. 曲线 $y=|x+2|$ 在区间 $(0,4)$ 内（　　）.

(A) 上凹；　　　　　　　　(B) 下凹；
(C) 既有上凹又有下凹；　　(D) 直线段.

18. 曲线 $y=e^{-x^2}$ ( ).

(A) 没有拐点；　　　　　　(B) 有一个拐点；

(C) 有两个拐点；　　　　　(D) 有三个拐点.

(二) 解答题

1. 设 $f'(x)=a$，试证：$f(x)=ax+b$.

2. 验证下面的函数是否满足罗尔定理，并求出定理中的数值 x_0：
$$f(x)=x\sqrt{4-x}, \quad x\in[0,4].$$

3. 写出函数 $y=x^3$ 在闭区间 $[0,1]$ 上的拉格朗日公式，并求出公式中的 x_0.

4. 若 $x\in[0,1]$，证明 $x^3+x-1=0$ 仅有一个根.

5. 用中值定理证明下面各不等式：

(1) $e^x>1+x$ $(x\neq 0)$；

(2) $\dfrac{x}{1+x}<\ln(1+x)<x$ $(x>0)$.

6. 用中值定理证明下面各等式：

(1) $\arctan x=\arcsin\dfrac{x}{\sqrt{1+x^2}}$；　　(2) $\arcsin x+\arccos x=\dfrac{\pi}{2}$.

7. 若 $|x|\leqslant 1$，证明 $\arcsin\dfrac{2x}{1+x^2}=2\arctan x$.

8. 用洛必达法则求下列各式的极限：

(1) $\lim\limits_{x\to 1}\dfrac{x-1}{x^n-1}$；　　　　　(2) $\lim\limits_{x\to 0}\dfrac{2^x-1}{3^x-1}$；

(3) $\lim\limits_{x\to 1}\dfrac{\ln x}{x-1}$；　　　　　(4) $\lim\limits_{x\to 0+0}\dfrac{\cot x}{\ln x}$；

(5) $\lim\limits_{x\to 0+0} x^a\cdot\ln x$ $(a>0)$；　(6) $\lim\limits_{x\to\frac{\pi}{2}}\dfrac{\tan 3x}{\tan x}$；

(7) $\lim\limits_{x\to 0} x^{\sin x}$；　　　　　　(8) $\lim\limits_{x\to\infty}(a^{\frac{1}{x}}-1)x$ $(a>0)$；

(9) $\lim\limits_{x\to 0}\left(\dfrac{1}{x}-\dfrac{1}{e^x-1}\right)$；　(10) $\lim\limits_{x\to 0}\dfrac{e^{-\frac{1}{x^2}}}{x^{100}}$；

(11) $\lim\limits_{x\to 1}\dfrac{x^x-1}{x\ln x}$；　　　　(12) $\lim\limits_{x\to+\infty}\dfrac{x^n}{e^{5x}}$；

(13) $\lim\limits_{x\to+\infty}(x+e^x)^{\frac{1}{x}}$；　　　(14) $\lim\limits_{x\to 1}\dfrac{\ln\cos(x-1)}{1-\sin(\pi x/2)}$.

9. 求下列各极限,并指出能否使用洛必达法则？为什么？

(1) $\lim\limits_{x\to\infty}\dfrac{x-\sin x}{x+\sin x}$；

(2) $\lim\limits_{x\to 0}\dfrac{x^2\sin\dfrac{1}{x}}{\sin x}$.

10. 求下列各函数的单调区间：

(1) $y=2x^3+3x^2-12x+1$；

(2) $y=x-e^x$；

(3) $y=x+\cos x$；

(4) $y=x-\ln(1+x)$.

11. 求下列函数的极值：

(1) $y=2x^3-3x^2$；

(2) $y=x^2\ln x$；

(3) $y=x-\sin x$；

(4) $y=2e^x+e^{-x}$.

12. 求下列各函数在指定区间上的最大值与最小值：

(1) $y=x^3-3x^2+6x-2$,在区间$[-1,1]$上；

(2) $y=x^2 e^{-x}$,在区间$[-1,3]$上.

13. 证明：设$x>0, n>1$,则$(1+x)^n>1+nx$.

14. 欲造一个容积为 300 m³ 的圆柱形无盖蓄水池,已知池底的单位面积造价是周围的单位面积造价的两倍.要使水池造价最低,问其底半径与高应是多少？

15. 某工厂每批生产某种产品 x 个所需要的成本为
$$C(x)=5x+200(元),$$
将其投放市场后所得到的总收入为
$$R(x)=10x-0.01x^2(元).$$
问每批生产多少个才能获得的利润最大？

16. 求下列各函数图形的凹凸区间及拐点：

(1) $y=x^2 e^{-x}$；

(2) $y=2x^4-6x^2$.

17. 作出函数 $y=\dfrac{x}{1+x^2}$ 的图形.

18. 作出函数 $y=\dfrac{x^2}{\sqrt{x+1}}$ 的图形.

第四章 一元函数积分学

一元函数积分学主要包括不定积分和定积分这两部分内容. 不定积分是作为函数求导数的逆运算引入的,而定积分则是一种特殊的和的极限,这两个似乎没有联系的问题,在历史上起初彼此独立发展着,直到 17 世纪牛顿、莱布尼兹发现了积分学基本定理后,这才使两个重要问题紧紧相连,使积分学逐步发展为解决实际问题的有力工具. 本章将分别介绍它们的概念、性质、计算方法及内在的联系,并讨论定积分的一些简单应用.

§1 不定积分的概念

1.1 不定积分的定义

在引入导数概念时,我们讨论了物体沿直线运动的瞬时速度问题,即若物体的运动规律是由路程函数 $s=s(t)$ 确定,则路程函数 $s(t)$ 的导数就表示了物体在 t 时刻的瞬时速度: $s'(t)=v(t)$. 在物理学中我们也会遇到相反的问题,即已知瞬时速度 $v(t)$,求物体运动的路程 $s=s(t)$. 像这样一类从函数的导数(或微分)出发求原来的函数的问题是积分学的基本问题,我们把这类由已知的导函数求原来的函数的运算方法称为**积分法**.

1. 原函数与不定积分的概念

定义 设函数 $f(x)$ 在区间 X 上有定义,如果存在 $F(x)$,对于任意的 $x\in X$,都有
$$F'(x) = f(x),$$
或者
$$dF(x) = f(x)dx,$$
那么称 $F(x)$ 是 $f(x)$ 的一个**原函数**,而 $f(x)$ 的全体原函数称为 $f(x)$ 的**不定积分**,记作

$$\int f(x)\mathrm{d}x,$$

其中 $\int$ 称为**积分号**,x 为**积分变量**,$f(x)$ 称为**被积函数**,$f(x)\mathrm{d}x$ 称为**被积表达式**.

如果函数 $f(x)$ 存在原函数,那么也称 $f(x)$ 是**可积的**.

例如,由于 $(\sin x)'=\cos x$,所以 $\sin x$ 是 $\cos x$ 的一个原函数;又由于 $(x^2)'=(x^2+1)'=2x$,因而 x^2 和 x^2+1 都是 $2x$ 的原函数.同一个函数 $2x$ 可以有许多个原函数,那么它的原函数究竟有多少呢?我们知道常数的导数是零,所以 x^2 加上任意一个常数 C,其和的导数都是 $2x$,即

$$(x^2+C)'=2x.$$

这就是说 $2x$ 的一个原函数 x^2 加上一个任意常数 C 后,仍旧是它的原函数,即 C 每取一个值就得到一个原函数.一般说来,如果 $F(x)$ 是 $f(x)$ 的一个原函数,则 $F(x)+C$(C 为任意常数)也都是 $f(x)$ 的原函数.

我们要问:除了 $F(x)+C$ 以外,$f(x)$ 还有没有其他形式的原函数呢?下面的定理回答了这个问题.

定理 若 $F(x)$ 是 $f(x)$ 的一个原函数,则 $F(x)+C$(C 为任意常数)仍是 $f(x)$ 的原函数,而且 $f(x)$ 的任何原函数都可以表成 $F(x)+C$ 的形式.

从上面的定理可以看出,求一个函数 $f(x)$ 的不定积分的问题,可以转化为求它的一个原函数的问题.但这并不是说原函数的全体就不重要了.恰恰相反,在解许多实际问题的过程中,往往需要先求出原函数的全体,然后从中再挑选出所需要的某个特定的原函数.

由上述定理可知,如果 $F(x)$ 是 $f(x)$ 的一个原函数,那么

$$\int f(x)\mathrm{d}x = F(x)+C \quad (C\text{ 为任意常数})$$

就是 $f(x)$ 的全体原函数.

例 1 求不定积分 $\int \cos x\mathrm{d}x$.

解 $\int \cos x\mathrm{d}x = \sin x + C.$

例2 求不定积分 $\int x^a dx$ $(a \neq -1)$.

解 因为 $(x^{a+1})' = (a+1)x^a$,而
$$\left(\frac{1}{a+1}x^{a+1}\right)' = x^a,$$
即 $\frac{1}{a+1}x^{a+1}$ 是 x^a 的一个原函数,故
$$\int x^a dx = \frac{1}{a+1}x^{a+1} + C.$$

例3 求不定积分 $\int \frac{1}{x} dx$.

解 当 $x=0$ 时,被积函数 $f(x) = \frac{1}{x}$ 无意义;

当 $x>0$ 时,因为 $(\ln x)' = \frac{1}{x}$,所以
$$\int \frac{1}{x} dx = \ln x + C;$$

当 $x<0$ 时,因为
$$[\ln(-x)]' = \frac{1}{-x}(-x)' = \frac{1}{-x}(-1) = \frac{1}{x},$$

所以
$$\int \frac{1}{x} dx = \ln(-x) + C.$$

将上面两式合并在一起写,当 $x \neq 0$ 时,就有
$$\int \frac{1}{x} dx = \ln|x| + C.$$

由例2、例3可以看出幂函数 x^a 的不定积分是
$$\int x^a dx = \begin{cases} \frac{1}{a+1}x^{a+1} + C, & a \neq -1, \\ \ln|x| + C, & a = -1. \end{cases}$$

由此可见,幂函数(除 x^{-1} 外)的原函数都是幂函数.

2. 不定积分的几何意义

先来看一个例子.

例4 求通过点 $(2,5)$ 而斜率为 $2x$ 的曲线方程.

解 设所求的曲线方程是 $y = F(x)$.

由导数的几何意义,已知条件 $k=2x$,就是 $F'(x) = 2x$. 而

$$\int 2x\,\mathrm{d}x = x^2 + C,$$

于是
$$y = F(x) = x^2 + C.$$

$y=x^2$ 是一条抛物线,而 $y=x^2+C$ 是一族抛物线.我们要求的曲线是这一族抛物线中过点 (2,5) 的那一条.将 $x=2, y=5$ 代入 $y=x^2+C$ 中可确定积分常数 C: $5=2^2+C$,即 $C=1$.

由此,所求的曲线方程是 $y=x^2+1$.

从几何上看,抛物线族 $y=x^2+C$,可由其中一条抛物线 $y=x^2$ 沿着 y 轴平行移动而得到,而且在横坐标相同的点 x 处,它们的切线互相平行.

一般来说,当 $F(x)$ 是 $f(x)$ 的一个原函数时,$f(x)$ 的不定积分为 $F(x)+C$ (C 为任意常数).这样一来,对于 C 的一个确定的值 C_0,就对应有 $f(x)$ 的一个原函数 $F(x)+C_0$.在直角坐标系 Oxy 中,称由 $F(x)+C_0$ 所确定的一条曲线 $y=F(x)+C_0$ 为 $f(x)$ 的一条**积分曲线**.因为 C 可以取一切实数值,所以积分曲线有无穷多条.由上面的定理可知,把 $f(x)$ 的一条积分曲线沿 y 轴方向平行移动一定的距离,就可以得到它的另一条积分曲线,而且 $f(x)$ 的一切积分曲线都可以用这样的方法得到.我们称所有的这些积分曲线的全体为 $f(x)$ 的**积分曲线族**(见图 4-1),因此,不定积分 $\int f(x)\mathrm{d}x$ 在几何上表示函数 $f(x)$ 的积分曲线族 $y=F(x)+C$.这族曲线的特点是,它在横坐标相同的点处,所有的切线都是彼此平行的.

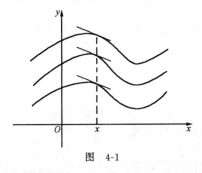

图 4-1

1.2 不定积分的性质

性质 1 由于对函数求不定积分与求导数两者互为逆运算,因

而对函数先求积分再求导数就等于该函数自身;若对函数先求导数再求积分则应等于该函数本身与一个积分常数之和,即

$$\left[\int f(x)\mathrm{d}x\right]' = f(x),$$

$$\int f'(x)\mathrm{d}x = f(x) + C.$$

特别地,$\int \mathrm{d}x = x + C$.

性质 2　有限个可积函数和的积分等于各函数积分之和. 即

$$\int [f_1(x) + f_2(x) + \cdots + f_n(x)]\mathrm{d}x$$
$$= \int f_1(x)\mathrm{d}x + \int f_2(x)\mathrm{d}x + \cdots + \int f_n(x)\mathrm{d}x.$$

证明　由导数的四则运算法则,有

$$\left[\int f_1(x)\mathrm{d}x + \int f_2(x)\mathrm{d}x + \cdots + \int f_n(x)\mathrm{d}x\right]'$$
$$= \left[\int f_1(x)\mathrm{d}x\right]' + \left[\int f_2(x)\mathrm{d}x\right]' + \cdots + \left[\int f_n(x)\mathrm{d}x\right]'$$
$$= f_1(x) + f_2(x) + \cdots + f_n(x).$$

故由不定积分的定义,性质 2 成立.

性质 3　被积函数中不为零的常数因子可以移到积分符号前面,即

$$\int af(x)\mathrm{d}x = a\int f(x)\mathrm{d}x \quad (a \neq 0, a\text{ 为常数}).$$

证明　由导数的运算法则,有

$$\left[a\int f(x)\mathrm{d}x\right]' = a\left[\int f(x)\mathrm{d}x\right]' = af(x),$$

故由不定积分的定义,性质 3 成立.

1.3　基本积分表

由于求不定积分是求导数的逆运算,由基本初等函数的导数公式便可得到相应的基本积分公式. 我们把这些公式列成下面的基本积分表(其中的 C 与 C_1 均为任意常数):

(1) $\int 0\mathrm{d}x = C$;

(2) $\int x^a \mathrm{d}x = \dfrac{1}{a+1} x^{a+1} + C \quad (a \neq -1)$;

(3) $\int \dfrac{1}{x} \mathrm{d}x = \ln|x| + C$;

(4) $\int \sin x \mathrm{d}x = -\cos x + C$;

(5) $\int \cos x \mathrm{d}x = \sin x + C$;

(6) $\int \sec^2 x \mathrm{d}x = \tan x + C$;

(7) $\int \csc^2 x \mathrm{d}x = -\cot x + C$;

(8) $\int \mathrm{e}^x \mathrm{d}x = \mathrm{e}^x + C$;

(9) $\int a^x \mathrm{d}x = \dfrac{1}{\ln a} a^x + C \quad (a>0, a \neq 1)$;

(10) $\int \dfrac{1}{1+x^2} \mathrm{d}x = \arctan x + C = -\operatorname{arccot} x + C_1$;

(11) $\int \dfrac{1}{\sqrt{1-x^2}} \mathrm{d}x = \arcsin x + C = -\arccos x + C_1$.

读者必须熟记这些公式，它们是求不定积分的基础．直接用基本积分公式和不定积分的运算性质，有时须先将被积函数进行恒等变形，便可求得一些函数的不定积分．

例 5 求不定积分 $\int 4\mathrm{e}^x \mathrm{d}x$．

解 由不定积分的性质和基本积分公式，有
$$I^{①} = 4\int \mathrm{e}^x \mathrm{d}x = 4(\mathrm{e}^x + C_1) = 4\mathrm{e}^x + 4C_1.$$
令 $4C_1 = C$，得到
$$I = 4\mathrm{e}^x + C.$$
例 5 中"令 $4C_1 = C$"这一步，可以省去不写．

例 6 求不定积分 $\int \left(3x^3 - 4x - \dfrac{1}{x} + 3\right) \mathrm{d}x$．

解 由不定积分的性质和基本积分公式，有
$$I = 3\int x^3 \mathrm{d}x - 4\int x \mathrm{d}x - \int \dfrac{1}{x} \mathrm{d}x + 3\int \mathrm{d}x$$

---

① 这里我们用 I 表示所求的不定积分，以下同．

$$= 3 \cdot \frac{1}{3+1} x^{3+1} - 4 \cdot \frac{1}{1+1} x^{1+1} - \ln|x| + 3x + C$$
$$= \frac{3}{4} x^4 - 2x^2 - \ln|x| + 3x + C.$$

例 7　求不定积分 $\int \frac{(x+1)^2}{\sqrt{x}} \mathrm{d}x$.

解　先用和的平方公式,并将被积函数分项,得
$$I = \int x^{\frac{3}{2}} \mathrm{d}x + 2 \int x^{\frac{1}{2}} \mathrm{d}x + \int x^{-\frac{1}{2}} \mathrm{d}x$$
$$= \frac{2}{5} x^{\frac{5}{2}} + \frac{4}{3} x^{\frac{3}{2}} + 2 x^{\frac{1}{2}} + C.$$

例 8　求不定积分 $\int \frac{2x^2}{1+x^2} \mathrm{d}x$.

解　先将被积函数进行代数恒等变形：$x^2 = x^2 + 1 - 1$,并将被积函数分项,再用基本积分公式.
$$I = 2 \int \frac{x^2 + 1 - 1}{1 + x^2} \mathrm{d}x = 2 \left[\int \mathrm{d}x - \int \frac{1}{1+x^2} \mathrm{d}x \right]$$
$$= 2(x - \arctan x) + C.$$

例 9　求不定积分 $\int \tan^2 x \mathrm{d}x$.

解　注意到公式：$\tan^2 x = \sec^2 x - 1$. 先将被积函数经三角恒等变形,再用基本积分公式.
$$I = \int (\sec^2 x - 1) \mathrm{d}x = \tan x - x + C.$$

例 10　求不定积分 $\int \frac{1}{\sin^2 x \cos^2 x} \mathrm{d}x$.

解　利用 $\sin^2 x + \cos^2 x = 1$ 将被积函数分项,得
$$I = \int \frac{\sin^2 x + \cos^2 x}{\sin^2 x \cos^2 x} \mathrm{d}x = \int \frac{1}{\cos^2 x} \mathrm{d}x + \int \frac{1}{\sin^2 x} \mathrm{d}x$$
$$= \tan x - \cot x + C.$$

例 11　求不定积分 $\int (\sqrt{x} + 1)\left(x - \frac{1}{\sqrt{x}}\right) \mathrm{d}x$.

解　$I = \int \left(x\sqrt{x} - 1 + x - \frac{1}{\sqrt{x}} \right) \mathrm{d}x$
$$= \int (x^{\frac{3}{2}} + x - x^{-\frac{1}{2}} - 1) \mathrm{d}x$$

$$= \int x^{\frac{3}{2}} dx + \int x dx - \int x^{-\frac{1}{2}} dx - \int dx$$
$$= \frac{2}{5} x^{\frac{5}{2}} + \frac{1}{2} x^2 - 2x^{\frac{1}{2}} - x + C.$$

以上例题都是把被积函数分解成几个函数之和，从而把积分分解成几个积分公式或接近积分公式的情形，然后再分别求积。这样的方法叫做**分项积分法**。

§2 不定积分的计算

利用基本积分公式表与分项积分法，我们虽然已经会求一些函数(即积分表中的那些被积函数及其线性组合)的不定积分，但这是远远不够的。对于许多常见的、并不复杂的积分，例如

$$\int e^{2x} dx, \quad \int xe^{x^2} dx, \quad \int \sqrt{a^2 - x^2} dx, \quad \int x\sin x dx \text{ 和 } \int \ln x dx$$

等等，就不会求了。因此，我们需要掌握其他的积分法则，以便求出更多的初等函数的不定积分。本节讨论计算不定积分中两种较常用的积分方法——换元积分法与分部积分法。

所谓换元积分法就是利用变量代换使积分化为可利用基本积分公式求出积分的一种方法，它可以分为两种类型。

换元积分法 $\begin{cases} \text{第一换元法(凑微分法)} \\ \text{第二换元法(作代换法)} \end{cases}$

所谓分部积分法就是将微分学中导数的乘积公式转化为积分公式的一种方法。本节只讨论被积函数由第一类函数与第二类函数构成时的分部积分法。

2.1 第一换元积分法(凑微分法)

定理 如果积分 $\int f(x) dx$ 可化为 $\int g[\varphi(x)] \varphi'(x) dx$ 的形式，且设 $g(u)$ 有原函数 $F(u)$，$u = \varphi(x)$ 可导，即

$$\int g(u) du = F(u) + C,$$

则有第一换元积分公式：

$$\int f(x)\mathrm{d}x = \int g[\varphi(x)]\varphi'(x)\mathrm{d}x$$
$$= \int g(u)\mathrm{d}u = F(u) + C$$
$$= F[\varphi(x)] + C.$$

证 由
$$\frac{\mathrm{d}}{\mathrm{d}x}F[\varphi(x)] = \frac{\mathrm{d}F}{\mathrm{d}u} \cdot \frac{\mathrm{d}u}{\mathrm{d}x} = g(u)u'$$
$$= g[\varphi(x)]\varphi'(x) = f(x),$$
故 $F[\varphi(x)]$ 为 $f(x)$ 的一个原函数. 从而有
$$\int f(x)\mathrm{d}x = F[\varphi(x)] + C.$$

例1 求不定积分 $\int e^{2x}\mathrm{d}x$.

分析 我们知道,在基本积分表中有公式
$$\int e^u \mathrm{d}u = e^u + C.$$
根据第一换元法,当 $u=2x$ 时,也有
$$\int e^{2x}\mathrm{d}(2x) = e^{2x} + C.$$
这样一来,比较 $\int e^x \mathrm{d}x$ 和 $\int e^{2x}\mathrm{d}x$ 我们发现:两者的被积表达式只相差一个数——2. 因此,如果凑上一个常数 2,那么它就变成了
$$\int e^{2x}\mathrm{d}x = \int \frac{e^{2x}}{2}\mathrm{d}(2x) = \frac{1}{2}\int e^{2x}\mathrm{d}(2x).$$
再令 $2x = u$,那么上述积分就变为
$$\int e^{2x}\mathrm{d}x = \frac{1}{2}\int e^u \mathrm{d}u = \frac{1}{2}e^u + C.$$
再将 $u=2x$ 代入上式即可. 综上所述

解 $\int e^{2x}\mathrm{d}x = \frac{1}{2}\int e^{2x}\mathrm{d}(2x) \xrightarrow{2x=u} \frac{1}{2}\int e^u \mathrm{d}u = \frac{1}{2}\int \mathrm{d}e^u$
$$= \frac{1}{2}e^u + C \xrightarrow{u=2x} \frac{1}{2}e^{2x} + C.$$

由此可见,在例 1 中我们首先改写积分表达式;再引入中间变量 $2x=u$;然后利用公式求出积分;最后将 $u=2x$ 代回. 我们把上述的几个步骤写成下面的一般形式:

$$\int f[\varphi(x)]\varphi'(x)\mathrm{d}x = \int f[\varphi(x)]\mathrm{d}[\varphi(x)]$$

$$\xrightarrow{\text{令 } \varphi(x)=u} \int f(u)\mathrm{d}u$$

$$\xrightarrow{\text{由公式}} F(u) + C$$

$$\xrightarrow{\text{令 } u=\varphi(x)} F[\varphi(x)] + C.$$

在这里,我们首先把被积表达式通过引入中间变量凑成某个已知函数的微分形式,然后再利用基本积分表求出积分.因此有时也把第一换元法称为**凑微分法**.

第一换元法中最简单的一种情况是作线性换元,即当 $a \neq 0$ 时

$$\int f(ax+b)\mathrm{d}x = \frac{1}{a}\int f(ax+b)\mathrm{d}(ax+b) = \frac{1}{a}\int f(u)\mathrm{d}u.$$

例 2 求不定积分 $\int (2x+5)^{\frac{3}{2}} \mathrm{d}x$.

解 $I = \frac{1}{2}\int (2x+5)^{\frac{3}{2}} \mathrm{d}(2x+5) \xrightarrow{\text{令 } 2x+5=u} \frac{1}{2}\int u^{\frac{3}{2}} \mathrm{d}u = \frac{1}{5}u^{\frac{5}{2}} + C$

$\xrightarrow{\text{令 } u=2x+5} \frac{1}{5}(2x+5)^{\frac{5}{2}} + C.$

例 3 求不定积分 $\int \frac{1}{3x+1}\mathrm{d}x$.

解 $I = \frac{1}{3}\int \frac{1}{3x+1}(3x+1)' \mathrm{d}x = \frac{1}{3}\int \frac{1}{3x+1} \mathrm{d}(3x+1)$

$\xrightarrow{\text{令 } 3x+1=u} \frac{1}{3}\int \frac{1}{u}\mathrm{d}u = \frac{1}{3}\ln|u| + C$

$\xrightarrow{\text{令 } u=3x+1} \frac{1}{3}\ln|3x+1| + C.$

一般地我们有,若 $\int f(x)\mathrm{d}x = F(x) + C$,则

$$\int f(ax+b)\mathrm{d}x = \frac{1}{a}F(ax+b) + C \quad (a \neq 0).$$

在这种不定积分中,因为 $[f(ax+b)]' = af'(ax+b)$,所以在求不定积分时,需要凑上一个常数.例如

$$\int \cos(2x+1)\mathrm{d}x = \frac{1}{2}\sin(2x+1) + C;$$

$$\int (3x+2)^4 \mathrm{d}x = \frac{1}{3}\left[\frac{1}{5}(3x+2)^5\right] + C$$

$$= \frac{1}{15}(3x+2)^5 + C.$$

对于一般的被积函数,需要设法变成 $f[\varphi(x)]\varphi'(x)$ 的形式.以便利用微分形式不变性得到

$$\int f[\varphi(x)]\varphi'(x)\mathrm{d}x = \int f[\varphi(x)]\mathrm{d}\varphi(x) = \int f(u)\mathrm{d}u,$$

再求出不定积分.

例 4 求不定积分 $\int x\mathrm{e}^{x^2}\mathrm{d}x$.

解 $I = \frac{1}{2}\int \mathrm{e}^{x^2}(2x)\mathrm{d}x = \frac{1}{2}\int \mathrm{e}^{x^2}(x^2)'\mathrm{d}x$
$\xrightarrow{\text{令}\ x^2=u} \frac{1}{2}\int \mathrm{e}^u \mathrm{d}u = \frac{1}{2}\mathrm{e}^u + C \xrightarrow{\text{令}\ u=x^2} \frac{1}{2}\mathrm{e}^{x^2} + C.$

例 5 求不定积分 $\int \cos^2 x \mathrm{d}x$.

解 $I = \int \frac{1+\cos 2x}{2}\mathrm{d}x = \frac{1}{2}\left(\int \mathrm{d}x + \int \cos 2x \mathrm{d}x\right)$
$= \frac{1}{2}\int \mathrm{d}x + \frac{1}{4}\int \cos 2x \mathrm{d}2x = \frac{x}{2} + \frac{\sin 2x}{4} + C.$

在中间变量比较简单的情况下,中间变量的代换符号可以不写出来.

例 6 求不定积分 $\int \tan x \mathrm{d}x$.

解 $I = \int \frac{\sin x}{\cos x}\mathrm{d}x = -\int \frac{\mathrm{d}\cos x}{\cos x} = -\ln|\cos x| + C.$

例 7 求不定积分 $\int \frac{x^2}{1-x}\mathrm{d}x$.

分析 我们知道,任何一个有理函数都可以通过多项式除法将它化成一个多项式加上一个真分式的形式,例如

$$\frac{x^2}{1-x} = -x - 1 + \frac{1}{1-x}.$$

解 $I = \int \left(-x - 1 + \frac{1}{1-x}\right)\mathrm{d}x = -\int x\mathrm{d}x - \int \mathrm{d}x + \int \frac{1}{1-x}\mathrm{d}x$
$= -\frac{x^2}{2} - x - \int \frac{1}{1-x}\mathrm{d}(1-x) = -\frac{x^2}{2} - x - \ln|1-x| + C.$

例 8 求不定积分 $\int \frac{1}{x^2-a^2}\mathrm{d}x$.

解 $I = \frac{1}{2a}\int \left(\frac{1}{x-a} - \frac{1}{x+a}\right)\mathrm{d}x = \frac{1}{2a}\int \frac{1}{x-a}\mathrm{d}x - \frac{1}{2a}\int \frac{1}{x+a}\mathrm{d}x$

$$= \frac{1}{2a}\ln|x-a| - \frac{1}{2a}\ln|x+a| + C = \frac{1}{2a}\ln\left|\frac{x-a}{x+a}\right| + C.$$

例 9 求不定积分 $\int \frac{1}{\sin x}\mathrm{d}x.$

解 $I = \int \frac{\sin x}{\sin^2 x}\mathrm{d}x = \int \frac{\mathrm{d}\cos x}{\cos^2 x - 1} = \frac{1}{2}\ln\left|\frac{\cos x - 1}{\cos x + 1}\right| + C$

$$= \frac{1}{2}\ln\left|\frac{(1-\cos x)^2}{1-\cos^2 x}\right| + C = \frac{1}{2}\ln\left|\frac{(1-\cos x)^2}{\sin^2 x}\right| + C$$

$$= \ln\left|\frac{1-\cos x}{\sin x}\right| + C = \ln|\csc x - \cot x| + C.$$

这里我们是利用例 8 的结果来计算例 9 的。

例 10 求不定积分 $\int \frac{1}{\cos x}\mathrm{d}x.$

解 $I = \int \frac{1}{\sin\left(\frac{\pi}{2}+x\right)}\mathrm{d}x = \int \frac{1}{\sin\left(\frac{\pi}{2}+x\right)}\mathrm{d}\left(\frac{\pi}{2}+x\right)$

$$= \ln\left|\csc\left(\frac{\pi}{2}+x\right) - \cot\left(\frac{\pi}{2}+x\right)\right| + C$$

$$= \ln|\sec x + \tan x| + C.$$

通过上面的讨论可以看出第一换元法在不定积分中的作用如同复合函数求导法则在微分学中的作用一样是很重要的,但利用第一换元法求不定积分一般要比利用复合函数求导法则求导数困难一些,这是由于选择 $\varphi(x)$ 的方法比较灵活的缘故.因此,要想掌握第一换元法,除了熟悉上面这些典型的例子外,还要做一定数量的习题才行。

2.2 第二换元法(作代换法)

定理 如果在积分 $\int f(x)\mathrm{d}x$ 中.令 $x = \varphi(t)$,且 $\varphi(t)$ 可导,$\varphi'(t) \neq 0$(此时 $\varphi^{-1}(x)$ 存在),则有

$$\int f(x)\mathrm{d}x = \int f[\varphi(t)]\varphi'(t)\mathrm{d}t.$$

若上式右端易求出原函数 $\Phi(t)$,则得第二换元积分公式:

$$\int f(x)\mathrm{d}x = \Phi[\varphi^{-1}(x)] + C,$$

其中 $\varphi^{-1}(x)$ 为 $x=\varphi(t)$ 的反函数,即 $t=\varphi^{-1}(x).$

证 由已知条件 $\varphi'(t) \neq 0$ 和 $t = \varphi^{-1}(x)$ 以及

$$[\varphi^{-1}(x)]' = \frac{1}{\varphi'(t)}$$

存在,于是

$$\{\Phi[\varphi^{-1}(x)]\}' = \frac{d\Phi}{dt} \cdot \frac{dt}{dx} = \frac{d\Phi}{dt} \frac{1}{\frac{dx}{dt}} = f[\varphi(t)]\varphi'(t) \cdot \frac{1}{\varphi'(t)}$$

$$= f[\varphi(t)] = f(x),$$

故 $\Phi[\varphi^{-1}(x)]$ 为 $f(x)$ 的一个原函数. 从而

$$\int f(x)dx = \Phi[\varphi^{-1}(x)] + C.$$

需要说明的是,第二换元法主要用来求无理函数的不定积分,由于含有根式的积分比较难求,因此我们设法作代换消去根式,使之变成容易计算的积分.

下面通过三个例子说明第二换元法中常用的三角函数代换法.

例 11 求不定积分 $\int \sqrt{a^2 - x^2}\,dx$ $(a > 0)$.

解 为了去掉根号,作三角代换 $x = a\sin t$ $(-\pi/2 < t < \pi/2)$,此时

$$t = \arcsin\frac{x}{a}, \quad dx = a\cos t\,dt;$$

$$\sqrt{a^2 - x^2} = \sqrt{a^2 - a^2\sin^2 t} = a\cos t.$$

于是

$$I = \int a\cos t \cdot a\cos t\,dt = a^2 \int \cos^2 t\,dt.$$

利用前面例 5 的结果,得

$$I = a^2\left(\frac{t}{2} + \frac{\sin 2t}{4}\right) + C$$

$$= \frac{a^2}{2}t + \frac{a^2}{2}\sin t\cos t + C.$$

我们需要把变量 t 还原成变量 x. 做法如下:根据 $x = a\sin t$ 画一个直角三角形如图 4-2 所示,由这个直角三角形可以看出

$$\cos t = \frac{\sqrt{a^2 - x^2}}{a}.$$

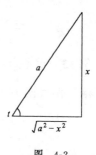

图 4-2

把它代入上式，即得

$$I = \frac{a^2}{2}\arcsin\frac{x}{a} + \frac{x}{2}\sqrt{a^2 - x^2} + C.$$

这种用图形作变换的方法比用三角公式推导简单一些. 今后我们将常常采用这种方法.

例 12 求不定积分 $\int \dfrac{\mathrm{d}x}{\sqrt{x^2-a^2}}$ $(a>0, |x|>a)$.

解 这里仅对 $x>a$ 进行讨论，$x<-a$ 时结果是一样的. 作代换 $x=a\sec t\left(0<t<\dfrac{\pi}{2}\right)$，则 $t=\operatorname{arcsec}\dfrac{x}{a}$，$\mathrm{d}x=a\tan t\sec t\mathrm{d}t$. 于是有

$$I = \int \sec t\,\mathrm{d}t = \ln|\tan t + \sec t| + C_1.$$

由图 4-3 可知 $\tan t = \dfrac{\sqrt{x^2-a^2}}{a}$，于是

$$I = \ln\left|\frac{\sqrt{x^2-a^2}}{a} + \frac{x}{a}\right| + C_1$$
$$= \ln|\sqrt{x^2-a^2} + x| - \ln a + C_1.$$

令 $C = C_1 - \ln a$，即得

$$I = \ln|\sqrt{x^2-a^2} + x| + C.$$

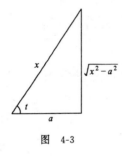

图 4-3

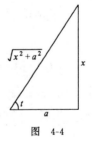

图 4-4

例 13 求不定积分 $\int \dfrac{\mathrm{d}x}{\sqrt{x^2+a^2}}$.

解 作代换 $x=a\tan t(-\pi/2<t<\pi/2)$，这时有

$$t = \arctan\frac{x}{a}, \quad \mathrm{d}x = a\sec^2 t\,\mathrm{d}t,$$
$$\sqrt{x^2+a^2} = \sqrt{a^2\tan^2 t + a^2} = a\sec t.$$

于是
$$I = \int \frac{1}{a\sec t} a\sec^2 t \, dt = \int \sec t \, dt.$$

因为
$$\int \sec t \, dt = \int \frac{1}{\cos t} dt = \ln|\tan t + \sec t| + C_1,$$

所以
$$I = \ln|\tan t + \sec t| + C_1.$$

由图 4-4 可知
$$\sec t = \frac{\sqrt{x^2 + a^2}}{a}, \quad \tan t = \frac{x}{a}.$$

将它们代入上式,得到
$$I = \ln\left|\frac{x}{a} + \frac{\sqrt{a^2 + x^2}}{a}\right| + C_1$$
$$= \ln|\sqrt{x^2 + a^2} + x| - \ln a + C_1.$$

令 $C = C_1 - \ln a$,即得
$$I = \ln|\sqrt{x^2 + a^2} + x| + C.$$

从上面的三个例子可以看出,当被积函数中含有二次根式 $\sqrt{a^2-x^2}, \sqrt{x^2+a^2}, \sqrt{x^2-a^2}$ 时,通常我们分别作这样三个变换: $x=a\sin t; x=a\tan t, x=a\sec t$ 来去掉根号. 但这并不是去掉根号的惟一方法,例如在 $\int x^3 \sqrt{a^2-x^2} dx$ 中,作变换 $a^2-x^2=u^2$ 会更简便些.

2.3 分部积分法

定理 设函数 $u=u(x), v=v(x)$ 可导,若
$$\int u'(x)v(x) dx$$

存在,则
$$\int u(x)v'(x) dx = u(x)v(x) - \int v(x)u'(x) dx. \qquad (4.1)$$

上面的积分公式也可简记为
$$\int u \, dv = uv - \int v \, du. \qquad (4.2)$$

证明 根据导数的乘积公式
$$(u \cdot v)' = u' \cdot v + u \cdot v'$$

有
$$u \cdot v' = (u \cdot v)' - v \cdot u'.$$
因上式右端两项原函数都存在,故左端原函数也存在,且
$$\int u \cdot v' dx = \int [(u \cdot v)' - vu'] dx = uv - \int v \cdot u' dx,$$
即
$$\int u dv = uv - \int v du.$$

上面的公式(4.1),(4.2)称为**分部积分公式**.这个公式告诉我们,如果积分 $\int u dv$ 计算起来有困难,而积分 $\int v du$ 比较容易计算时,那么可以利用公式把前者计算转化为后者的计算.这就是说,按照公式将所求积分分成两部分,一部分已不用再积分,只要对另一部分求积分,这也是"分部积分法"名称的来源.

1. 第一类函数的分部积分法

当被积函数为 $\ln x, \arcsin x, \arctan x, \sqrt{x^2+a^2}$ 等时称为第一类函数,对它们也常用分部积分法,这时只要把 dx 看成 dv 即可.

例 14 求不定积分 $\int \ln x dx$.

解 $I = x\ln x - \int x d\ln x = x\ln x - \int x \dfrac{1}{x} dx = x\ln x - x + C.$

例 15 求不定积分 $\int \arcsin x dx$.

解 $I = x\arcsin x - \int x d(\arcsin x) = x\arcsin x - \int \dfrac{x}{\sqrt{1-x^2}} dx$

$= x\arcsin x + \dfrac{1}{2} \int \dfrac{1}{\sqrt{1-x^2}} d(1-x^2)$

$= x\arcsin x + \sqrt{1-x^2} + C.$

对于某些不定积分,有时需要使用两次或两次以上的分部积分法.

2. 第二类函数的分部积分法

当被积函数为 $x\sin x, xe^x, x\ln x, e^x\cos x$ 等时称为第二类函数,对它们也常用分部积分法,此时,只要分别把 $\sin x, e^x, x, \cos x$ 或 e^x 看成 v' 并和 dx 凑成微分 dv,因此被积表达式改写成 $u dv$ 的形式.

例 16 求不定积分 $\int x\sin x dx$.

解 利用分部积分公式时,要先把被积函数中的一部分看成

v',这里,设 $u=x, v'=\sin x$,于是
$$I = \int x \mathrm{d}(-\cos x) = x(-\cos x) - \int (-\cos x)\mathrm{d}x$$
$$= -x\cos x + \int \cos x \mathrm{d}x = -x\cos x + \sin x + C.$$

例 17 求不定积分 $\int x\mathrm{e}^x \mathrm{d}x$.

解 设 $u=x, v'=\mathrm{e}^x$,于是
$$I = \int x\mathrm{d}\mathrm{e}^x = x\mathrm{e}^x - \int \mathrm{e}^x \mathrm{d}x = x\mathrm{e}^x - \mathrm{e}^x + C$$
$$= (x-1)\mathrm{e}^x + C.$$

例 18 求不定积分 $\int x\ln x \mathrm{d}x$.

解 设 $u=\ln x, v'=x$,于是
$$I = \int \ln x \mathrm{d}\frac{x^2}{2} = \frac{x^2}{2}\ln x - \int \frac{x^2}{2}\mathrm{d}\ln x$$
$$= \frac{x^2}{2}\ln x - \int \frac{x^2}{2}\frac{1}{x}\mathrm{d}x = \frac{x^2}{2}\ln x - \int \frac{x}{2}\mathrm{d}x$$
$$= \frac{x^2}{2}\ln x - \frac{x^2}{4} + C = \frac{x^2}{4}(2\ln x - 1) + C.$$

上面的三个例子都是被积函数为两个函数相乘的形式.运用分部积分公式有一个如何选取 u 和 v' 的问题.有时会因 u 和 v' 选取不当,使得积分越积越困难.例如例 17 中,如果选 $u=\mathrm{e}^x, v'=x$,这样一来
$$\int x\mathrm{e}^x \mathrm{d}x = \int \mathrm{e}^x x \mathrm{d}x = \frac{1}{2}\int \mathrm{e}^x \mathrm{d}x^2 = \frac{1}{2}\left[\mathrm{e}^x x^2 - \int x^2 \mathrm{d}\mathrm{e}^x\right],$$
其中出现的积分
$$\int x^2 \mathrm{e}^x \mathrm{d}x$$
比原式
$$\int x\mathrm{e}^x \mathrm{d}x$$
更复杂.由此可见,先把哪一部分选为 v' 是很重要的.从以上诸例看出,一般说来,根据不同的被积函数,我们是按照以下的顺序:e^x, a^x,$\sin x, \cos x, x^a$ 依次考虑取作 v',而 $\arctan x, \arcsin x, \ln x$ 等是不能取

为 v' 的. 如对例 16 中的被积函数 $x\sin x$，我们选 $v'=\sin x$；而对例 17 中的被积函数 xe^x，选 $v'=e^x$；在例 18 中，只能选 $v'=x$.

例 19 求不定积分 $\int x^2 e^x dx$.

解 $I = \int x^2 de^x = x^2 e^x - \int e^x dx^2 = x^2 e^x - \int 2xe^x dx$
$= x^2 e^x - 2\int x de^x = x^2 e^x - 2xe^x + 2\int e^x dx$
$= x^2 e^x - 2xe^x + 2e^x + C = (x^2 - 2x + 2)e^x + C.$

分部积分还有一种用法，就是由它先导出循环公式，设法建立所求积分的函数方程，从中解出所求的不定积分.

例 20 求不定积分 $\int e^x \cos x dx$.

解 $I = \int \cos x de^x = e^x \cos x - \int e^x d\cos x$
$= e^x \cos x + \int e^x \sin x dx$
$= e^x \cos x + \int \sin x de^x$
$= e^x \cos x + e^x \sin x - \int e^x d\sin x$
$= e^x (\cos x + \sin x) - \int e^x \cos x dx.$

可见，分部积分两次以后，等式右端又出现了原来的积分，这样就得到了一个 I 的函数方程

$$I = e^x(\cos x + \sin x) - I.$$

解此方程，并注意到不定积分中都有任意常数，故有

$$I = \frac{1}{2}e^x(\cos x + \sin x) + C.$$

用同样的方法可以求得

$$\int e^{ax}\sin bx dx = \frac{e^{ax}}{a^2 + b^2}(a\sin bx - b\cos bx) + C;$$

$$\int e^{ax}\cos bx dx = \frac{e^{ax}}{a^2 + b^2}(a\cos bx + b\sin bx) + C.$$

求不定积分与求导数有很大不同，我们知道任何初等函数的导数仍为初等函数，而许多初等函数的不定积分，例如

$$\int e^{-x^2}dx, \quad \int \frac{\sin x}{x}dx, \quad \int \frac{1}{\ln x}dx, \quad \int \sin x^2 dx, \quad \int \sqrt{1+x^3}dx$$

等,虽然它们的被积函数的表达式都很简单,但在初等函数的范围内却积不出来.这不是因为积分方法不够,而是由于被积函数的原函数不是初等函数的缘故.我们称这种函数是"**不可求积**"的.究竟什么样的函数积分可以积出来,我们不再做详细的讨论.

§3 定积分的概念和基本性质

前面两节我们讨论了积分学的第一个基本问题——不定积分,它是作为微分的反问题而引入的.从本节开始我们仍使用极限方法来研究积分学的第二个基本问题——定积分.定积分有着十分丰富的实际背景.例如求平面图形的面积,求旋转体的体积,求物体沿直线运动的路程以及求变力对物体所做的功等等.下面我们以求曲边梯形的面积和求变速直线运动物体所经过的路程为例,引出定积分的定义,并在此基础上进一步讨论定积分的基本性质.

3.1 定积分的定义

例1 求曲边梯形的面积.

分析 设曲边梯形是由连续曲线 $y=f(x)$ ($f(x)>0$),x 轴以及直线 $x=a,x=b$ 所围成,如图 4-5 所示.求它的面积 S.

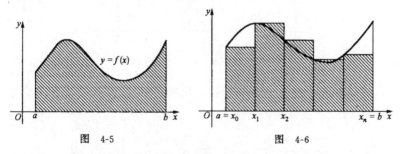

图 4-5 　　　　　　　　图 4-6

解 不难看出,这里所遇到的困难是曲边梯形的高 $f(x)$ 是随 x 而变化的,因此不能直接利用矩形的面积公式直接计算它.从整体上看,曲边梯形的高是变化的,但从局部上可以把它近似地看作是不变的. 因此, 我们把大曲边梯形分成若干个小曲边梯形(见图 4-6)用极限方法求出大曲边梯形面积 S. 具体步骤如下:

(1) **分割**: 把区间 $[a,b]$ 任意分成 n 个小区间, 设分点为
$$a = x_0 < x_1 < x_2 < \cdots < x_{n-1} < x_n = b.$$
每个小区间的长度为
$$\Delta x_i = x_i - x_{i-1} \quad (i = 1, 2, \cdots, n),$$
它们不一定相等. 这里我们把这些分点 $x_i (i=1,2,\cdots,n)$ 的全体称为区间 $[a,b]$ 的一个"**分割**". 过每个分点作平行于 y 轴的直线, 把原来的曲边梯形分成了 n 个小曲边梯形, 并记它们的面积分别为
$$\Delta S_1, \Delta S_2, \cdots, \Delta S_n.$$

(2) **代替**: 由于 $y = f(x)$ 是连续函数, 所以我们可以在每一个小区间 $[x_{i-1}, x_i]$ 上任取一点 $c_i (x_{i-1} \leqslant c_i \leqslant x_i)$. 用以 $f(c_i)$ 为高, 以 Δx_i 为底的小矩形面积来近似代替同底的小曲边梯形的面积, 即
$$\Delta S_i \approx f(c_i) \Delta x_i \quad (i = 1, 2, \cdots, n)$$
(见图 4-7).

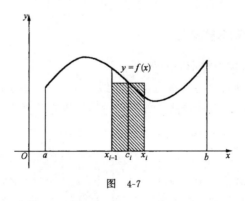

图 4-7

(3) **求和**: 将 n 个小矩形的面积加起来, 就得到原来曲边梯形面积 S 的一个近似值 σ:
$$S = \sum_{i=1}^{n} \Delta S_i \approx \sum_{i=1}^{n} f(c_i) \Delta x_i \xlongequal{\text{def}} \sigma.$$

(4) **取极限**: 容易看出, 和数 σ 是依赖于区间 $[a,b]$ 的分割以及中间点 $c_i (i = 1, 2, \cdots, n)$ 的选取. 但是, 当我们把区间 $[a,b]$ 分得足够细时, 不论中间点怎样选取, 和数 σ 就可以任意地接近原曲边梯形面

积 S. 因此, 为了求得 S 的精确值, 应当把区间 $[a,b]$ 无限地细分下去, 使得每个小区间的长度 $\Delta x_i (i=1,2,\cdots,n)$ 都趋于零. 为了方便起见, 令 λ 表示在一切小区间中长度的最大者, 即 $\lambda \stackrel{\text{def}}{=\!=\!=} \max\limits_{1 \leqslant i \leqslant n}\{\Delta x_i\}$, 这样 $\lambda \to 0$ 就能刻画 $\Delta x_i \to 0$ $(i=1,2,\cdots,n)$. 于是, 当 $\lambda \to 0$ 时, 和数 σ 的极限就是曲边梯形的面积 S, 即

$$S = \lim_{\lambda \to 0} \sum_{i=1}^{n} f(c_i) \Delta x_i.$$

以上四步概括起来说就是设法先在局部上"以直代曲", 找出面积 S 的一个近似值; 然后, 通过取极限, 求得 S 的精确值. 即用极限方法解决了求曲边梯形的面积问题.

例 2 求变速直线运动的路程.

分析 设物体作直线运动, 其速度 $v(t)$ 是 t 的一个连续函数, 求物体在时间间隔 $[a,b]$ 内所经过的路程 s.

解 我们知道, 当物体作匀速直线运动时, 物体所经过的路程公式为

$$s = v(b-a),$$

其中 v 是一个常数. 现在, 速度不是均匀的, 因此不能用上述公式计算路程. 由于速度 $v(t)$ 是一个连续函数, 因此在时间间隔很短的情况下, 可以"以不变代变", 把变速运动近似看成匀速运动, 找出路程的近似值; 然后, 在时间间隔无限变小的过程中, 求出近似值的极限, 得到路程的精确值. 具体步骤如下:

(1) 分割: 把区间 $[a,b]$ 任意分成 n 个小区间, 设分点为

$$a = t_0 < t_1 < t_2 < \cdots < t_{n-1} < t_n = b.$$

每个小区间的长度为

$$\Delta t_i = t_i - t_{i-1} \quad (i=1,2,\cdots,n).$$

并设物体在第 i 个时间间隔 $[t_{i-1},t_i]$ 内所走过的路程为 $\Delta s_i (i=1,2,\cdots,n)$.

(2) 代替: 在时间间隔 $[t_{i-1},t_i]$ 上任取一个时刻 $\tau_i (t_{i-1} \leqslant \tau_i \leqslant t_i)$, 以物体在时刻 τ_i 的速度 $v(\tau_i)$ 去近似代替变化的速度 $v(t)$, 得到物体在这段时间里所走过路程 Δs_i 的一个近似值:

$$\Delta s_i \approx v(\tau_i) \cdot \Delta t_i \quad (i=1,2,\cdots,n).$$

(3) 求和：把这些近似值加起来，就得到总路程 s 的一个近似值 σ：
$$s = \sum_{i=1}^{n}\Delta s_i \approx \sum_{i=1}^{n}v(\tau_i)\Delta t_i \xlongequal{\text{def}} \sigma.$$

(4) 取极限：将区间 $[a,b]$ 无限细分下去，使得每个 $\Delta t_i \to 0 (i=1,2,\cdots,n)$，和数 σ 的极限就是总路程 s 的精确值，即
$$s = \lim_{\lambda \to 0}\sum_{i=1}^{n}v(\tau_i)\Delta t_i,$$
其中 $\lambda = \max\limits_{1 \leqslant i \leqslant n}\{\Delta t_i\}$，$\lambda \to 0$ 表示对区间 $[a,b]$ 的无限细分。

上面的两个例子，一个是几何问题，一个是物理问题。尽管它们的具体内容不同，但是从数量关系上看都是要求某种整体的量；在计算这些量时所遇到的困难和解决困难所用的方法都是相同的：

分割——把整体的问题分成局部的问题；

代替——在局部上"以直代曲"或"以不变代变"求出局部的近似值；

求和——得到整体的一个近似值；

取极限——得到整体量的精确值。

上述四步在数量上都归结为对某一函数 $f(x)$ 施行结构相同的数学运算——确定一种特殊的和 $\left(\sum\limits_{i=1}^{n}f(c_i)\Delta x_i\right)$ 的极限。如果通过上述四步可以确定出整体量的精确值，那么我们要求这个极限与区间的分法和中间点的选取无关。

这里我们抽去前面所讨论问题的几何内容和物理内容，只保留其分析的结构，于是就可以得到积分学的另一重要的概念——定积分。

定义（定积分） 设函数 $y=f(x)$ 在区间 $[a,b]$ 上有界，将区间 $[a,b]$ 任意分成 n 份，分点依次为
$$a = x_0 < x_1 < x_2 < \cdots < x_{n-1} < x_n = b.$$
在每一个小区间 $[x_{i-1}, x_i]$ 上任取一点 c_i，作乘积
$$f(c_i)\Delta x_i \quad (\Delta x_i = x_i - x_{i-1}) \quad (i=1,2,\cdots,n)$$
及和数

$$\sigma = \sum_{i=1}^{n} f(c_i)\Delta x_i.$$

无论区间的分法如何, c_i 在 $[x_{i-1}, x_i]$ 上的取法如何, 如果当最大区间的长度

$$\lambda = \max_{1 \leq i \leq n} \{\Delta x_i\}$$

趋向于零时和数 σ 的极限存在, 那么我们就称函数 $f(x)$ 在区间 $[a,b]$ 上**可积**, 并称这个极限 I 为函数 $f(x)$ 在区间 $[a,b]$ 上的**定积分**, 记为

$$I = \lim_{\lambda \to 0} \sum_{i=1}^{n} f(c_i)\Delta x_i = \int_a^b f(x)\mathrm{d}x,$$

其中 $f(x)$ 称为**被积函数**, x 称为**积分变量**, $[a,b]$ 称为**积分区间**, a 称为**积分下限**, b 称为**积分上限**, 和数 σ 称为**积分和**.

有了定积分概念以后, 上面的两个例子就可以用定积分来表示了:

在例 1 中, 曲边梯形的面积 S 是曲边函数 $y = f(x)$ 在 $[a,b]$ 上的定积分, 即

$$S = \int_a^b f(x)\mathrm{d}x \quad (\text{这里的 } f(x) \geq 0).$$

在例 2 中, 物体运动所经过的路程 s 是速度函数 $v = v(t)$ 在 $[a,b]$ 上的定积分, 即

$$s = \int_a^b v(t)\mathrm{d}t.$$

需要注意的是: 定积分与不定积分是两个完全不同的概念. 不定积分是微分的逆运算, 而定积分是一种特殊的和的极限; 函数 $f(x)$ 的不定积分是(无穷多个)函数, 而 $f(x)$ 在 $[a,b]$ 上的定积分是一个完全由被积函数 $f(x)$ 的形式和积分区间 $[a,b]$ 所确定的值, 它与积分变量采用什么符号是无关的. 于是我们可以把

$$\int_a^b f(x)\mathrm{d}x \quad \text{写成} \quad \int_a^b f(t)\mathrm{d}t.$$

另外, 在定积分的定义中, 下限 a 总是小于上限 b 的. 为了今后使用方便, 我们规定:

当 $a>b$ 时，$\int_a^b f(x)\mathrm{d}x = -\int_b^a f(x)\mathrm{d}x$；

当 $a=b$ 时，$\int_a^a f(x)\mathrm{d}x = 0$.

由前面的讨论可知，当 $f(x)\geqslant 0$ 时，定积分 $\int_a^b f(x)\mathrm{d}x$ 表示成以 $y=f(x)$ 为曲边的曲边梯形的面积 S（图 4-8），即

$$S = \int_a^b f(x)\mathrm{d}x = \lim_{\lambda \to 0}\sum_{i=1}^n f(c_i)\Delta x_i.$$

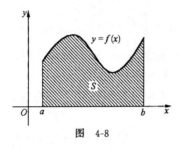
图 4-8

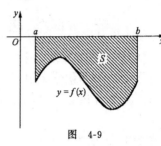
图 4-9

显然当 $f(x)\leqslant 0$ 时，有 $-f(x)\geqslant 0$，设以 $y=f(x)$ 为曲边的曲边梯形的面积为 S（图 4-9），则

$$S = \lim_{\lambda \to 0}\sum_{i=1}^n [-f(c_i)]\Delta x_i$$

$$= -\lim_{\lambda \to 0}\sum_{i=1}^n f(c_i)\Delta x_i = -\int_a^b f(x)\mathrm{d}x.$$

从而有

$$\int_a^b f(x)\mathrm{d}x = -S.$$

这就是说，当 $f(x)\leqslant 0$ 时，定积分 $\int_a^b f(x)\mathrm{d}x$ 是曲边梯形面积的负值.

由上面的讨论可以得出这样的结论：函数 $f(x)$ 在区间 $[a,b]$ 上的定积分在几何上表示由曲线 $y=f(x)$，直线 $x=a$，$x=b$，$y=0$ 所围成的几个曲边梯形的面积的代数和（即在 x 轴上方的面积取正号，在 x 轴下方的面积取负号）. 设这几个曲边梯形的面积为 S_1, S_2, S_3（见图 4-10），则有

$$\int_a^b f(x)\mathrm{d}x = S_1 - S_2 + S_3.$$

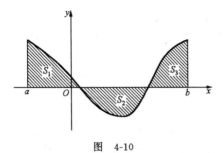

图 4-10

特别地,在区间$[a,b]$上$f(x)\equiv 1$,由定积分的定义直接可得

$$\int_a^b 1\mathrm{d}x = \int_a^b \mathrm{d}x = b-a.$$

这就是说,定积分$\int_a^b \mathrm{d}x$在数值上等于区间长度.从几何上看,宽度为1的矩形的面积在数值上等于矩形的底边长度.

例 3 利用定积分的几何意义验证:$\int_{-1}^1 \sqrt{1-x^2}\mathrm{d}x = \dfrac{\pi}{2}$.

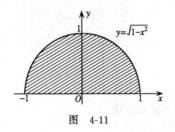

图 4-11

解 曲线$y=\sqrt{1-x^2},x\in[-1,1]$是单位圆在$x$轴上方的部分(图 4-11).根据定积分的几何意义,上半圆的面积正是作为曲边的函数$y=\sqrt{1-x^2}$在区间$[-1,1]$上的定积分;而上半圆的面积是$\dfrac{\pi}{2}$.故有

$$\int_{-1}^1 \sqrt{1-x^2}\mathrm{d}x = \dfrac{\pi}{2}.$$

例 4 在区间$[a,b]$上,若$f(x)>0, f'(x)>0$,利用定积分的几何意义验证:

$$f(a)(b-a) < \int_a^b f(x)\mathrm{d}x < f(b)(b-a).$$

解 在区间$[a,b]$上,因$f'(x)>0$,所以曲线$y=f(x)$在x轴上方且单调上升,如图 4-12 所示. 由于$f(x)>0$,根据定积分的几何意义,我们有

$$曲边梯形 ABCF 的面积 = \int_a^b f(x)\mathrm{d}x,$$

考虑到$f(a)<f(b)$,

$$矩形 ABCD 的面积 = f(a)(b-a),$$
$$矩形 ABEF 的面积 = f(b)(b-a),$$

显然,有

$$f(a)(b-a) < \int_a^b f(x)\mathrm{d}x < f(b)(b-a).$$

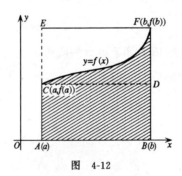

图 4-12

3.2 定积分的基本性质

性质 1 有限个可积函数代数和的积分等于各函数积分的代数和. 即若$f_i(x)$ $(i=1,2,\cdots,n)$在$[a,b]$内可积,则有

$$\int_a^b [f_1(x) \pm f_2(x) \pm \cdots \pm f_n(x)]\mathrm{d}x$$
$$= \int_a^b f_1(x)\mathrm{d}x \pm \int_a^b f_2(x)\mathrm{d}x \pm \cdots \pm \int_a^b f_n(x)\mathrm{d}x.$$

证 因$f_i(x)$ $(i=1,2,\cdots,n)$在$[a,b]$上可积,故利用定积分的定义,我们对区间采用同一种分割法,则下列极限

$$\lim_{\lambda \to 0} \sum_{i=1}^n f_1(\xi_i)\Delta x_i, \ \lim_{\lambda \to 0} \sum_{i=1}^n f_2(\xi_i)\Delta x_i, \ \cdots, \ \lim_{\lambda \to 0} \sum_{i=1}^n f_n(\xi_i)\Delta x_i$$

均存在,故根据定积分的定义和极限运算法则有

$$\int_a^b [f_1(x) \pm f_2(x) \pm \cdots \pm f_n(x)]dx$$
$$= \lim_{\lambda \to 0} \sum_{i=1}^n [f_1(\xi_i) \pm f_2(\xi_i) \pm \cdots \pm f_n(\xi_i)]\Delta x_i$$
$$= \lim_{\lambda \to 0} \sum_{i=1}^n f_1(\xi_i)\Delta x_i \pm \lim_{\lambda \to 0} \sum_{i=1}^n f_2(\xi_i)\Delta x_i$$
$$\pm \cdots \pm \lim_{\lambda \to 0} \sum_{i=1}^n f_n(\xi_i)\Delta x_i$$
$$= \int_a^b f_1(x)dx \pm \int_a^b f_2(x)dx \pm \cdots \pm \int_a^b f_n(x)dx.$$

性质 2 一个可积函数乘以一个常数之后,仍为可积函数,且常数因子可以提到积分符号的外面.即若 $f(x)$ 在 $[a,b]$ 上可积,则 $cf(x)$ 在 $[a,b]$ 上也可积(c 为常数),且有

$$\int_a^b cf(x)dx = c\int_a^b f(x)dx.$$

证明 由 $f(x)$ 在 $[a,b]$ 上可积,故根据定积分定义,极限

$$\lim_{\lambda \to 0} \sum_{i=1}^n f(\xi_i)\Delta x_i$$

存在,于是有

$$\int_a^b cf(x)dx = \lim_{\lambda \to 0} \sum_{i=1}^n cf(\xi_i)\Delta x_i = c\lim_{\lambda \to 0} \sum_{i=1}^n f(\xi_i)\Delta x_i$$
$$= c\int_a^b f(x)dx.$$

性质 3(积分的可加性定理) 设 $f(x)$ 在 $[a,b]$ 上可积,若 $a<c<b$,则 $f(x)$ 在 $[a,c]$ 和 $[c,b]$ 上可积;反之,若 $f(x)$ 在 $[a,c]$ 上可积,在 $[c,b]$ 上可积,则 $f(x)$ 在 $[a,b]$ 上也可积,且有

$$\int_a^b f(x)dx = \int_a^c f(x)dx + \int_c^b f(x)dx.$$

只要在定积分的定义中,当对区间 $[a,b]$ 分割时,取 c 为其中一个分点,例如:$x_k = c$,再由定义本身的要求即可得到该性质的证明.

性质 4 交换积分的上下限,积分值变号,即

$$\int_a^b f(x)dx = -\int_b^a f(x)dx.$$

特例：若 $a=b$，得到
$$\int_a^a f(x)dx = -\int_a^a f(x)dx,$$
故 $\int_a^a f(x)dx = 0$。即，若积分的上下限相等，则积分值为零。

性质 5 设 $f(x)$ 和 $g(x)$ 在 $[a,b]$ 上皆可积，且满足条件 $f(x) \leqslant g(x)$，则有 $\int_a^b f(x)dx \leqslant \int_a^b g(x)dx$。

性质 6 $\int_a^b 1dx = \int_a^b dx = b-a$。

性质 4～性质 6 可以直接通过定积分的定义得到证明，请读者自行证明。

性质 7 若函数 $f(x)$ 在 $[a,b]$ 上可积，且最大值与最小值分别为 M 和 m，则
$$m(b-a) \leqslant \int_a^b f(x)dx \leqslant M(b-a).$$

证 由 $m \leqslant f(x) \leqslant M$ 和性质 5 得
$$\int_a^b mdx \leqslant \int_a^b f(x)dx \leqslant \int_a^b Mdx,$$
又由性质 2 和性质 6，有
$$\int_a^b mdx = m(b-a), \quad \int_a^b Mdx = M(b-a),$$
故得到 $\quad m(b-a) \leqslant \int_a^b f(x)dx \leqslant M(b-a)$。

推论 若函数 $f(x)$ 在 $[a,b]$ 内可积，则有
$$-\int_a^b |f(x)|dx \leqslant \int_a^b f(x)dx \leqslant \int_a^b |f(x)|dx,$$
或
$$\left|\int_a^b f(x)dx\right| \leqslant \int_a^b |f(x)|dx.$$

性质 8（定积分中值定理） 设 $f(x)$ 在区间 $[a,b]$ 上连续，则在 $[a,b]$ 内至少有一点 ξ $(a \leqslant \xi \leqslant b)$，使得下式成立：
$$\int_a^b f(x)dx = f(\xi)(b-a).$$

证 因为 $f(x)$ 在 $[a,b]$ 上连续，所以 $f(x)$ 在 $[a,b]$ 上有最大值 M 与最小值 m，故由性质 7 有

$$m(b-a) \leqslant \int_a^b f(x)\mathrm{d}x \leqslant M(b-a).$$

从而有
$$m \leqslant \frac{1}{b-a}\int_a^b f(x)\mathrm{d}x \leqslant M,$$

即 $\frac{1}{b-a}\int_a^b f(x)\mathrm{d}x$ 介于 $f(x)$ 的最大值与最小值之间,由连续函数的介值定理,至少有一点 ξ $(a \leqslant \xi \leqslant b)$,使下式成立:

$$f(\xi) = \frac{1}{b-a}\int_a^b f(x)\mathrm{d}x,$$

即
$$\int_a^b f(x)\mathrm{d}x = f(\xi)(b-a).$$

我们称 $f(\xi) = \frac{1}{b-a}\int_a^b f(x)\mathrm{d}x$ 为 $f(x)$ 在 $[a,b]$ 上的**平均值**,其几何意义如下:

设 $f(x) \geqslant 0$,则由曲线 $y=f(x)$、直线 $x=a, x=b$ 及 x 轴所围成的曲边梯形的面积等于以区间 $[a,b]$ 为底、以 $f(\xi)$ 为高的矩形 $abcd$ 的面积(如图 4-13 所示).

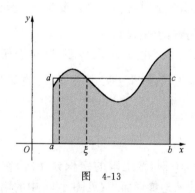

图 4-13

例 5 不计算积分,试比较下面两个积分的大小:

$$\int_0^{\frac{\pi}{2}} x\mathrm{d}x \quad \text{与} \quad \int_0^{\frac{\pi}{2}} \sin x\mathrm{d}x.$$

解 当 $0 \leqslant x \leqslant \frac{\pi}{2}$ 时,有 $x \geqslant \sin x$,故由性质 5 得

$$\int_0^{\frac{\pi}{2}} x\mathrm{d}x \geqslant \int_0^{\frac{\pi}{2}} \sin x\mathrm{d}x.$$

§4 定积分的计算

4.1 微积分学基本定理

前面我们已经讨论了定积分的由来以及定积分的基本性质,并且指出了定积分与不定积分的区别.为了进一步揭示定积分与不定积分的内在联系,这里我们介绍变上限的定积分(即上限为变数的定积分)的概念及其基本性质.

1. 变上限的定积分

定积分作为积分和的极限,它由被积函数所表示的规律以及积分区间所确定,因此定积分是一个与被积函数及上、下限有关的常数.如果被积函数已经给定,则定积分作为一个数就由上、下限来确定;如果下限也已经给定,则这个数就仅由上限来确定了.这样对于每一个上限,则通过定积分就有惟一确定的一个数值与之对应.因此,如果我们把定积分上限看作一个自变量 x,则定积分 $\int_a^x f(t)\mathrm{d}t$ 就定义了 x 的一个函数,于是我们有

定义 设函数 $f(x)$ 在 $[a,b]$ 上可积,则对于任意 $x(a\leqslant x\leqslant b)$, $f(x)$ 在 $[a,x]$ 上也可积,称 $\int_a^x f(t)\mathrm{d}t$ 为 $f(x)$ 的变上限的定积分,记作 $\Phi(x)$,即

$$\Phi(x) = \int_a^x f(t)\mathrm{d}t.$$

当函数 $f(x) \geqslant 0$ 时,变上限的定积分 $\Phi(x)$ 在几何上表示为右侧邻边可以变动的曲边梯形面积(见图 4-14 中的阴影部分).

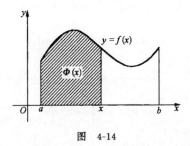

图 4-14

关于函数 $\Phi(x)=\int_a^x f(t)dt$,有两个基本定理,它们在整个微积分学中起着重要的作用.

定理(连续函数的原函数存在定理) 设函数 $f(x)$ 在区间 $[a,b]$ 上连续,则函数
$$\Phi(x) = \int_a^x f(t)dt \quad (a \leqslant x \leqslant b).$$
在 $[a,b]$ 上可导,并且
$$\Phi'(x) = f(x) \quad (a \leqslant x \leqslant b).$$
即 $\Phi(x)$ 是 $f(x)$ 在 $[a,b]$ 上的一个原函数.

证明 对于任意给定的 $x \in [a,b]$,给 x 一个改变量 Δx,使得 $x+\Delta x \in [a,b]$. 由 $\Phi(x)$ 的定义及定积分的可加性,有
$$\Delta\Phi(x) = \Phi(x+\Delta x) - \Phi(x) = \int_a^{x+\Delta x} f(t)dt - \int_a^x f(t)dt$$
$$= \int_a^{x+\Delta x} f(t)dt + \int_x^a f(t)dt = \int_x^{x+\Delta x} f(t)dt.$$

再由积分学中值定理,得到
$$\Delta\Phi(x) = \int_x^{x+\Delta x} f(t)dt = f(c) \cdot \Delta x,$$
即
$$\frac{\Delta\Phi(x)}{\Delta x} = f(c),$$
其中 c 在 x 与 $x+\Delta x$ 之间.

令 $\Delta x \to 0$,则 $x+\Delta x \to x$,从而 $c \to x$,由函数 $f(x)$ 的连续性有
$$\lim_{\Delta x \to 0} f(c) = \lim_{c \to x} f(c) = f(x).$$
即
$$\lim_{\Delta x \to 0} \frac{\Delta\Phi(x)}{\Delta x} = f(x).$$
根据导数定义,即
$$\Phi'(x) = f(x).$$

这个定理告诉我们,任何连续的函数都有原函数存在,并且这个原函数正是 $f(x)$ 的变上限的定积分,即
$$\Phi'(x) = \frac{d}{dx}\left[\int_a^x f(t)dt\right] = f(x).$$

例1 求下列函数的导数:

(1) $F(x)=\int_2^x \sqrt{1+t^2}\mathrm{d}t$;　　(2) $F(x)=\int_x^5 \dfrac{2t}{3+2t+t^2}\mathrm{d}t$.

解 (1) 由定理可知,上限为变数 x 的定积分其导数就是被积函数,即

$$F'(x) = \left(\int_2^x \sqrt{1+t^2}\mathrm{d}t\right)' = \sqrt{1+x^2}.$$

(2) 根据定理的要求,我们先交换积分上、下限,再求导数. 由于

$$F(x) = \int_x^5 \frac{2t}{3+2t+t^2}\mathrm{d}t = -\int_5^x \frac{2t}{3+2t+t^2}\mathrm{d}t,$$

故

$$F'(x) = \left(-\int_5^x \frac{2t}{3+2t+t^2}\,\mathrm{d}t\right)'$$
$$= -\left(\int_5^x \frac{2t}{3+2t+t^2}\,\mathrm{d}t\right)' = -\frac{2x}{3+2x+x^2}.$$

例2 设 $F(x)=\int_a^{x^2} \dfrac{1}{1+t^3}\,\mathrm{d}t$,求 $\dfrac{\mathrm{d}F(x)}{\mathrm{d}x}$.

解 注意到该定积分的上限是 x^2,即是 x 的函数,若设 $u=x^2$,则函数 $\int_a^{x^2} \dfrac{1}{1+t^3}\,\mathrm{d}t$ 可看成是由函数

$$\int_a^u \frac{1}{1+t^3}\,\mathrm{d}t \quad \text{和} \quad u = x^2$$

复合而成. 因此,根据复合函数的导数法则我们有

$$\frac{\mathrm{d}}{\mathrm{d}x}\int_a^{x^2} \frac{1}{1+t^3}\,\mathrm{d}t = \frac{\mathrm{d}}{\mathrm{d}u}\int_a^u \frac{1}{1+t^3}\,\mathrm{d}t \cdot \frac{\mathrm{d}u}{\mathrm{d}x}$$
$$= \frac{1}{1+u^3}\cdot(x^2)' = \frac{1}{1+(x^2)^3}\cdot 2x = \frac{2x}{1+x^6}.$$

由此,我们可以得到如下一般结论:若函数 $\varphi(x)$ 可微,当函数 $f(x)$ 连续时,则

$$\frac{\mathrm{d}}{\mathrm{d}x}\left(\int_a^{\varphi(x)} f(t)\mathrm{d}t\right) = f(\varphi(x))\varphi'(x).$$

2. 微积分学基本定理

定理(微积分学基本定理)　设函数 $f(x)$ 为区间 $[a,b]$ 上的连续函数,且 $F(x)$ 是 $f(x)$ 在 $[a,b]$ 上的一个原函数,则

$$\int_a^b f(x)dx = F(b) - F(a).$$

这个公式又称为**牛顿-莱布尼茨**公式,它常常写成下面的形式:

$$\int_a^b f(x)dx = F(x)\Big|_a^b.$$

证 已知 $F(x)$ 为 $f(x)$ 在 $[a,b]$ 上的一个原函数,而

$$P(x) = \int_a^x f(t)dt$$

也是 $f(x)$ 的一个原函数,故有 $P(x) = F(x) + C$,即

$$P(x) = \int_a^x f(t)dt = F(x) + C,$$

将 $x=a$ 代入得

$$P(a) = \int_a^a f(t)dt = 0,$$

于是有 $F(a) + C = 0, C = -F(a)$,

$$P(x) = F(x) - F(a);$$

将 $x=b$ 代入得 $P(b) = \int_a^b f(t)dt$,且

$$P(b) = F(b) - F(a),$$

因而有
$$\int_a^b f(t)dt = F(b) - F(a).$$

应用牛顿-莱布尼茨公式,定积分的计算就简化为:利用不定积分求出被积函数的一个原函数,然后计算该原函数在上下限的函数值之差. 该公式将不定积分和定积分有机地结合起来,从而使积分学得到广泛的应用.

例3 求积分 $\int_0^4 (2x+3)dx$.

解 由于 $(x^2+3x)' = 2x+3$,因此根据牛顿-莱布尼茨公式,

$$I^{①} = (x^2+3x)\Big|_0^4 = 4^2 + 12 = 28.$$

例4 求积分 $\int_2^4 \frac{1}{x}dx$.

---

① 这里我们用 I 表示所求的定积分,以下同.

解 由于 $(\ln|x|)' = \frac{1}{x}$. 因此

$$I = \ln|x| \Big|_2^4 = \ln 4 - \ln 2 = \ln 2.$$

例 5 求积分 $\int_0^{\sqrt{a}} x e^{x^2} dx$.

解 由于 $(e^{x^2})' = 2x e^{x^2}$，而 $\left(\frac{1}{2} e^{x^2}\right)' = x e^{x^2}$，因此

$$I = \frac{1}{2} \int_0^{\sqrt{a}} e^{x^2} dx^2 = \frac{1}{2} e^{x^2} \Big|_0^{\sqrt{a}}$$

$$= \frac{1}{2}(e^a - e^0) = \frac{1}{2}(e^a - 1).$$

例 6 求积分 $\int_0^{\pi} |\cos x| dx$.

解 由于

$$|\cos x| = \begin{cases} \cos x, & 0 \leqslant x \leqslant \pi/2, \\ -\cos x, & \pi/2 < x \leqslant \pi, \end{cases}$$

根据定积分的可加性我们有

$$I = \int_0^{\pi/2} \cos x dx - \int_{\pi/2}^{\pi} \cos x dx$$

$$= \sin x \Big|_0^{\pi/2} - \sin x \Big|_{\pi/2}^{\pi} = 1 - (-1) = 2.$$

例 7 求积分 $\int_1^e \ln x dx$.

解 由于 $(x(\ln x - 1))' = \ln x$，因此，根据牛顿-莱布尼茨公式，我们有

$$I = x(\ln x - 1) \Big|_1^e = e(\ln e - 1) + 1 = 1.$$

这里需要指明的是，如果函数 $f(x)$ 不满足可积的条件，则牛顿-莱布尼茨公式不能使用. 例如:

$$\int_{-1}^{1} \frac{1}{x^2} dx = -\frac{1}{x} \Big|_{-1}^{1} = -2.$$

这个结果显然是错误的，因为被积函数 $f(x) = \frac{1}{x^2}$ 在积分区间 $[-1,1]$ 内大于零，其积分值不应该为负. 这是由于 $f(x)$ 在 $x=0$ 不

连续,它在区间$[-1,1]$上不满足可积条件的缘故.

4.2 定积分的换元积分法

根据微积分学基本定理所揭示的定积分与不定积分之间的关系,我们可以由不定积分的积分法则导出相应的定积分的积分法则.下面我们分别介绍计算定积分的两个基本法则:定积分的换元法与分部积分法.

定理 设函数 $f(x)$ 在 $[a,b]$ 上连续. 作变换 $x=x(t)$,它满足:
(1) 当 $t=\alpha$ 时,$x=x(\alpha)=a$,当 $t=\beta$ 时,$x=x(\beta)=b$;
(2) 当 t 在 $[\alpha,\beta]$ 上变化时,$x=x(t)$ 的值在 $[a,b]$ 上变化;
(3) $x'(t)$ 在 $[\alpha,\beta]$ 上连续,

则有换元积分公式

$$\int_a^b f(x)\mathrm{d}x = \int_\alpha^\beta f[x(t)]x'(t)\mathrm{d}t.$$

证明 因为 $f(x)$ 与 $f[x(t)]\cdot x'(t)$ 都是连续的,所以它们都是可积的. 设 $f(x)$ 在 $[a,b]$ 上的一个原函数为 $F(x)$,由复合函数的求导法则容易验证 $F[x(t)]$ 为 $f[x(t)]\cdot x'(t)$ 的一个原函数. 于是由牛顿-莱布尼茨公式,有

$$\int_\alpha^\beta f[x(t)]x'(t)\mathrm{d}t = F[x(t)]\Big|_\alpha^\beta = F[x(\beta)] - F[x(\alpha)]$$

$$= F(b) - F(a) = F(x)\Big|_a^b = \int_a^b f(x)\mathrm{d}x.$$

此定理说明,在我们利用换元法计算定积分时,只要随着积分变量的替换相应地改变定积分的上、下限,这样在求出原函数之后,就可以直接代入积分限计算原函数的改变量之值,而不必换回原来的变量. 这就是定积分换元法与不定积分换元法的不同之处.

例8 求积分 $\int_{1/\pi}^{2/\pi} \frac{1}{x^2} \sin \frac{1}{x} \mathrm{d}x.$

解 考虑到 $\frac{1}{x^2}\mathrm{d}x = -\mathrm{d}\frac{1}{x}$,我们令 $\frac{1}{x}=u$. 当 x 从 $\frac{1}{\pi}$ 变到 $\frac{2}{\pi}$ 时,则相应的 u 从 π 变到 $\frac{\pi}{2}$. 于是,

$$I = -\int_{1/\pi}^{2/\pi} \sin\frac{1}{x} \, d\left(\frac{1}{x}\right)$$
$$= -\int_{\pi}^{\pi/2} \sin u \, du = \cos u \Big|_{\pi}^{\pi/2} = \cos\frac{\pi}{2} - \cos\pi = 1.$$

例9 求积分 $\int_0^{\ln 2} \sqrt{e^x - 1} \, dx$.

解 为去掉被积函数中的根号 $\sqrt{e^x - 1}$，设 $t = \sqrt{e^x - 1}$，即 $x = \ln(1 + t^2)$，则

$$dx = \frac{2t}{1 + t^2} dt.$$

当 $x = 0$ 时，$t = 0$；当 $x = \ln 2$ 时，$t = 1$. 于是

$$I = \int_0^1 t \, \frac{2t}{1 + t^2} \, dt = 2\int_0^1 \frac{1 + t^2 - 1}{1 + t^2} \, dt$$
$$= 2(t - \arctan t)\Big|_0^1 = 2\left(1 - \frac{\pi}{4}\right).$$

例10 求积分 $\int_0^{\ln 2} e^x (1 + e^x)^2 \, dx$.

解 $I = \int_0^{\ln 2} (1 + e^x)^2 \, d(1 + e^x)$

$$\underline{\text{令} 1 + e^x = u} \int_2^3 u^2 \, du = \frac{1}{3} u^3 \Big|_2^3 = \frac{1}{3}(3^3 - 2^3) = \frac{19}{3}.$$

例11 求积分 $\int_0^1 \frac{x}{1 + x^2} \, dx$.

解 显然这类题目要用换元积分法，但是我们也可以不写出新的积分变量. 这样也就无须换限. 可按下面方式书写：

$$I = \frac{1}{2} \int_0^1 \frac{1}{1 + x^2} \, d(1 + x^2)$$
$$= \frac{1}{2} \ln(1 + x^2) \Big|_0^1 = \frac{1}{2} \ln 2.$$

例12 设 n 是正整数，试证：

$$\int_0^{\pi/2} \sin^n x \, dx = \int_0^{\pi/2} \cos^n x \, dx.$$

分析 比较等式两端的被积函数，并注意到 $\sin\left(\frac{\pi}{2} - x\right) = \cos x$，

这里应设 $t=\dfrac{\pi}{2}-x$，即 $x=\dfrac{\pi}{2}-t$.

证 设 $x=\dfrac{\pi}{2}-t$，则 $\mathrm{d}x=-\mathrm{d}t$.

当 $x=0$ 时，$t=\dfrac{\pi}{2}$；当 $x=\dfrac{\pi}{2}$ 时，$t=0$. 于是

$$\int_0^{\pi/2}\sin^n x\,\mathrm{d}x=-\int_{\pi/2}^0\sin^n\left(\dfrac{\pi}{2}-t\right)\mathrm{d}t=\int_0^{\pi/2}\cos^n t\,\mathrm{d}t=\int_0^{\pi/2}\cos^n x\,\mathrm{d}x.$$

4.3 定积分的分部积分法

定理 设函数 $u=u(x)$ 与 $v=v(x)$ 在 $[a,b]$ 上具有连续的导数 $u'(x)$ 与 $v'(x)$，则有分部积分公式

$$\int_a^b u(x)\,\mathrm{d}[v(x)]=u(x)\cdot v(x)\Big|_a^b-\int_a^b v(x)\,\mathrm{d}[u(x)].$$

证明 因为 $(u(x)\cdot v(x))'$，$u'(x)\cdot v(x)$ 与 $u(x)\cdot v'(x)$ 都是 $[a,b]$ 上的连续函数，所以它们都是可积的. 根据牛顿-莱布尼茨公式，有

$$\int_a^b[u(x)\cdot v(x)]'\mathrm{d}x=u(x)\cdot v(x)\Big|_a^b.$$

由于 $\mathrm{d}[u(x)\cdot v(x)]=u(x)\mathrm{d}v(x)+v(x)\mathrm{d}u(x)$，又有

$$\int_a^b[u(x)\cdot v(x)]'\mathrm{d}x=\int_a^b u(x)\,\mathrm{d}[v(x)]+\int_a^b v(x)\,\mathrm{d}[u(x)].$$

于是得到

$$\int_a^b u(x)\,\mathrm{d}[v(x)]+\int_a^b v(x)\,\mathrm{d}[u(x)]=u(x)\cdot v(x)\Big|_a^b,$$

即

$$\int_a^b u(x)\,\mathrm{d}[v(x)]=u(x)\cdot v(x)\Big|_a^b-\int_a^b v(x)\,\mathrm{d}[u(x)].$$

定积分的分部积分公式与不定积分的分部积分公式区别是，这个公式的每一项都带有积分限.

例 13 求积分 $\int_0^1 x\mathrm{e}^x\mathrm{d}x$.

解 $I=\int_0^1 x\mathrm{d}\mathrm{e}^x=x\mathrm{e}^x\Big|_0^1-\int_0^1\mathrm{e}^x\mathrm{d}x=\mathrm{e}-\mathrm{e}^x\Big|_0^1=1.$

例 14 求积分 $\int_1^5 \ln x \, dx$.

解 $I = x\ln x \Big|_1^5 - \int_1^5 x \, d\ln x = 5\ln 5 - \int_1^5 x \cdot \frac{1}{x} dx$
$= 5\ln 5 - x \Big|_1^5 = 5\ln 5 - 4.$

例 15 求积分 $\int_0^{\pi/2} x^2 \sin x \, dx$.

解 $I = -\int_0^{\pi/2} x^2 \, d\cos x = -x^2 \cos x \Big|_0^{\pi/2} + \int_0^{\pi/2} 2x\cos x \, dx$
$= 2\int_0^{\pi/2} x\cos x \, dx = 2\int_0^{\pi/2} x \, d\sin x$
$= 2\left(x\sin x \Big|_0^{\pi/2} - \int_0^{\pi/2} \sin x \, dx \right)$
$= 2\left(\frac{\pi}{2} + \cos x \Big|_0^{\pi/2} \right) = \pi - 2.$

§5 定积分的应用与推广

本节我们先介绍应用定积分的知识解决实际问题的主要方法——微元分析法,然后给出定积分的几个简单的应用实例,最后讨论广义积分.

5.1 微元分析法

一般来说,定积分所要解决的是在给定区间上求某个不均匀分布的整体量的问题.通常对于这类问题我们是通过分割区间首先把整体问题转化成为局部问题,在局部上用均匀的量来代替不均匀的量,并用初等数学的方法找出局部量的近似值;然后把这些值加起来得到整体量的一个近似值,随着局部量被分得越小,这种近似程度越好.当我们无限细分时,取极限就得到了整体量的精确值.这就是用定积分来解决实际问题的基本思想"分割——代替——求和——取极限".

在上面的四个步骤中,关键的一步是"代替",即在极小的局部上进行数量分析,选择适当的函数,写出局部量的一个近似等式来.

设 A 为某一个与区间 $[a,b]$ 有关的整体量,并用 $A(x)$ 表示整体量 A 对应于可变区间 $[a,x]$ $(a \leqslant x \leqslant b)$ 上的部分量,有
$$A(a) = 0, \quad A = A(b) - A(a).$$
用 $[x, x+\mathrm{d}x]$ 表示细分后任意固定的一个小区间,并用 ΔA 表示在这个典型的小区间 $[x, x+\mathrm{d}x]$ 上对于 A 的部分量. 如果我们根据具体问题找到了一个函数 $f(x)$,使得
$$\Delta A = f(x)\Delta x + o(\Delta x) \quad (\Delta x \to 0),$$
即 $f(x)\Delta x$ 就是 ΔA 的线性主要部分. 因此,$f(x)\Delta x$ 在数量关系上就是函数 $A(x)$ 在点 x 处的微分,我们把 $f(x)\mathrm{d}x$ 称为 A 的**微元**,记为 $\mathrm{d}A$,即
$$\mathrm{d}A = f(x)\mathrm{d}x.$$
这样,当 $f(x)$ 在 $[a,b]$ 上可积时,由微分学基本定理,便得到
$$\int_a^b f(x)\mathrm{d}x = \int_a^b A'(x)\mathrm{d}x = A(x)\Big|_a^b$$
$$= A(b) - A(a) = A.$$
用这种简化的步骤来解决实际问题的方法,称为**微元分析法**或简称为**微元法**.

下面我们介绍怎样用微元法来解决一些几何问题和物理问题.

5.2 定积分应用的几个实例

1. 平面图形的面积

设在区间 $[a,b]$ 上,连续曲线 $y=f(x)$ 位于 $y=g(x)$ 的上方,求由这两条曲线以及直线 $x=a, x=b$ 所围成的平面图形(见图 4-15)的面积 S.

由微元法,在 $[a,b]$ 上任取一个小区间 $[x, x+\mathrm{d}x]$,于是在 $[x, x+\mathrm{d}x]$ 上的平面图形面积 ΔS 可以用面积微元 $\mathrm{d}S$ 来作近似代替. $\mathrm{d}S$ 为图 4-15 中阴影部分的小矩形的面积,即
$$\mathrm{d}S = [f(x) - g(x)] \cdot \mathrm{d}x.$$
将 $\mathrm{d}S$ 从 a 到 b 求定积分,就得到平面图形的面积 S
$$S = \int_a^b [f(x) - g(x)]\mathrm{d}x.$$

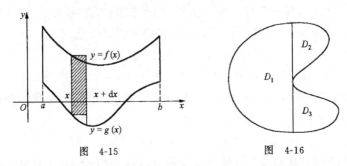

图 4-15   图 4-16

在一般的情况下,任意的曲线所围成的平面图形都可以看作是由若干个上面那样的图形所组成的.例如图 4-16 所示的平面图形可以分成三部分 D_1, D_2, D_3,而每一部分都可应用上式来计算.因此,用定积分计算曲边图形的面积主要是如何确定被积函数和积分限的问题.

例1 求由曲线 $y=\mathrm{e}^x, y=\mathrm{e}^{-x}$ 以及直线 $x=1$ 所围成的平面图形(见图 4-17)的面积 S.

解 当 $0 \leqslant x \leqslant 1$ 时,由于 $\mathrm{e}^x \geqslant \mathrm{e}^{-x}$,故

$$S = \int_0^1 (\mathrm{e}^x - \mathrm{e}^{-x})\mathrm{d}x = (\mathrm{e}^x + \mathrm{e}^{-x})\Big|_0^1$$

$$= \mathrm{e} + \frac{1}{\mathrm{e}} - 2.$$

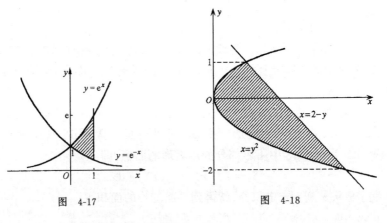

图 4-17   图 4-18

例2 求由抛物线 $y^2=x$ 及直线 $x+y-2=0$ 所围成图形的面

积 S.

解 当 $-2 \leqslant y \leqslant 1$ 时,$2-y \geqslant y^2$,故
$$S = \int_{-2}^{1} [(2-y) - y^2] dy$$
$$= \left(2y - \frac{y^2}{2} - \frac{y^3}{3}\right)\bigg|_{-2}^{1} = \frac{9}{2}.$$

例 3 求椭圆 $\frac{x^2}{a^2} + \frac{y^2}{b^2} = 1$ 的面积 S.

解 由对称性,我们有
$$S = 4\int_0^a \frac{b}{a}\sqrt{a^2 - x^2} dx.$$

利用前面的结果,有
$$S = 4\frac{b}{a}\left(\frac{a^2}{2}\arcsin\frac{x}{a} + \frac{x}{2}\sqrt{a^2-x^2}\right)\bigg|_0^a$$
$$= 4 \cdot \frac{b}{a} \cdot \frac{a^2}{2} \cdot \frac{\pi}{2} = \pi ab.$$

2. 旋转体的体积

所谓旋转体是指由一个平面图形绕一条直线旋转而成的立体,这条直线叫做旋转轴.例如半圆形绕它的直径旋转得到一个球体;矩形绕它的一边旋转得到一个圆柱体.下面我们讨论曲边梯形绕坐标轴旋转所成的旋转体的体积.

设在区间 $[a,b]$ 上,连续曲线 $y=f(x)$ 在 x 轴上方,求由曲线 $y=f(x)$,直线 $x=a, x=b$ 以及 x 轴所围成的曲边梯形绕 x 轴旋转所成的旋转体的体积 V.

由微元法,在 $[a,b]$ 上任取一个小区间 $[x, x+dx]$,于是在 $[x, x+dx]$ 上的旋转体体积 ΔV 可以用体积微元 dV 来作近似代替. dV 为图 4-19 中阴影部分的小矩形绕 x 轴旋转所成的正圆柱体的体积,即
$$dV = \pi[f(x)]^2 \cdot dx$$

利用这个公式我们可以导出由曲线 $y_1=f_1(x), y_2=f_2(x)$,并且 $y_1 > y_2 > 0$ 以及直线 $x=a, x=b$ 所围成的平面图形绕 x 轴旋转所成旋转体的体积为

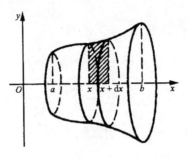

图 4-19

$$V = \pi \int_a^b (y_1^2 - y_2^2) dx.$$

例4 求由直线 $x+y=4$ 与曲线 $xy=3$ 所围成的平面图形绕 x 轴旋转一周所生成的旋转体的体积.

解 平面图形是图 4-20 中有阴影的部分. 可见 $y_1=4-x, y_2=\dfrac{3}{x}$,因此

$$\begin{aligned}V_x &= \pi\int_1^3 (4-x)^2 dx - \pi\int_1^3 \left(\dfrac{3}{x}\right)^2 dx\\ &= \pi\left[-\dfrac{(4-x)^3}{3}\right]\Big|_1^3 + \pi\dfrac{9}{x}\Big|_1^3 = \dfrac{8}{3}\pi.\end{aligned}$$

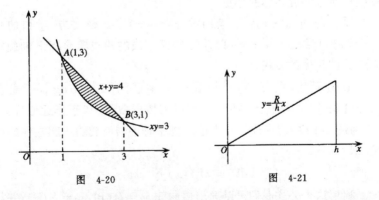

图 4-20　　　　　图 4-21

例5 求由直线段 $y=\dfrac{R}{h}x, x\in[0,h]$ 和直线 $x=h, x$ 轴所围成平面图形绕 x 轴旋转一周所成旋转体的体积.

解 平面图形如图 4-21 所示,所得旋转体是一个锥体.因此,所求旋转体的体积

$$V_x = \pi \int_0^h \left(\frac{R}{h}x\right)^2 dx = \frac{1}{3}\pi R^2 h.$$

例 6 求椭圆 $\frac{x^2}{a^2} + \frac{y^2}{b^2} = 1$ 的上半部分与 x 轴所围成的曲边梯形绕 x 轴旋转形成的椭球体的体积.

解 椭圆上半部的方程是 $y = \frac{b}{a}\sqrt{a^2 - x^2}$. 根据旋转体体积公式和图形的对称性,有

$$V = 2\pi \int_0^a y^2 dx = 2\pi \int_0^a \frac{b^2}{a^2}(a^2 - x^2) dx$$

$$= 2\pi \frac{b^2}{a^2} \int_0^a (a^2 - x^2) dx = 2\pi \frac{b^2}{a^2} \left(a^2 x - \frac{x^3}{3}\right)\bigg|_0^a$$

$$= 2\pi \cdot \frac{b^2}{a^2} \cdot \frac{2}{3}a^3 = \frac{4}{3}\pi ab^2.$$

令 $a = b$ 就得到了以 a 为半径的球的体积 V,有

$$V = \frac{4}{3}\pi a^3.$$

3. 质杆的质量

在第二章中,我们讨论过求非均匀质杆的线密度.下面我们利用微元法来计算非均匀质杆的质量问题.

设质杆所在直线为 x 轴,质杆放置的区间为 $[a,b]$,并且其线密度 $\mu = \mu(x)$ ($a \leqslant x \leqslant b$) 为一连续函数.求此质杆的质量 M.

由微元法,在 $[a,b]$ 上任取一个小区间 $[x, x+dx]$,其上质杆的质量为 ΔM. 在 $[x, x+dx]$ 中,我们可以近似地认为质杆是均匀的,将 x 点的线密度近似代替小区间上每一点的线密度,于是就得到了 ΔM 的一个近似值 $\mu(x) dx$,即质杆的质量微元为

$$dM = \mu(x) dx.$$

将 dM 从 a 到 b 求定积分,就得到非均匀质杆的质量为

$$M = \int_a^b \mu(x) dx.$$

例 7 有一个放置在 x 轴上的质杆.若其上每一点的密度等于

该点的横坐标的平方,试求横坐标在 2 与 3 之间的那段质杆的质量.

解 由题意可知质杆的密度为 $\mu(x)=x^2$. 根据上述公式,质杆的质量为

$$M = \int_2^3 x^2 \mathrm{d}x = \left.\frac{x^3}{3}\right|_2^3 = 6\frac{1}{3}.$$

5.3 广义积分

前面我们所讨论的定积分都假定积分限是有限的而且被积函数是有界的. 但在实际问题中,有时还会遇到函数在无穷区间上的积分以及无界函数在有界区间上的积分. 因此,需要将定积分的概念分别向这两个方面推广,从而引进无穷积分与无界函数积分,二者统称为**反常积分**. 下面我们仅介绍无穷积分.

1. 无穷积分的定义

例 8 求由曲线 $y=\dfrac{1}{x^2}$,直线 $x=1,y=0$ 所围成的"无穷曲边梯形"的面积 S (见图 4-22 中的阴影部分).

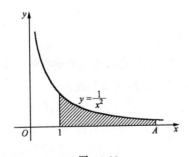

图 4-22

解 我们知道,这个"无穷曲边梯形"面积不能用定积分直接计算出来. 但是,对于任意的 $A>1$,由 $x=1,x=A,y=0$ 以及 $y=\dfrac{1}{x^2}$ 所围成的"曲边梯形"的面积却可以用定积分计算,有

$$\int_1^A \frac{1}{x^2}\mathrm{d}x = -\left.\frac{1}{x}\right|_1^A = 1 - \frac{1}{A} \xlongequal{\text{def}} S(A).$$

可见 $S(A)$ 随着 A 的增大而增大,且当 $A \to +\infty$ 时 $S(A) \to 1$. 不难看出,1 就是所求的"无穷曲边梯形"的面积 S,即

$$S = \lim_{A \to +\infty} \int_1^A \frac{1}{x^2} dx = \lim_{A \to +\infty} \left(1 - \frac{1}{A}\right) = 1.$$

我们把 $\lim\limits_{A \to +\infty} \int_1^A \frac{1}{x^2} dx$ 记为 $\int_1^{+\infty} \frac{1}{x^2} dx$, 称之为函数在无穷区间 $[1, +\infty)$ 上的反常积分.

定义 设函数 $f(x)$ 在 $[a, +\infty)$ 上有定义, 并且对于任意实数 $A(A > a)$, $f(x)$ 在有限区间 $[a, A]$ 上都是可积的, 如果当 $A \to +\infty$ 时, 极限

$$I = \lim_{A \to +\infty} \int_a^A f(x) dx$$

存在, 那么就称此极限值 I 为函数 $f(x)$ 在 $[a, +\infty)$ 上的**无穷积分**. 记作

$$\int_a^{+\infty} f(x) dx = \lim_{A \to +\infty} \int_a^A f(x) dx = I.$$

这时我们说该无穷积分是收敛的, 且收敛于 I. 如果极限 $\lim\limits_{A \to +\infty} \int_a^A f(x) dx$ 不存在, 我们就说该无穷积分是发散的. 这时 $\int_a^{+\infty} f(x) dx$ 只是一个符号, 而不代表任何数值.

类似地, 我们也可以定义函数 $f(x)$ 在区间 $(-\infty, a]$ 上的无穷积分:

$$\int_{-\infty}^a f(x) dx = \lim_{A \to -\infty} \int_A^a f(x) dx.$$

对于函数在区间 $(-\infty, +\infty)$ 上的无穷积分定义为:

$$\int_{-\infty}^{+\infty} f(x) dx = \int_{-\infty}^a f(x) dx + \int_a^{+\infty} f(x) dx$$

$$= \lim_{A_1 \to -\infty} \int_{A_1}^a f(x) dx + \lim_{A_2 \to +\infty} \int_a^{A_2} f(x) dx,$$

其中 a 为任意一个实数, 并且当等式右边的两个无穷积分都收敛时, 才认为 $\int_{-\infty}^{+\infty} f(x) dx$ 是收敛的. 注意, 积分 $\int_{-\infty}^{+\infty} f(x) dx$ 的值不依赖于 a 的选择; 并且 $A_1 \to -\infty$ 和 $A_2 \to +\infty$ 的速度可以是不同的.

2. 无穷积分的计算

例 9 求无穷积分 $\int_0^{+\infty} \dfrac{1}{1+x^2} dx$.

解 $\int_0^{+\infty} \dfrac{1}{1+x^2} dx = \lim\limits_{A \to +\infty} \int_0^A \dfrac{dx}{1+x^2} = \lim\limits_{A \to +\infty} \arctan A = \dfrac{\pi}{2}$.

为了书写方便,有时我们也把积分 $\int_0^{+\infty} \dfrac{1}{1+x^2} dx$ 的极限形式 $\lim\limits_{A \to +\infty} \int_0^A \dfrac{dx}{1+x^2}$ 记成 $\arctan x \Big|_0^{+\infty} = \dfrac{\pi}{2}$.

例 10 求无穷积分 $\int_a^{+\infty} \dfrac{1}{x^2} dx \ (a>0)$.

解 根据无穷积分的定义有

$$\int_a^{+\infty} \dfrac{1}{x^2} dx = \lim\limits_{b \to +\infty} \int_a^b \dfrac{1}{x^2} dx = \lim\limits_{b \to +\infty} \left(-\dfrac{1}{x}\right)\Big|_a^b$$
$$= \lim\limits_{b \to +\infty} \left(\dfrac{1}{a} - \dfrac{1}{b}\right) = \dfrac{1}{a}.$$

例 11 求无穷积分 $\int_{-\infty}^{+\infty} \dfrac{1}{1+x^2} dx$.

解 **方法 1** 因被积函数 $f(x) = \dfrac{1}{1+x^2}$ 在 $(-\infty, +\infty)$ 内为偶函数,故

$$\int_{-\infty}^{+\infty} \dfrac{1}{1+x^2} dx = 2 \int_0^{+\infty} \dfrac{1}{1+x^2} dx.$$

再利用例 9 的结果有

$$\int_{-\infty}^{+\infty} \dfrac{1}{1+x^2} dx = 2 \times \dfrac{\pi}{2} = \pi.$$

方法 2 按定义有

$$\int_{-\infty}^{+\infty} \dfrac{1}{1+x^2} dx = \int_{-\infty}^0 \dfrac{1}{1+x^2} dx + \int_0^{+\infty} \dfrac{1}{1+x^2} dx$$
$$= \lim\limits_{a \to -\infty} \int_a^0 \dfrac{1}{1+x^2} dx + \lim\limits_{b \to +\infty} \int_0^b \dfrac{1}{1+x^2} dx$$
$$= \lim\limits_{a \to -\infty} \arctan x \Big|_a^0 + \lim\limits_{b \to +\infty} \arctan x \Big|_0^b$$
$$= \lim\limits_{a \to -\infty} (-\arctan a) + \lim\limits_{b \to +\infty} \arctan b$$
$$= -\left(-\dfrac{\pi}{2}\right) + \dfrac{\pi}{2} = \pi.$$

例 12 试问:无穷积分 $\int_{1}^{+\infty} \frac{1}{x^{\alpha}} dx$ 当 α 取什么值时收敛?取什么值时发散?

解 (1) 当 $\alpha \neq 1$ 时,按定义有

$$\int_{1}^{+\infty} \frac{1}{x^{\alpha}} dx = \lim_{b \to +\infty} \int_{1}^{b} \frac{1}{x^{\alpha}} dx = \lim_{b \to +\infty} \frac{1}{1-\alpha} x^{1-\alpha} \Big|_{1}^{b}$$

$$= \lim_{b \to +\infty} \frac{1}{1-\alpha} (b^{1-\alpha} - 1).$$

当 $\alpha > 1$ 时,有

$$\int_{1}^{+\infty} \frac{1}{x^{\alpha}} dx = \lim_{b \to +\infty} \frac{1}{1-\alpha} (b^{1-\alpha} - 1) = \frac{-1}{1-\alpha} = \frac{1}{\alpha - 1};$$

当 $\alpha < 1$ 时,有

$$\int_{1}^{+\infty} \frac{1}{x^{\alpha}} dx = \lim_{b \to +\infty} \frac{1}{1-\alpha} (b^{1-\alpha} - 1) = +\infty.$$

故反常积分 $\int_{1}^{+\infty} \frac{1}{x^{\alpha}} dx$ 当 $\alpha > 1$ 时收敛,当 $\alpha < 1$ 时发散.

(2) 当 $\alpha = 1$ 时,有

$$\int_{1}^{+\infty} \frac{1}{x} dx = \lim_{b \to +\infty} \int_{1}^{b} \frac{1}{x} dx = \lim_{b \to +\infty} \ln|x| \Big|_{1}^{b}$$

$$= \lim_{b \to +\infty} \ln b = +\infty.$$

故当 $\alpha = 1$ 时,反常积分 $\int_{1}^{+\infty} \frac{1}{x^{\alpha}} dx$ 发散.

综上所述得:反常积分 $\int_{1}^{+\infty} \frac{1}{x^{\alpha}} dx$ 当 $\alpha \leqslant 1$ 时发散,当 $\alpha > 1$ 时收敛.

习 题 四

(一) 选择题

1. 若 $f(x)$ 是 $g(x)$ 的一个原函数,则正确的是( ).
(A) $\int f(x) = dx = g(x) + C$; (B) $\int g(x) dx = f(x) + C$;
(C) $\int g'(x) dx = f(x) + C$; (D) $\int f'(x) dx = g(x) + C$.

2. 若 $\ln|x|$ 是函数 $f(x)$ 的原函数,那么 $f(x)$ 的另一个原函数

是( ).

(A) $\ln|ax|$; (B) $\frac{1}{a}\ln|ax|$;

(C) $\ln|x+a|$; (D) $\frac{1}{2}(\ln x)^2$.

3. 若 $f(x)$ 的一个原函数是 $\sin x$,则 $\int f'(x)dx = ($).

(A) $\sin x + C$; (B) $\cos x + C$;

(C) $-\sin x + C$; (D) $-\cos x + C$.

4. 下列函数中,哪一个是函数 $2(e^{2x} - e^{-2x})$ 的原函数(   ).

(A) $e^x + e^{-x}$; (B) $4(e^{2x} + e^{-2x})$;

(C) $e^x - e^{-x}$; (D) $(e^x + e^{-x})^2$.

5. 设 $f(x)$ 为 $[-a,a]$ 上定义的连续奇函数,且当 $x > 0$ 时,$f(x) > 0$,则由 $y = f(x), x = -a, x = a$ 及 x 轴围成的图形面积 $S = ($)为不正确.

(A) $2\int_0^a f(x)dx$; (B) $\int_{-a}^a |f(x)|dx$;

(C) $\int_0^a f(x)dx - \int_{-a}^0 f(x)dx$; (D) $\int_0^a f(x)dx + \int_{-a}^0 f(x)dx$.

6. 设 $f'(x)$ 存在且连续,则 $\left(\int df(x)\right)' = ($).

(A) $f(x)$; (B) $f'(x)$;

(C) $f'(x) + C$; (D) $f(x) + C$.

7. $\int \cos(1-2x)dx = ($).

(A) $-\frac{1}{2}\sin(1-2x) + C$; (B) $\frac{1}{2}\sin(1-2x) + C$;

(C) $-\sin(1-2x) + C$; (D) $2\sin(1-2x) + C$.

8. 已知 $I = \int \frac{dx}{3-4x}$,则 $I = ($).

(A) $-\frac{1}{4}\ln|3-4x|$; (B) $\ln|3-4x| + C$;

(C) $\frac{1}{4}\ln(3-4x) + C$; (D) $-\frac{1}{4}\ln|3-4x| + C$.

9. 若 $\int f(x)dx = x^2 + C$,则 $\int xf(1-x^2)dx = ($).

(A) $2(1-x^2)^2 + C$; (B) $-2(1-x^2)^2 + C$;

(C) $\dfrac{1}{2}(1-x^2)^2+C$; (D) $-\dfrac{1}{2}(1-x^2)^2+C$.

10. $\int x\,\mathrm{d}e^{-x}=(\quad)$.

(A) $xe^{-x}+C$; (B) $-xe^{-x}+C$;

(C) $xe^{-x}+e^{-x}+C$; (D) $xe^{-x}-e^{-x}+C$.

11. 若 $\int f(x)\mathrm{d}x=F(x)+C$,则 $\int e^{-x}f(e^{-x})\mathrm{d}x=(\quad)$.

(A) $F(e^x)+C$; (B) $-F(e^{-x})+C$;

(C) $F(e^{-x})+C$; (D) $\dfrac{F(e^{-x})}{x}+C$.

12. 设 $f(x)$ 有原函数 $x\ln x$,则 $\int xf(x)\mathrm{d}x=(\quad)$.

(A) $x^2\left(\dfrac{1}{2}+\dfrac{1}{4}\ln x\right)+C$; (B) $x^2\left(\dfrac{1}{4}+\dfrac{1}{2}\ln x\right)+C$;

(C) $x^2\left(\dfrac{1}{4}-\dfrac{1}{2}\ln x\right)+C$; (D) $x^2\left(\dfrac{1}{2}-\dfrac{1}{4}\ln x\right)+C$.

13. $\int \ln\dfrac{x}{2}\mathrm{d}x=(\quad)$.

(A) $x\ln\dfrac{x}{2}-2x+C$; (B) $x\ln\dfrac{x}{2}-4x+C$;

(C) $x\ln\dfrac{x}{2}-x+C$; (D) $x\ln\dfrac{x}{2}+x+C$.

14. 设 $f(x)=\begin{cases}x^2,&x>0,\\x,&x\leqslant 0,\end{cases}$ 则 $\int_{-1}^{1}f(x)\mathrm{d}x=(\quad)$.

(A) $2\int_{-1}^{0}x\,\mathrm{d}x$; (B) $2\int_{0}^{1}x^2\,\mathrm{d}x$;

(C) $\int_{0}^{1}x^2\,\mathrm{d}x+\int_{-1}^{0}x\,\mathrm{d}x$; (D) $\int_{0}^{1}x\,\mathrm{d}x+\int_{-1}^{0}x^2\,\mathrm{d}x$.

15. $\int_{-\frac{\pi}{2}}^{\frac{\pi}{2}}|\sin x|\mathrm{d}x=(\quad)$.

(A) 0; (B) π; (C) $\dfrac{\pi}{2}$; (D) 2.

16. $\int_{0}^{3}|x-1|\mathrm{d}x=(\quad)$.

(A) 0; (B) 1; (C) $\dfrac{5}{2}$; (D) 2.

17. $\int_a^x f'(2t)dt = ($ $)$.

(A) $2[f(x)-f(a)]$;　　　　(B) $f(2x)-f(2a)$;

(C) $2[f(2x)-f(2a)]$;　　　(D) $\frac{1}{2}[f(2x)-f(2a)]$.

18. 设 $y = \int_0^x (t-1)(t-2)dt$, 则 $y'(0) = ($ $)$.

(A) -2;　　(B) -1;　　(C) 1;　　(D) 2.

19. 若 $\int_0^x f(t)dt = \frac{x^4}{2}$, 则 $\int_0^4 \frac{1}{\sqrt{x}}f(\sqrt{x})dx = ($ $)$.

(A) 16;　　(B) 8;　　(C) 4;　　(D) 2.

20. $\frac{d}{dx}\int_b^x \frac{\sin t}{t}dt = ($ $)$.

(A) $\frac{\sin x}{x}$;　　(B) $\frac{\cos x}{x}$;　　(C) $\frac{\sin b}{b}$;　　(D) $\frac{\sin t}{t}$.

21. 已知 $F'(x) = f(x)$, 则 $\int_a^x f(t+a)dt = ($ $)$.

(A) $F(x)-F(a)$;　　　　(B) $F(t)-F(a)$;

(C) $F(x+a)-F(2a)$;　　(D) $F(t+a)-F(2a)$.

22. $\lim\limits_{x \to 0} \frac{\int_0^x \sin t^2 dt}{x^3} = ($ $)$.

(A) 1;　　(B) 0;　　(C) $\frac{1}{2}$;　　(D) $\frac{1}{3}$.

23. 广义积分 $\int_2^{+\infty} \frac{1}{x^2}dx = ($ $)$.

(A) 0;　　(B) $+\infty$;　　(C) $-\frac{1}{2}$;　　(D) $\frac{1}{2}$.

24. 已知 $y' = 2x$, 且 $x = 1$ 时 $y = 2$, 则 $y = ($ $)$.

(A) x^2+2;　　(B) x^2+1;　　(C) $\frac{x^2}{2}+2$;　　(D) $x+1$.

(二) 解答题

1. 试验证函数 $y = 1+\arctan x$ 与 $y = \arcsin\frac{x}{\sqrt{1+x^2}}$ 是同一个函数的原函数.

2. 一曲线过点 $(0,1)$ 处, 并且在曲线上每一点的切线的斜率为 $2x$, 求此曲线方程.

3. 求下列各不定积分：

(1) $\int x^4 dx$;

(2) $\int x\sqrt{x}\,dx$;

(3) $\int \left(\dfrac{1}{x}+4^x\right)dx$;

(4) $\int \dfrac{x^2-2\sqrt{2}\,x+2}{x-\sqrt{2}}dx$;

(5) $\int \tan^2 x\,dx$;

(6) $\int \dfrac{2x^2+3}{x^2+1}dx$;

(7) $\int \dfrac{\cos 2x}{\cos x-\sin x}dx$;

(8) $\int (1+\cos^3 x)\sec^2 x\,dx$.

4. 利用换元法求下列各不定积分：

(1) $\int \sqrt{2+3x}\,dx$;

(2) $\int \dfrac{4}{(1-2x)^2}dx$;

(3) $\int x\sqrt{x^2+3}\,dx$;

(4) $\int \sin 3x\,dx$;

(5) $\int \dfrac{dx}{\sqrt{1-25x^2}}$;

(6) $\int \dfrac{dx}{1+9x^2}$;

(7) $\int \cos^2 x\,dx$;

(8) $\int \dfrac{e^x}{2-3e^x}dx$;

(9) $\int e^x(e^x+2)^5 dx$;

(10) $\int \dfrac{1}{x^2+2x+3}dx$;

(11) $\int \dfrac{1}{x^2-16}dx$;

(12) $\int 10^{2x}dx$;

(13) $\int \sin 3x\cdot\sin 5x\,dx$;

(14) $\int \cos^3 x\,dx$;

(15) $\int \dfrac{1}{\sqrt{4-9x^2}}dx$;

(16) $\int \dfrac{1}{x\sqrt{x^2+1}}dx$;

(17) $\int \dfrac{\sqrt{x^2-a^2}}{x}dx$.

5. 利用分部积分法求下列各不定积分：

(1) $\int x\sin 2x\,dx$;

(2) $\int x\ln x\,dx$;

(3) $\int xe^{-x}dx$;

(4) $\int \ln^2 x\,dx$;

(5) $\int \arccos x\,dx$;

(6) $\int x\arctan x\,dx$;

(7) $\int (x^2+2x+1)e^x dx$;

(8) $\int (\arcsin x)^2 dx$.

6. 求下列不定积分：

(1) $\int \dfrac{x}{\sqrt{x+2}}dx$;

(2) $\int \dfrac{1}{1+\cos x}dx$;

(3) $\int \sin^4 x\,dx$;

(4) $\int \tan^6 x \sec^4 x\,dx$;

(5) $\int \dfrac{1}{\sqrt{1+e^x}}dx$;

(6) $\int \dfrac{x\,dx}{\sqrt{1+x^2}+\sqrt{(1+x^2)^3}}$;

(7) $\int e^{|x|}dx$;

(8) $\int \cos^3 x\,dx$;

(9) $\int \dfrac{1}{x^2\sqrt{x^2+4}}dx$;

(10) $\int \dfrac{dx}{\sqrt{x(4-x)}}$;

(11) $\int \dfrac{x}{\sin^2 x}dx$;

(12) $\int \dfrac{x^4}{(1-x^2)^3}dx$.

7. 已知 $\int xf(x)dx = \arcsin x + C$，求 $\int \dfrac{1}{f(x)}dx$.

8. 若 $\dfrac{\sin x}{x}$ 是函数 $f(x)$ 的一个原函数，求 $\int x^3 f'(x)dx$.

9. 已知 $y' = 2x$，求 $y = f(x)$ 通过点 $(2,5)$ 的曲线方程.

10. 已知 $y' = 2xe^{x^2} + \dfrac{1}{x} + 6x(x^2-1)^2$，求 $y = f(x)$ 通过点 $(1, e-2)$ 的曲线方程.

11. 已知 $y = \int_0^x \sin t\,dt$，求 $\dfrac{dy}{dx}\bigg|_{x=\frac{\pi}{4}}$.

12. 已知 $y = \int_4^x \sqrt{1+t^2}\,dt$，求 dy.

13. 已知 $y = \int_1^{x^2} \dfrac{1}{1+t}dt$，求 $\dfrac{dy}{dx}$.

14. 已知 $y = \int_0^{x^2} \dfrac{1}{\sqrt{1-t^2}}dt$，求 $\dfrac{dy}{dx}$.

15. 已知 $\Phi(x) = \int_0^{x^2} \dfrac{\sin^2 t}{1+\cos^2 t}dt$，求 $\Phi'(x)$.

16. 求下列定积分：

(1) $\int_1^3 x^3 dx$;

(2) $\int_1^4 \sqrt{x}\,dx$;

(3) $\int_\pi^{2\pi} \sin x\,dx$;

(4) $\int_0^1 \dfrac{1}{4t^2-9}dt$;

(5) $\int_{-1}^0 e^{-x}dx$;

(6) $\int_{-1}^{-2} \dfrac{x}{x+3}dx$.

17. 设 $f(x)=\begin{cases} x^2, & -1\leqslant x<1, \\ e^{-x}, & 1\leqslant x\leqslant 2. \end{cases}$ 求 $\int_0^{\frac{3}{2}} f(x)dx$.

18. 利用定积分的性质,比较积分值的大小:

(1) $\int_0^1 x^2 dx$ 和 $\int_0^1 x^3 dx$;　　(2) $\int_1^2 x^3 dx$ 和 $\int_1^2 x^2 dx$;

(3) $\int_1^2 \ln x dx$ 和 $\int_1^2 \ln^2 x dx$;

(4) 设 $f(x)=\begin{cases} x, & -1\leqslant x<0, \\ x^2, & 0\leqslant x\leqslant 1, \end{cases}$ $g(x)=\begin{cases} x^2, & -1\leqslant x<0, \\ x, & 0\leqslant x\leqslant 1, \end{cases}$

试比较 $\int_{-1}^1 f(x)dx$ 和 $\int_{-1}^1 g(x)dx$ 的大小.

19. 求函数 $y=2x^2+3x+3$ 在区间 $[1,4]$ 上的平均值.

20. 证明: $\dfrac{1}{40} < \int_{10}^{20} \dfrac{x^2}{x^4+x+1} dx < \dfrac{1}{20}$.

21. 计算下面各定积分:

(1) $\int_0^1 x^2\sqrt{1-x^2}\,dx$;　　(2) $\int_1^e \dfrac{1+\ln x}{x}dx$;

(3) $\int_0^1 \dfrac{dx}{1+e^x}$;　　(4) $\int_0^1 \sqrt{4-x^2}\,dx$;

(5) $\int_{-2}^0 \dfrac{dx}{x^2+2x+2}$;　　(6) $\int_0^1 xe^x dx$;

(7) $\int_1^e x\ln x dx$;　　(8) $\int_0^1 x\arctan x dx$;

(9) $\int_0^{e-1} \ln(x+1)dx$;　　(10) $\int_0^\pi x^3\sin x dx$.

22. 证明: 若 $f(x)$ 在 $[-a,a]$ 上可积并为偶函数,则

$$\int_{-a}^a f(x)dx = 2\int_0^a f(x)dx.$$

23. 证明: 若 $f(x)$ 在 $(-\infty,+\infty)$ 上可积且是以 T 为周期的周期函数,则

$$\int_a^{a+T} f(x)dx = \int_0^T f(x)dx.$$

24. 求由曲线 $y=x^2$ 和 $x=y^2$ 所围成的平面图形的面积.

25. 求由曲线 $y=xe^{-x^2}$ 以及直线 $y=0, x=0, x=1$ 所围成的平面图形的面积.

26. 求由下面各曲线所围成的平面图形绕 x 轴旋转所产生的旋转体的体积:

(1) $y=x^2$ 和 $x=y^2$;   (2) $y=\sin x$ $(0\leqslant x\leqslant\pi)$ 和 $y=0$.

27. 在半径为 1 m 的半球形水池中灌满了水. 若把池中的水完全吸尽, 需做多少功?

28. 有一放置在 y 轴上的质杆, 若其上每一点的密度等于 e^y, 试求质杆在 $1\leqslant y\leqslant 2$ 的一段上的质量.

29. 求下列各无穷积分的值:

(1) $\int_{-\infty}^{+\infty} \frac{1}{x^2+2x+2}dx$;   (2) $\int_{e}^{+\infty} \frac{1}{x\ln^2 x}dx$;

(3) $\int_{-\infty}^{0} \frac{dx}{(1-2x)^{3/2}}$;   (4) $\int_{1}^{\infty} \frac{dx}{(x+\sqrt{x^2-1})^n}$, $n>1$;

(5) $\int_{1}^{+\infty} \frac{dx}{x^p}$;   (6) $\int_{2}^{+\infty} \frac{dx}{x^2(1+x)}$.

30. 设 $\int_{-\infty}^{+\infty} \frac{1}{\sqrt{2\pi}} e^{-\frac{x^2}{2}} dx = 1$, 证明

$$\int_{\mu}^{+\infty} \frac{1}{\sqrt{2\pi}\sigma} e^{-\frac{(x-\mu)^2}{2\sigma^2}} dx = \frac{1}{2},$$

其中 σ, μ 均为常数, 且 $\sigma>0$.

第五章 多元函数微积分

多元函数微积分是一元函数微积分的发展与推广,因此,在许多方面它们之间有着密切的联系和相似之处.尽管如此,它们之间还是存在着一些质的不同.然而二元与二元以上的多元函数之间不再有本质的差别,所以本章是以二元函数为主来讨论多元微积分的.需要指出的是,在讨论中我们应该随时把有关概念与一元函数加以比较,注意它们的异同与联系,这是学好多元函数微积分的关键.

§1 多元函数的概念

1.1 平面点集与区域

1. 平面点集

所谓平面点集是指平面上满足某个条件 P 的一切点构成的集合,一般用 E 表示.

例如集合 $E_1 = \{(x,y) | x^2 + y^2 < 1\}$ 表示在 Oxy 坐标平面上不包括圆周 $x^2 + y^2 = 1$ 的圆内一切点的集合(见图 5-1);而集合
$$E_2 = \{(x,y) | |x-1| \leq 2, |y-1| \leq 2\}$$
表示在 Oxy 坐标平面上由直线 $x=3, x=-1, y=3$ 和 $y=-1$ 所围

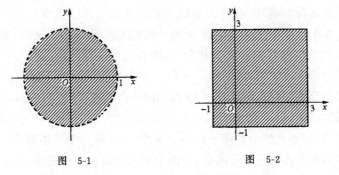

图 5-1   图 5-2

成的正方形上一切点的集合(见图 5-2);特别地,数轴也可用集合 $\{(x,0)|x \in \mathbf{R}\}$ 表示.

对于集合 $\{(x,y)|-\infty<x<+\infty,-\infty<y<+\infty\}$ 我们称之为全平面,用 $\mathbf{R}^2$ 表示.

2. 邻域

设 $P_0 \in \mathbf{R}^2, \delta \in \mathbf{R}$,且 $\delta>0$,我们把满足不等式
$$|P - P_0| < \delta$$
的一切点 P 的全体称为 P_0 点的 δ **邻域**,记作 $U_\delta(P_0)$,其中 δ 为邻域半径,即
$$U_\delta(P_0) = \{P||P - P_0| < \delta\}.$$
可见平面上 P_0 点的 δ 邻域是以 P_0 点为中心,半径为 δ 的不包括圆周在内的圆的内部. 与实数集类似,我们分别用 $U_\delta(\overline{P}_0), U(P_0)$ 以及 $U(\overline{P}_0)$ 分别表示 P_0 点的 δ 空心邻域,不指明邻域半径的邻域及空心邻域.

3. 平面区域

一般来说,由 Oxy 平面上的一条或几条简单曲线所围成的一部分平面或整个平面,称为一个**平面区域**. 平面区域也简称为**区域**,一般用 D 表示. 围成区域的曲线称为**区域的边界**,边界上的点称为**边界点**. 在平面区域中我们把不包括边界在内的区域称为**开区域**;而把包括边界在内的区域称为**闭区域**.

1.2 二元函数的定义

在实际问题中,有许多量的变化不止由一个因素来确定. 例如,圆柱体的体积 V 是由它的底半径 r 和高 h 确定,即 $V=\pi r^2 h$;某种消费品的销售量 Q 是由它的售价 x,需要这种消费品的人数 y 以及个人平均收入 z 确定,即 $Q=ax+by-cz$,其中 a,b,c 为正常数.

上面的圆柱体的体积 V 依赖于两个自变量,所以我们称 V 为二元函数;销售量 Q 依赖于三个自变量,我们说 Q 为一个三元函数. 一般来说,自变量的个数等于或多于两个的,统称为多元函数. 可见,最简单的多元函数是二元函数,下面给出二元函数的一般定义.

定义 设 D 是平面上的一个点集,f 是一个确定的对应关系.

如果对于 D 中的每一个元素 (x,y)，通过 f 都有实数集 $\mathbf{R}$ 内的惟一确定的一个元素 z 与之对应，那么这个对应关系 f 就叫做由 D 到 $\mathbf{R}$ 内的**二元函数**，记为

$$f: D \to \mathbf{R};$$

而 z 叫做 f **在点 (x,y) 处的函数值**，记作 $z=f(x,y)$；D 叫做函数 f 的**定义域**；所有的函数值的集合 Z，即

$$Z = \{f(x,y) | (x,y) \in D\}$$

叫做 f 的**值域**，我们也可以称二元函数 f 是从 D 到 Z 上的**映射**.

通常说 $z=f(x,y)$ 是 x,y 的二元函数，x 与 y 是自变量，z 是因变量.

类似地，可以对三元函数和三元以上的函数给出定义.

例 1 矩形面积 S 可以用它的长 a 和宽 b 表示出来，即 $S = a \cdot b$. 对于 a,b 取定的每一组数值都有 $S = a \cdot b$ 的一个值与之对应，由定义可知 S 是 a,b 的一个二元函数，其定义域为

$$\{(a,b) | a > 0, b > 0\}.$$

例 2 设

$$z = \begin{cases} \dfrac{xy}{x^2+y^2}, & x^2+y^2 \neq 0, \\ 0, & x^2+y^2 = 0. \end{cases}$$

对于平面上任意一点 (x,y)，当 $x^2+y^2 \neq 0$ 时，有值

$$z = \frac{xy}{x^2+y^2}$$

与之对应；当 $x^2+y^2=0$ 时，有值 $z=0$ 与之对应，根据定义，z 是 x,y 的一个二元函数，其定义域为全平面.

与一元函数相仿，对于一般的二元函数，我们通常所说的定义域都是指它的自然定义域；当函数具有某种实际意义时，应该根据它的实际意义确定函数的定义域. 例如，例 1 中的矩形面积 $S = a \cdot b$ 的定义域不是全平面，而是 $\{(a,b) | a > 0, b > 0\}$.

例 3 求函数 $z = \sqrt{1-x^2-y^2}$ 的定义域.

解 要使表达式 $z = \sqrt{1-x^2-y^2}$ 有意义，必须有

$$1 - x^2 - y^2 \geqslant 0,$$

即 $$x^2+y^2 \leqslant 1.$$
由此可见 z 的定义域是一个以 O 为圆心,以 1 为半径的闭圆,也可以写作
$$D=\{(x,y)\mid -1 \leqslant x \leqslant 1, -\sqrt{1-x^2} \leqslant y \leqslant \sqrt{1-x^2}\}.$$

二元函数的几何意义 设给定一个二元函数 $z=f(x,y)$,$(x,y) \in D$. 取定一个空间直角坐标系 $Oxyz$,在 Oxy 平面上画出函数的定义域 D. 在 D 内任取一点 $P(x,y)$,按照 $z=f(x,y)$ 就有空间中的一个点 $M(x,y,z)$ 与之对应(见图 5-3). 当点 P 在 D 中变化时,相应的点 M 就在空间中变动;而当点 P 取遍整个定义域 D 内的值时,点 M 的全体就是函数 $z=f(x,y)$ 的图形. 一般来说,二元函数 $z=f(x,y)$ 的图形都是空间中的一张曲面.

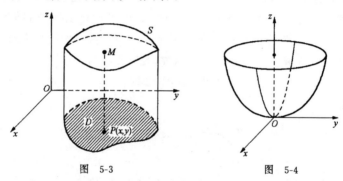

图 5-3　　　　　　　　图 5-4

例 4 作函数 $z=x^2+y^2$ 的图形.

解 函数 $z=x^2+y^2$ 的定义域为全平面. 由方程 $z=x^2+y^2$ 可知,这个二次曲面的图形是一个位于 Oxy 平面上方的旋转抛物面(见图 5-4).

1.3　二元函数的极限与连续

我们知道,函数的极限与连续描述了当自变量变化时,函数的变化趋势. 在这个问题上,多元函数与一元函数是类似的,只是自变量的变化过程复杂多了.

对于二元函数 $z=f(x,y)$,当点 $P(x,y)$ 趋向于 $P_0(x_0,y_0)$ 时的方向可以有任意多个,路径又是多种多样的,这就是说 P 能以任意的方式趋向于 P_0. 如果我们把 P 点与 P_0 点之间距离也记作 ρ,即

$$\rho = \sqrt{(x-x_0)^2 + (y-y_0)^2},$$

那么不论 P 趋向于 P_0 的过程多么复杂,都可以用 $\rho \to 0$ 来表示 $P \to P_0$ 这一极限过程. 这样,我们就可以在一元函数极限概念的基础上给出二元函数极限的一般定义.

定义 设函数 $z = f(x,y)$ 在 $U(\overline{P}_0)$ 上有定义,对于任意的 $P \in U(\overline{P}_0)$. 如果点 $P(x,y)$ 与定点 $P_0(x_0, y_0)$ 之间的距离

$$\rho = \sqrt{(x-x_0)^2 + (y-y_0)^2}$$

趋向于 0 时, $f(x,y)$ 趋向于一个常数 A, 那么我们就称 A 为 P **趋于** P_0 **时**(或在 P_0 处)**函数** $f(x,y)$ **的极限**, 记作

$$\lim_{(x,y) \to (x_0, y_0)} f(x,y) = A \quad \text{或} \quad f(x,y) \to A \quad (\rho \to 0).$$

需要指出的是,在我们讨论二元函数极限时,总是指点 P 以任意的方式趋向于点 P_0(通常称这种极限为全面极限). 由此可见,如果点 P 沿着两个不同的路径趋向于点 P_0 时, $f(x,y)$ 分别趋向于两个不同的常数,那么我们就可以说,当 P 趋向于 P_0 时,函数 $f(x,y)$ 的极限不存在,因为它不满足极限定义中的要求.

例 5 讨论函数

$$f(x,y) = \frac{xy}{x^2 + y^2},$$

当 $(x,y) \to (0,0)$ 时的极限.

解 粗略地看,当 $(x,y) \to (0,0)$ 时,函数 $f(x,y)$ 的分子、分母都趋向于 0, 并且趋向于 0 的速度也差不多. 但是如果我们令点 (x,y) 沿直线 $y = kx \, (k \neq 0)$ 趋向于点 $(0,0)$ 时,由于 $y = kx$, 这时 $(x,y) \to (0,0)$ 就等价于 $x \to 0$. 于是有

$$\lim_{(x,y) \to (0,0)} f(x,y) = \lim_{x \to 0} f(x, kx) = \lim_{x \to 0} \frac{kx^2}{x^2 + (kx)^2}$$

$$= \lim_{x \to 0} \frac{k}{1+k^2} = \frac{k}{1+k^2} \neq 0.$$

可见,令 $k=1$ 及 $k=2$ 时,即当点 (x,y) 沿着 $y=x$ 及 $y=2x$ 两条不同直线趋向于 $(0,0)$ 时,函数 $f(x,y)$ 就分别趋向于 1/2 和 2/5. 因此,当 $(x,y) \to (0,0)$ 时,函数 $f(x,y) = \frac{xy}{x^2+y^2}$ 的极限是不存在的.

有了极限的概念以后,我们就可以给出二元函数连续的定义.

定义 设函数 $z=f(x,y)$ 在 $U(P_0)$ 上有定义,如果当 $P(x,y)$ 趋向于 $P_0(x_0,y_0)$ 时,函数 $f(x,y)$ 以 $f(x_0,y_0)$ 为极限,即

$$\lim_{(x,y)\to(x_0,y_0)} f(x,y) = f(x_0,y_0),$$

则称函数 $f(x,y)$ 在点 P_0 处是**连续**的. 否则称函数 $f(x,y)$ 在点 P_0 是**间断的**或**不连续的**.

例 6 讨论函数

$$f(x,y) = \begin{cases} \dfrac{xy}{x^2+y^2}, & (x,y) \neq (0,0), \\ 0, & (x,y) = (0,0) \end{cases}$$

在点 $(0,0)$ 处的连续性.

解 由连续的定义可以看出,函数 $f(x,y)$ 在一点处连续的一个必要条件是:它在该点有极限. 由例 5 的讨论我们知道,当 $(x,y)\to(0,0)$ 时,函数 $\dfrac{xy}{x^2+y^2}$ 的极限不存在. 因而函数

$$f(x,y) = \begin{cases} \dfrac{xy}{x^2+y^2}, & (x,y) \neq (0,0), \\ 0, & (x,y) = (0,0) \end{cases}$$

当 $(x,y)\to(0,0)$ 时极限也不存在(这是因为在 $(0,0)$ 点附近,且 $(x,y)\neq(0,0)$ 时,$f(x,y)=\dfrac{xy}{x^2+y^2}$ 的缘故). 这就证明了 $f(x,y)$ 在 $(0,0)$ 点是不连续的.

与一元函数类似,如果函数 $z=f(x,y)$ 在平面区域 D 内的每一个点上都连续,那么我们就说函数 $f(x,y)$ 在 D 内是连续的. 一般来说,区域上连续函数的图形是一张连续的曲面.

关于一元连续函数的四则运算定理,以及复合函数的连续性定理,对于多个变量的连续函数也是成立的.

§2 偏导数和全微分

2.1 偏导数

定义 设函数 $z=f(x,y)$ 在 $U(P_0)$ 上有定义,固定 $y=y_0$,得到 x 的一元函数

$$z = f(x, y_0),$$

如果这个一元函数在 $x=x_0$ 点导数存在,那么我们就称一元函数 $z=f(x,y_0)$ 在 x_0 点的导数为二元函数 $z=f(x,y)$ 在 $P_0(x_0,y_0)$ 点对 x 的**偏导数**(或**偏微商**),记作

$$f'_x(x_0, y_0), \quad \frac{\partial f(x_0, y_0)}{\partial x} \quad \text{或} \quad \frac{\partial z}{\partial x}\bigg|_{(x_0, y_0)}.$$

同样可以定义函数 $z=f(x,y)$ 在点 (x_0,y_0) 处对 y 的偏导数,记作

$$f'_y(x_0, y_0), \quad \frac{\partial f(x_0, y_0)}{\partial y} \quad \text{或} \quad \frac{\partial z}{\partial y}\bigg|_{(x_0, y_0)}.$$

如果函数 $z=f(x,y)$ 在平面区域 D 内每一点 (x,y) 处 $f'_x(x,y)$ 与 $f'_y(x,y)$ 都存在,那么我们就说它在区域 D 内偏导数存在,并说它在区域 D 内是可导的.与一元函数类似,$f'_x(x,y)$ 与 $f'_y(x,y)$ 在区域 D 内仍是 x,y 的二元函数,我们称它们为偏导函数,简称为偏导数,记为

$$f'_x(x,y) \quad \text{或} \quad \frac{\partial f(x,y)}{\partial x}, \quad f'_y(x,y) \quad \text{或} \quad \frac{\partial f(x,y)}{\partial y}.$$

一般多元函数的偏导数也可类似定义.

由上述偏导数的定义可见,求多元函数对某一个自变量的偏导数时,只需将其他自变量看成常数,用一元函数求导法则即可求得.

例1 求函数 $f(x,y)=x^3+2x^2y-y^3$ 在点 $(1,3)$ 处的偏导数.

解 对 x 求偏导数时,把 y 看成常数,对 x 求导:

$$f'_x(x,y) = 3x^2 + 4xy.$$

对 y 求偏导数时,把 x 看成常数,对 y 求导:

$$f'_y(x,y) = 2x^2 - 3y^2.$$

将 $x=1, y=3$ 代入上两式,得在点 $(1,3)$ 处的偏导数:

$$f'_x(1,3) = (3x^2 + 4xy)|_{(1,3)} = 15,$$
$$f'_y(1,3) = (2x^2 - 3y^2)|_{(1,3)} = -25.$$

例2 求函数 $z=x^y (x>0)$ 的偏导数.

解 对 x 求偏导数时,把 y 看成常数,这时 x^y 是幂函数,有

$$\frac{\partial z}{\partial x} = yx^{y-1}.$$

对 y 求偏导数时,把 x 看成常数,这时 x^y 是指数函数,有

$$\frac{\partial z}{\partial y} = x^y \ln x.$$

例 3 求函数 $u = \ln(x^2 + y^2 + z^2)$ 的偏导数.

解 函数 $u = \ln(x^2 + y^2 + z^2)$ 求 $\frac{\partial u}{\partial x}$ 时,只要在 $u = \ln(x^2 + y^2 + z^2)$ 中把 y 和 z 都看作常量,仅对 x 求导数就可以了,所以

$$\frac{\partial u}{\partial x} = \frac{1}{x^2 + y^2 + z^2}(x^2 + y^2 + z^2)'_x = \frac{2x}{x^2 + y^2 + z^2}.$$

类似地有

$$\frac{\partial u}{\partial y} = \frac{2y}{x^2 + y^2 + z^2}, \quad \frac{\partial u}{\partial z} = \frac{2z}{x^2 + y^2 + z^2}.$$

由此可见,在函数 $u = \ln(x^2 + y^2 + z^2)$ 中,将自变量 x 和 y 互换以后,函数关系不发生任何变化(这时我们可以称函数关于 x, y 是对称的,并称 x 与 y 为对称变量).计算对称函数的偏导数时,只要对其中一个变量求偏导数即可,而不必再计算其他变量的偏导数了,可以利用对称性将求出结果中的自变量互换即可.

例 4 求函数

$$f(x, y) = \begin{cases} \dfrac{xy}{x^2 + y^2}, & x^2 + y^2 \neq 0, \\ 0, & x^2 + y^2 = 0 \end{cases}$$

在点 $(0, 0)$ 处的偏导数.

解 由于当 $(x, y) = (0, 0)$ 时, $f(0, 0) = 0$,考虑到一元函数
$$f(x, 0) \equiv 0 \quad (-\infty < x < +\infty),$$
所以 $\dfrac{\partial f(0, 0)}{\partial x} = 0$. 同理 $\dfrac{\partial f(0, 0)}{\partial y} = 0$.

这个函数在原点不连续(见 §1 中例 6),但在原点的两个偏导数却都存在.一般来说,二元函数 $f(x, y)$ 在一点处不连续的情况下,它的偏导数还是可以存在的.这里由于偏导数仅刻画了函数沿 x 轴或 y 轴方向上的变化率,并不能给出函数在其他方向上的变化情况的缘故.

2.2 高阶偏导数

前面已经指出,二元函数 $z=f(x,y)$ 的两个偏导数 f'_x 和 f'_y 仍是 x,y 的二元函数,因此我们还可以继续讨论它们关于 x 和 y 的偏导数. 我们把 f'_x 和 f'_y 的偏导数叫做 $f(x,y)$ 的**二阶偏导数**. 显然二元函数的二阶偏导数共有四个,分别记作:

$$\frac{\partial}{\partial x}(f'_x) = \frac{\partial}{\partial x}\left(\frac{\partial f}{\partial x}\right) \xlongequal{\text{def}} \frac{\partial^2 f}{\partial x^2}, \quad \text{简记为} \quad f''_{xx} \text{ 或 } z''_{xx};$$

$$\frac{\partial}{\partial y}(f'_x) = \frac{\partial}{\partial y}\left(\frac{\partial f}{\partial x}\right) \xlongequal{\text{def}} \frac{\partial^2 f}{\partial x \partial y}, \quad \text{简记为} \quad f''_{xy} \text{ 或 } z''_{xy};$$

$$\frac{\partial}{\partial x}(f'_y) = \frac{\partial}{\partial x}\left(\frac{\partial f}{\partial y}\right) \xlongequal{\text{def}} \frac{\partial^2 f}{\partial y \partial x}, \quad \text{简记为} \quad f''_{yx} \text{ 或 } z''_{yx};$$

$$\frac{\partial}{\partial y}(f'_y) = \frac{\partial}{\partial y}\left(\frac{\partial f}{\partial y}\right) \xlongequal{\text{def}} \frac{\partial^2 f}{\partial y^2}, \quad \text{简记为} \quad f''_{yy} \text{ 或 } z''_{yy},$$

其中 f''_{xy} 和 f''_{yx} 称为 $f(x,y)$ 的二阶混合偏导数,因为它们包含着对不同自变量的偏导数.

同样,我们还可以定义更高阶的偏导数,例如

$$\frac{\partial}{\partial x}\left(\frac{\partial^2 f}{\partial x^2}\right) \xlongequal{\text{def}} \frac{\partial^3 f}{\partial x^3}, \quad \frac{\partial}{\partial y}\left(\frac{\partial^2 f}{\partial x^2}\right) \xlongequal{\text{def}} \frac{\partial^3 f}{\partial x^2 \partial y}$$

等等.

例 5 求函数 $z = x^3 + 2x^2 y + y^4$ 的二阶偏导数.

解 由

$$\frac{\partial z}{\partial x} = 3x^2 + 4xy, \quad \frac{\partial z}{\partial y} = 2x^2 + 4y^3$$

有

$$\frac{\partial^2 z}{\partial x^2} = 6x + 4y, \quad \frac{\partial^2 z}{\partial x \partial y} = 4x,$$

$$\frac{\partial^2 z}{\partial y \partial x} = 4x, \quad \frac{\partial^2 z}{\partial y^2} = 12y^2.$$

例 6 求函数 $z = e^{xy^2} + 3xy$ 的二阶偏导数.

解 由

$$\frac{\partial z}{\partial x} = y^2 e^{xy^2} + 3y, \quad \frac{\partial z}{\partial y} = 2xy e^{xy^2} + 3x$$

有
$$\frac{\partial^2 z}{\partial x^2} = y^4 e^{xy^2}, \quad \frac{\partial^2 z}{\partial x \partial y} = 2y e^{xy^2} + 2xy^3 e^{xy^2} + 3,$$

$$\frac{\partial^2 z}{\partial y \partial x} = 2y e^{xy^2} + 2xy^3 e^{xy^2} + 3, \quad \frac{\partial^2 z}{\partial y^2} = 2x e^{xy^2} + 4x^2 y^2 e^{xy^2}.$$

在上面的两个例子中,都有
$$\frac{\partial^2 z}{\partial x \partial y} = \frac{\partial^2 z}{\partial y \partial x},$$

这就是说,混合偏导数与求导的先后次序无关,但是这个结论并不是对所有的函数都成立. 可以证明:**如果二元函数** $f(x,y)$ **的两个混合偏导数在区域** D **上连续,则它们必然相等**. 通常我们所遇到的都是初等函数,它们的各阶偏导数都是连续的,因此它们的混合偏导数总是相等的.

2.3 全微分

定义 设函数 $z=f(x,y)$ 在 $U(P_0)$ 上有定义,给 x_0 一个改变量 Δx, y_0 一个改变量 Δy, 使得 $P(x_0+\Delta x, y_0+\Delta y) \in U(P_0)$, 函数 $f(x,y)$ 相应地有改变量
$$\Delta z = f(x_0+\Delta x, y_0+\Delta y) - f(x_0, y_0).$$
如果存在着这样的常数 A 和 B, 使得
$$\Delta z = A \cdot \Delta x + B \cdot \Delta y + o(\rho)$$
$$(\rho = \sqrt{\Delta x^2 + \Delta y^2}, \rho \neq 0, \rho \to 0),$$
那么就称 $A \cdot \Delta x + B \cdot \Delta y$ 为函数 $f(x,y)$ 在点 $P_0(x_0, y_0)$ 处的**全微分**,记作
$$df(x_0, y_0) = A \cdot \Delta x + B \cdot \Delta y,$$
并称函数 $z=f(x,y)$ **在点** P_0 **处是可微的**.

如果函数 $z=f(x,y)$ 在区域 D 内的每一点处都可微,则称 $f(x,y)$ **在区域** D **内可微**,记作 $df(x,y)$ 或 dz.

由微分的定义可知 $\lim_{\rho \to 0} f(x_0+\Delta x, y_0+\Delta y) = f(x_0, y_0)$, 因此如果 $f(x,y)$ 在点 (x_0, y_0) 处可微,那么 $f(x,y)$ 在 (x_0, y_0) 处一定连续.

下面我们根据全微分与偏导数的定义给出函数在一点处可微的

必要条件与充分条件.

定理(可微的必要条件) 设函数 $z=f(x,y)$ 在点 $P_0(x_0,y_0)$ 处可微,则函数在该点处的两个偏导数存在,并且
$$A = f'_x(x_0,y_0), \quad B = f'_y(x_0,y_0).$$
于是函数 $f(x,y)$ 在点 P_0 处的全微分可以表成
$$\mathrm{d}z = f'_x(x_0,y_0)\Delta x + f'_y(x_0,y_0)\Delta y.$$

定理说明若函数可微,则两个偏导数存在(即可微必可导);反过来,若两个偏导数在 (x_0,y_0) 点存在,函数在该点不一定可微.这一点可由 2.1 小节中的例 4 知道,若仅有函数在一点的两个偏导数存在,函数可以在该点不连续,当然更谈不上可微了.由此可见,对一元函数来说,可微与可导是一回事,而对多元函数来说,偏导数存在并不一定可微,这正是引进全微分的必要性.因为函数 $f(x,y)$ 的偏导数仅描述了函数在一点处沿着坐标轴的变化率,而全微分是描述了函数沿各个方向的变化状况.

如果对偏导数再加些条件,就可以保证函数是可微的.我们有下面的定理.

定理(可微的充分条件) 设二元函数 $z=f(x,y)$ 的偏导数 $f'_x(x,y), f'_y(x,y)$ 在点 (x_0,y_0) 及它的某一邻域内存在,并且在该点连续,则函数在该点可微.

注意,上述定理给出的仅是可微的充分条件,并非必要条件.例如下面的函数:
$$f(x,y) = \begin{cases} (x^2+y^2)\sin\dfrac{1}{x^2+y^2}, & x^2+y^2 \neq 0, \\ 0, & x^2+y^2 = 0 \end{cases}$$
在 $(0,0)$ 是可微的.虽然 $f'_x(x,y)$ 和 $f'_y(x,y)$ 都存在,但都不连续正说明了这一点.

下面我们考虑函数 $z=x$ 的全微分,由于它有连续的偏导数:
$$\frac{\partial z}{\partial x} = 1, \quad \frac{\partial z}{\partial y} = 0.$$
由定理可知, $z=x$ 是可微的,且有
$$\mathrm{d}z = \mathrm{d}x = 1 \cdot \Delta x + 0 \cdot \Delta y = \Delta x.$$

为了使上式对 x 是自变量时也有意义,我们规定:自变量 x 的微分就等于它的改变量,即

$$\mathrm{d}x \xlongequal{\text{def}} \Delta x.$$

同样地,有

$$\mathrm{d}y \xlongequal{\text{def}} \Delta y.$$

于是,二元函数的全微分就可以写成

$$\mathrm{d}z = \frac{\partial f}{\partial x}\mathrm{d}x + \frac{\partial f}{\partial y}\mathrm{d}y.$$

我们把上式的第一项 $\frac{\partial f}{\partial x}\mathrm{d}x$ 和第二项 $\frac{\partial f}{\partial y}\mathrm{d}y$ 分别称为函数在点 (x,y) 处对 x 和 y 的**偏微分**. 于是,全微分 $\mathrm{d}z$ 就是这两个偏微分之和.

上述的两个定理把判断函数在一点是否可微与求微分的问题都归结为求偏导数和验证偏导数是否连续的问题了.

例 7 求函数 $z = x^2 + 4xy^2 + y^2$ 的全微分.

解 由于 $\frac{\partial z}{\partial x} = 2x + 4y^2$, $\frac{\partial z}{\partial y} = 8xy + 2y$, 容易看出它们在全平面上是连续的. 由定理可知,函数 z 在全平面可微,且

$$\mathrm{d}z = (2x + 4y^2)\mathrm{d}x + (8xy + 2y)\mathrm{d}y.$$

2.4 复合函数的微分法

设函数 $z = f(u,v)$ 通过中间变量 $u = u(x,y), v = v(x,y)$ 复合后得到

$$z = f[u(x,y), v(x,y)],$$

它是 x, y 的二元函数,如何求 $\frac{\partial z}{\partial x}$ 与 $\frac{\partial z}{\partial y}$ 呢? 我们只给出下面的定理而略去其证明.

定理(链锁法则) 设函数 $u = u(x,y), v = v(x,y)$ 在点 (x,y) 处可导,且在对应于 (x,y) 的点 (u,v) 处,函数 $z = f(u,v)$ 可微,则复合函数 $f[u(x,y), v(x,y)]$ 在点 (x,y) 处也可导,且

$$\frac{\partial z}{\partial x} = \frac{\partial f}{\partial u}\frac{\partial u}{\partial x} + \frac{\partial f}{\partial v}\frac{\partial v}{\partial x},$$

$$\frac{\partial z}{\partial y} = \frac{\partial f}{\partial u}\frac{\partial u}{\partial y} + \frac{\partial f}{\partial v}\frac{\partial v}{\partial y}.$$

特别地,若 $z=f(u,v)$,而 $u=u(x), v=v(x)$,则复合函数
$$z = f[u(x),v(x)]$$
是 x 的一元函数. 这时,我们称 z 对 x 的导数
$$\frac{\mathrm{d}z}{\mathrm{d}x} = \frac{\partial f}{\partial u}\frac{\mathrm{d}u}{\mathrm{d}x} + \frac{\partial f}{\partial v}\frac{\mathrm{d}v}{\mathrm{d}x}$$
为二元函数 $f(u,v)$ 对 x 的**全导数**(或**全微商**).

例 8 设 $z=\mathrm{e}^u \sin v$, $u=x^2+y^2$, $v=xy$,求 $\dfrac{\partial z}{\partial x}, \dfrac{\partial z}{\partial y}$.

解 由于
$$\frac{\partial u}{\partial x} = 2x, \quad \frac{\partial u}{\partial y} = 2y; \quad \frac{\partial v}{\partial x} = y, \quad \frac{\partial v}{\partial y} = x;$$
$$\frac{\partial f}{\partial u} = \mathrm{e}^u \sin v, \quad \frac{\partial f}{\partial v} = \mathrm{e}^u \cos v.$$

于是
$$\frac{\partial z}{\partial x} = \frac{\partial f}{\partial u}\frac{\partial u}{\partial x} + \frac{\partial f}{\partial v}\frac{\partial v}{\partial x}$$
$$= (\mathrm{e}^u \sin v)2x + (\mathrm{e}^u \cos v)y$$
$$= \mathrm{e}^u(2x \sin v + y \cos v).$$

类似地,有
$$\frac{\partial z}{\partial y} = \mathrm{e}^u(2y \sin v + x \cos v).$$

例 9 设函数 $z=f(x^2-y^2, \mathrm{e}^{xy})$,求 $\dfrac{\partial z}{\partial x}, \dfrac{\partial z}{\partial y}$.

解 引入中间变量
$$u = x^2 - y^2, \quad v = \mathrm{e}^{xy},$$
这就可以把 $f(x^2-y^2, \mathrm{e}^{xy})$ 看成是由 $z=f(u,v), u=x^2-y^2, v=\mathrm{e}^{xy}$ 构成的复合函数. 由链锁法则,我们有
$$\frac{\partial z}{\partial x} = \frac{\partial f}{\partial u} \cdot 2x + \frac{\partial f}{\partial v} \cdot y\mathrm{e}^{xy},$$
$$\frac{\partial z}{\partial y} = \frac{\partial f}{\partial u}(-2y) + \frac{\partial f}{\partial v} \cdot x\mathrm{e}^{xy}.$$

将 $\dfrac{\partial f}{\partial u}$ 记作 f_1' (这表示函数 $f(u,v)$ 对第一个中间变量求偏导数), $\dfrac{\partial f}{\partial v}$

记作 f_2'（这表示函数 $f(u,v)$ 对第二个中间变量求导数），于是我们有

$$\frac{\partial z}{\partial x} = 2x \cdot f_1' + y\mathrm{e}^{xy} \cdot f_2',$$

$$\frac{\partial z}{\partial y} = -2y \cdot f_1' + x\mathrm{e}^{xy} \cdot f_2'.$$

例 10 设 $z=u^2-v^2, u=\sin x, v=\cos x$，求 $\dfrac{\mathrm{d}z}{\mathrm{d}x}$.

解 由于

$$\frac{\partial f}{\partial u} = 2u, \quad \frac{\partial f}{\partial v} = -2v;$$

$$\frac{\mathrm{d}u}{\mathrm{d}x} = \cos x, \quad \frac{\mathrm{d}v}{\mathrm{d}x} = -\sin x.$$

于是

$$\frac{\mathrm{d}z}{\mathrm{d}x} = \frac{\partial f}{\partial u}\frac{\mathrm{d}u}{\mathrm{d}x} + \frac{\partial f}{\partial v}\frac{\mathrm{d}v}{\mathrm{d}x} = 2u\cos x + 2v\sin x$$

$$= 2\sin x\cos x + 2\cos x\sin x = 2\sin 2x.$$

2.5 隐函数的微分法

在一元函数微分学中，我们可以利用复合函数求导法则求出由方程 $F(x,y)=0$ 所确定的隐函数 $y=f(x)$ 的导数 $\dfrac{\mathrm{d}y}{\mathrm{d}x}$. 下面我们利用二元复合函数的求导法则导出它的一般公式.

将函数 $y=f(x)$ 代回到原方程，得到 $F(x,f(x))\equiv 0$. 方程两边对 x 求偏导数得

$$\frac{\partial F}{\partial x} + \frac{\partial F}{\partial y}\frac{\mathrm{d}y}{\mathrm{d}x} = 0.$$

于是，当 $\dfrac{\partial F}{\partial y}\neq 0$ 时，便得到公式

$$\frac{\mathrm{d}y}{\mathrm{d}x} = -\frac{\dfrac{\partial F}{\partial x}}{\dfrac{\partial F}{\partial y}} \stackrel{\text{def}}{=\!=\!=} -\frac{F_x'}{F_y'}.$$

对于由方程 $F(x,y,z)=0$ 所确定的隐函数 $z=f(x,y)$，如果 $\dfrac{\partial F}{\partial z}\neq 0$，则由

分别有

$$\frac{\partial F}{\partial x}+\frac{\partial F}{\partial z}\frac{\partial z}{\partial x}=0, \quad \frac{\partial F}{\partial y}+\frac{\partial F}{\partial z}\frac{\partial z}{\partial y}=0$$

得到公式

$$\frac{\partial z}{\partial x}=-\frac{F'_x}{F'_z}, \quad \frac{\partial z}{\partial y}=-\frac{F'_y}{F'_z}.$$

例 11 求由方程 $xy+2^x-y^3=10$ 所确定的隐函数 $y=f(x)$ 的导数 $\dfrac{\mathrm{d}y}{\mathrm{d}x}$.

解 设 $F(x,y)=xy+2^x-y^3-10$. 我们有

$$F'_x=y+2^x\ln 2, \quad F'_y=x-3y^2,$$

所以

$$\frac{\mathrm{d}y}{\mathrm{d}x}=-\frac{F'_x}{F'_y}=\frac{y+2^x\ln 2}{3y^2-x}.$$

例 12 求由方程 $x^2+y^2+z^2=2z$ 所确定的隐函数 $z=f(x,y)$ 的偏导数 $\dfrac{\partial z}{\partial x}$ 与 $\dfrac{\partial z}{\partial y}$.

解 设 $F(x,y,z)=x^2+y^2+z^2-2z$. 我们有

$$F'_x=2x, \quad F'_y=2y, \quad F'_z=2z-2,$$

所以

$$\frac{\partial z}{\partial x}=-\frac{F'_x}{F'_z}=\frac{x}{1-z}, \quad \frac{\partial z}{\partial y}=-\frac{F'_y}{F'_z}=\frac{y}{1-z}.$$

例 13 设函数 $z=f(x,y)$ 由方程 $x^2z^3+y^3+xyz-3=0$ 所确定,求 $\dfrac{\partial z}{\partial x}, \dfrac{\partial z}{\partial y}$ 在点 $(1,1,1)$ 处的值.

解 设

$$F(x,y,z)=x^2z^3+y^3+xyz-3.$$

由于

$$F'_x=2xz^3+yz, \quad F'_y=3y^2+xz, \quad F'_z=3x^2z^2+xy,$$

又在点 $(1,1,1)$ 处,

$$F'_x=3, \quad F'_y=4, \quad F'_z=4\neq 0,$$

所以,我们有

$$\frac{\partial z}{\partial x}\bigg|_{(1,1,1)} = -\frac{F'_x}{F'_z}\bigg|_{(1,1,1)} = -\frac{3}{4},$$

$$\frac{\partial z}{\partial y}\bigg|_{(1,1,1)} = -\frac{F'_y}{F'_z}\bigg|_{(1,1,1)} = -1.$$

§3 二元函数的极值

在实际问题中我们经常遇到求多元函数的最大(小)值的问题. 与一元函数类似,求多元函数在闭区域上的最大(小)值,我们也是先设法求出区域内部的所有极值. 为此,我们需要研究多元函数的极值.

3.1 通常极值

定义 设函数 $z=f(x,y)$ 在 $U(P_0)$ 上有定义,若对于任意给定的 $P(x,y) \in U(\overline{P}_0)$,都有

$$f(x_0,y_0) > f(x,y) \quad (f(x_0,y_0) < f(x,y)),$$

则称函数 $f(x,y)$ 在点 $P_0(x_0,y_0)$ 处取 **极大(小)值**,并称点 $P_0(x_0,y_0)$ 为函数 $f(x,y)$ 的**极值点**.

例如,函数 $z=\sqrt{4-x^2-y^2}$ 在点 $(0,0)$ 处的值为 2,而在点 $(0,0)$ 附近的值都小于 2,因此函数 $\sqrt{4-x^2-y^2}$ 在点 $(0,0)$ 处取得极大值. 又如函数 $z=\sqrt{x^2+y^2}$ 在点 $(0,0)$ 处的值为 0,而在点 $(0,0)$ 附近的值都大于 0,因此函数 $\sqrt{x^2+y^2}$ 在点 $(0,0)$ 处取得极小值.

下面我们利用偏导数来研究二元函数极值问题. 与一元函数类似,这里我们不加证明地给出可微函数在一点取得极值的必要条件和充分条件.

定理(可微函数取得极值的必要条件) 设可微函数 $z=f(x,y)$ 在点 (x_0,y_0) 处取得极值,则在该点处函数 $z=f(x,y)$ 的偏导数都为 0,即

$$f'_x(x_0,y_0) = 0, \quad f'_y(x_0,y_0) = 0.$$

§3 二元函数的极值

同一元函数类似，我们把同时满足 $f'_x(x,y)=0$ 和 $f'_y(x,y)=0$ 的点 (x_0,y_0) 称为函数 $f(x,y)$ 的**驻点**（也称为**稳定点**）。定理告诉我们可微函数的极值点必是驻点，但驻点不一定是极值点。例如，函数 $z=xy$ 在点 $(0,0)$ 处有 $f'_x(0,0)=0, f'_y(0,0)=0$，所以 $(0,0)$ 点是它的一个驻点，但是在 $(0,0)$ 点的任意小的邻域内总有函数值大于 0 和小于 0 的点同时存在，因此 $(0,0)$ 点不是函数 $z=xy$ 的极值点。

定理（可微函数取得极值的充分条件） 设函数 $z=f(x,y)$ 在定义域内有一驻点 (x_0,y_0)，且函数在该点有二阶连续偏导数。记 $f''_{xx}(x_0,y_0)=A, f''_{xy}(x_0,y_0)=B, f''_{yy}(x_0,y_0)=C$。

（1）当 $AC-B^2>0$ 时，函数在点 (x_0,y_0) 处达到极值；并且当 $A>0$ 时，取得极小值；当 $A<0$ 时，取得极大值。

（2）当 $AC-B^2<0$ 时，函数在点 (x_0,y_0) 处不取得极值。

（3）当 $AC-B^2=0$ 时，情况是不定的，即可能函数在点 (x_0,y_0) 处取得极值，也可能不取得极值。

例 1 求函数 $z=x^3+y^3-3xy$ 的极值。

解 由方程组

$$\begin{cases} f'_x = 3x^2 - 3y = 0, \\ f'_y = 3y^2 - 3x = 0 \end{cases}$$

得到

$$\begin{cases} x_1 = 0, \\ y_1 = 0; \end{cases} \text{及} \begin{cases} x_2 = 1, \\ y_2 = 1. \end{cases}$$

再由

$$f''_{xx} = 6x, \quad f''_{xy} = -3, \quad f''_{yy} = 6y$$

可知：

在点 $(0,0)$ 处，$A=C=0, B=-3, AC-B^2=-9<0$，所以 $(0,0)$ 点不是函数的极值点。

在点 $(1,1)$ 处，$A=C=6, B=-3, AC-B^2=27>0$，并且 $A>0$，所以函数 $z=x^3+y^3-3xy$ 在 $(1,1)$ 点取得极小值，极小值为

$$z|_{(1,1)} = 1^3 + 1^3 - 3 \times 1 \times 1 = -1.$$

下面我们讨论二元函数的最大（小）值问题。同一元函数一样，二

元函数的最大(小)值与极值是有区别的.但在解决实际问题时,如果能够从问题的实际意义判断出函数在闭区域内部达到最大(小)值,则这个最大(小)值也就是极大(小)值.这时如果函数在区域内部只有惟一的一个驻点,那么这个点一定会使所求函数达到最大(小)值,而不必进行检验.

例 2 欲造一个容积为 4 m^3 的无盖长方盒,问如何设计才能使所用的材料最少?

解 设长方盒的长为 x,宽为 y,高为 h,表面积为 S. 由题设可知 $h = \dfrac{4}{xy}$,因此

$$S = xy + \frac{4}{xy}(2x + 2y) = xy + 8\left(\frac{1}{x} + \frac{1}{y}\right) \quad (x > 0, y > 0).$$

由

$$\begin{cases} S'_x = y - \dfrac{8}{x^2} = 0, \\ S'_y = x - \dfrac{8}{y^2} = 0 \end{cases}$$

得到

$$\begin{cases} x = 2, \\ y = 2. \end{cases}$$

可见这是函数 S 在定义域内惟一的一个驻点.根据问题的实际意义我们可以判定它有最小值,所以 $(2,2)$ 是使 S 达到最小值的点.此时 $h = \dfrac{4}{2 \times 2} = 1$.这说明当无盖长方盒的高为 1 m,底边长和宽都为 2 m 时,所用的材料最小.

3.2 条件极值

在上面讨论的极值问题中,对自变量没有任何约束,它可以在定义域上自由地变化,这种极值问题我们称为**通常极值**.但在实际中我们所遇到的极值问题,其自变量的变化常常受到一些附加条件的约束.例如,求函数

$$z = \sqrt{1 - x^2 - y^2}$$

当 $y = \dfrac{1}{2}$ 时的极值.从图 5-5 中容易求出 $\left(0, \dfrac{1}{2}\right)$ 是它的极大值点,极

大值为 $\sqrt{3}/2$. 显然它与函数 $z=\sqrt{1-x^2-y^2}$ 的通常极值是不同的.

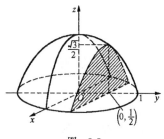

图 5-5

一般来说,给自变量一些约束条件,使得自变量不能在定义域上自由地变化,而只能在定义域的某一个范围内变化,我们把这种极值问题称为**条件极值**.下面讨论自变量在等式约束条件下求极值的方法.

为了简便起见,我们仅讨论二元函数 $z=f(x,y)$ 在约束条件 $\varphi(x,y)=0$ 下的极值.这里我们假定函数 $f(x,y)$ 与 $\varphi(x,y)$ 在所考虑的范围内都有连续的偏导数.

一种很自然的想法是:当约束条件比较简单时,如果我们能从条件 $\varphi(x,y)$ 中解出 $y=y(x)$,那么将它代入函数 $z=f(x,y)$ 中,便得到一个一元函数

$$z = f(x, y(x)).$$

这样一来,就把二元函数条件极值问题转化为一元函数的通常极值问题了.但是在很多情况下,这种转化是有困难的,这是因为从约束条件中解出某个变量往往非常麻烦,有时甚至是不能的.下面我们介绍另一种求条件极值的方法——**拉格朗日乘数法**.利用这种方法求极值时,不必从条件中解出变量,有时比较方便.

设方程 $\varphi(x,y)=0$ 所确定的隐函数为 $y=y(x)$,将 $y(x)$ 代入到 $f(x,y)$ 中,便得到一元函数

$$z = f(x, y(x)).$$

z 对 x 的全导数为

$$\frac{dz}{dx} = \frac{\partial f}{\partial x} + \frac{\partial f}{\partial y}\frac{dy}{dx},$$

根据一元函数极值存在的必要条件可知,在极点处有

$$\frac{\partial f}{\partial x} + \frac{\partial f}{\partial y}\frac{\mathrm{d}y}{\mathrm{d}x} = 0. \tag{5.1}$$

利用隐函数的导数公式,$\dfrac{\mathrm{d}y}{\mathrm{d}x}$可由 $\varphi(x,y)=0$ 导出:

$$\frac{\mathrm{d}y}{\mathrm{d}x} = -\frac{\dfrac{\partial \varphi}{\partial x}}{\dfrac{\partial \varphi}{\partial y}}. \tag{5.2}$$

将(5.2)代入到(5.1)式,得到

$$\frac{\dfrac{\partial f}{\partial x}}{\dfrac{\partial \varphi}{\partial x}} = \frac{\dfrac{\partial f}{\partial y}}{\dfrac{\partial \varphi}{\partial y}},$$

简记为

$$\frac{f'_x}{\varphi'_x} = \frac{f'_y}{\varphi'_y}.$$

令这个比值为 λ,得到

$$f'_x - \lambda\varphi'_x = 0, \quad f'_y - \lambda\varphi'_y = 0.$$

这样一来,我们就可以得到一个含有 x,y,λ 的三元方程组

$$\begin{cases} f'_x - \lambda\varphi'_x = 0, \\ f'_y - \lambda\varphi'_y = 0, \\ \varphi(x,y) = 0. \end{cases} \tag{5.3}$$

从这个方程组解出 x,y,λ,其中(x,y)即为可能的极值点.

为了从函数 $z=f(x,y)$ 和条件 $\varphi(x,y)=0$ 直接导出方程组(5.3),我们可以构造这样的一个辅助函数

$$F(x,y) = f(x,y) - \lambda\varphi(x,y),$$

其中 λ 为待定常数.将 $F(x,y)$ 分别对 x,y 求偏导数,并令其为 0,再加上给出的约束条件 $\varphi(x,y)=0$,便得到方程组(5.3).

需要指出的是:方程组(5.3)是二元函数 $z=f(x,y)$ 在约束条件 $\varphi(x,y)=0$ 下取得极值的必要条件.至于求得的驻点是否为极值点需要作进一步的讨论.但在实际问题中,我们可以根据问题本身的实际意义作出判断.

§3 二元函数的极值   195

例 3 求函数 $z=\sqrt{1-x^2-y^2}$ 在 $y-\dfrac{1}{2}=0$ 之下的极值.

解 设 $F(x,y)=\sqrt{1-x^2-y^2}-\lambda\left(y-\dfrac{1}{2}\right)$, 有

$$F'_x=\dfrac{-x}{\sqrt{1-x^2-y^2}},\quad F'_y=\dfrac{-y}{\sqrt{1-x^2-y^2}}-\lambda.$$

令 $F'_x=0, F'_y=0$ 得到

$$\begin{cases} \dfrac{-x}{\sqrt{1-x^2-y^2}}=0,\\ \dfrac{-y}{\sqrt{1-x^2-y^2}}-\lambda=0,\\ y-\dfrac{1}{2}=0.\end{cases}$$

解得

$$x=0,\quad y=\dfrac{1}{2},\quad \lambda=-\dfrac{\sqrt{3}}{3}.$$

可知 $\left(0,\dfrac{1}{2}\right)$ 是极大值点, 极大值为 $\sqrt{3}/2$.

例 4 用拉格朗日乘数法解例 2.

解 设盒的长为 x, 宽为 y, 高为 z, 表面积为 S. 问题化成求函数 $S=xy+2(x+y)z$ 在条件 $xyz=4$ 之下的极值.

设 $F(x,y,z)=xy+2(x+y)z-\lambda(xyz-4)$, 有

$$F'_x=y+2z-\lambda yz,\quad F'_y=x+2z-\lambda xz,$$
$$F'_z=2(x+y)-\lambda xy.$$

令 $F'_x=F'_y=F'_z=0$, 得到

$$\begin{cases} y+2z-\lambda yz=0,\\ x+2z-\lambda xz=0,\\ 2x+2y-\lambda xy=0,\\ xyz-4=0.\end{cases}$$

解得

$$x=2,\quad y=2,\quad z=1,\quad \lambda=2.$$

由该问题本身可以看出在体积一定的条件下, 表面积最小的长方体是存在的, 又由于 $(2,2,1)$ 是函数 S 在定义域内惟一的一个驻点, 因

此 $(2,2,1)$ 是使 S 达到最小的点. 这就是说,当无盖长方盒的长和宽都为 $2\,\mathrm{m}$,高为 $1\,\mathrm{m}$ 时,所用材料最少.

§4 二重积分的概念

由于定积分所研究的对象是一元函数,并且积分是在一个闭区间上进行的,这样对定积分所能解决问题的范围给了很大的限制. 例如我们利用定积分无法计算出一般的曲面所围成的立体的体积以及非均匀密度的薄板的质量等等. 为了解决这样一些实际问题,我们有必要把定积分的基本思想加以推广,从而建立多重积分的概念. 本书只讨论二重积分.

4.1 二重积分的概念

为了引入二重积分的概念,我们先看下面两个例子.

例 1 求曲顶柱体的体积.

分析 设 D 是由 Oxy 平面上的连续闭曲线 C 所围成的区域,曲面 S 是定义在 D 上的正的二元连续函数 $z=f(x,y)$ 的图形,我们把由曲面 S,Oxy 平面及以曲线 C 为准线、母线垂直于 Oxy 平面的柱面所围成的立体称为以区域 D 为底的曲顶柱体(见图 5-6).

解 求曲顶柱体的体积 V 与求曲边梯形面积的作法相仿:先在局部上"以直代曲"找到曲顶柱体体积的近似值;然后把这些值相加,就得到整个曲顶柱体体积的一个近似值;最后通过取极限,由近似值得到曲顶柱体体积的精确值. 具体作法如下.

(1) 分割:用有限条曲线把区域 D 分成 n 个小区域:

$$\Delta\sigma_1,\ \Delta\sigma_2,\ \cdots,\ \Delta\sigma_n,$$

同时也用 $\Delta\sigma_i(i=1,2,\cdots,n)$ 表示第 i 个小区域的面积. 相应地,此曲顶柱体被分为 n 个小曲顶柱体;

(2) 代替:在每个小区域上都任取一点:$(x_1,y_1),(x_2,y_2),\cdots,(x_n,y_n)$. 用高为 $f(x_i,y_i)$,底为 $\Delta\sigma_i$ 的平顶柱体的体积 $f(x_i,y_i)\Delta\sigma_i$ 来作为第 i 个小曲顶柱体体积的近似值;

(3) 求和:这 n 个平顶柱体体积之和

$$\sum_{i=1}^{n} f(x_i, y_i)\Delta\sigma_i$$

就是曲顶柱体体积的一个近似值;

(4) 取极限:当 n 无限增大,而这 n 个小区域中的最大直径①趋向于 0 时(记为 $\|\Delta\sigma\| \to 0$),即当这每一个小区域都趋向于一点时,上述和式的极限就是曲顶柱体的体积 V,即

$$V = \lim_{\|\Delta\sigma\| \to 0} \sum_{i=1}^{n} f(x_i, y_i)\Delta\sigma_i.$$

以上我们用定积分的基本思想解决了求曲顶柱体体积的问题. 下面用同样的方法,求面密度不均匀的薄板的质量.

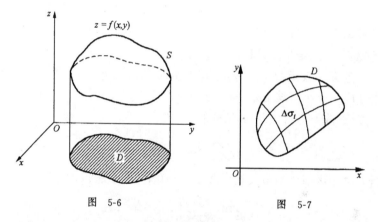

图 5-6　　　　　　　　　　图 5-7

例 2　求非均匀密度的薄板的质量.

分析　设薄板在 Oxy 平面上占有区域 D,该薄板在点 (x,y) 处的面密度是 $\rho = \rho(x,y)$. 求薄板的质量 M.

解　把区域 D 分为 n 个小区域 $\Delta\sigma_1, \Delta\sigma_2, \cdots, \Delta\sigma_n$,在每一个小区域上都任取一点 $(x_1, y_1), (x_2, y_2), \cdots, (x_n, y_n)$. 以点 (x_i, y_i) 处的面密度 $\rho(x_i, y_i)$(见图 5-7)近似地代替小区域 $\Delta\sigma_i$ 上各点处的面密度,得到第 i 块小薄板的质量的近似值

---

① 一个闭区域的直径是指这个区域上任意两点的距离的最大者,设 d_i 表示 $\Delta\sigma_i (i = 1, 2, \cdots, n)$ 的直径,d 是其中最大者,我们用记号 $\|\Delta\sigma\| \to 0$ 来表示 $d \to 0$,它表示各个小区域从各方面无限缩小趋向于一点的意思.

$$\rho(x_i, y_i)\Delta\sigma_i,$$

整个薄板质量的近似值是

$$\sum_{i=1}^{n}\rho(x_i, y_i)\Delta\sigma_i.$$

令这 n 个小区域的最大的直径 $\|\Delta\sigma\|$ 趋向于 0,上述和式的极限就是薄板的质量 M,即

$$M = \lim_{\|\Delta\sigma\|\to 0}\sum_{i=1}^{n}\rho(x_i, y_i)\Delta\sigma_i.$$

虽然求曲顶柱体的体积和求薄板的质量这两个问题的具体含义是不同的,但它们都是计算同一种形式的和的极限,而且解决问题的方法是一样的. 如果我们抽去和式中 $f(x,y)$ 与 $\rho(x,y)$ 的具体含意,只考虑它们的数量关系,那么,容易看出上面两个式的结构是完全相同的. 由此给出二重积分的定义.

定义 设函数 $f(x,y)$ 在有界闭区域 D 上有定义. 将区域 D 任意分成 n 个小区域 $\Delta\sigma_i(i=1,2,\cdots,n)$,在每个小区域 $\Delta\sigma_i$ 上都任取一点 $(x_i, y_i)(i=1,2,\cdots,n)$,作和式

$$\sum_{i=1}^{n}f(x_i, y_i)\Delta\sigma_i$$

当 n 个小区域中的最大直径 $\|\Delta\sigma\|\to 0$ 时,若上述和式的极限

$$\lim_{\|\Delta\sigma\|\to 0}\sum_{i=1}^{n}f(x_i, y_i)\Delta\sigma_i$$

存在,并且此极限与区域的分法及中间点 (x_i, y_i) 的取法无关,则称此极限为函数 $z=f(x,y)$ 在区域 D 上的**二重积分**,记作

$$\iint_{D}f(x,y)\mathrm{d}\sigma,$$

其中 D 叫做**积分区域**,$f(x,y)$ 叫做**被积函数**,$\mathrm{d}\sigma$ 叫**面积元素**,并称函数 $f(x,y)$ 在闭区域 D 上**可积**.

简单地说,二重积分是一种特殊的和的极限,即

$$\lim_{\|\Delta\sigma\|\to 0}\sum_{i=1}^{n}f(x_i, y_i)\Delta\sigma_i = \iint_{D}f(x,y)\mathrm{d}\sigma.$$

由定义可见,曲顶柱体的体积 V 等于曲顶函数 $f(x,y)$ 在其底面 D 上的二重积分,即

$$V = \iint_D f(x,y)\mathrm{d}\sigma.$$

平面薄板的质量 M 等于面密度函数 $\rho(x,y)$ 在其所占平面区域 D 上的二重积分,即

$$M = \iint_D \rho(x,y)\mathrm{d}\sigma.$$

二重积分的几何意义 若函数 $f(x,y) \geqslant 0$,则二重积分

$$\iint_D f(x,y)\mathrm{d}\sigma$$

表示以区域 D 为底,以曲面 $z=f(x,y)$ 为顶的曲顶柱体的体积;若 $f(x,y) \leqslant 0$,则二重积分

$$\iint_D f(x,y)\mathrm{d}\sigma$$

等于倒置着的以区域 D 为底,以曲面 $z=f(x,y)$ 为顶的曲顶柱体的体积的负值. 由上面的讨论可以得到这样的结论:函数 $f(x,y)$ 在区域 D 上的二重积分在几何上表示以 Oxy 平面上的区域 D 为底,以 $z=f(x,y)$ 为顶的曲顶柱体体积的代数和(即在 Oxy 平面上方的体积取正号,在 Oxy 平面下方的体积取负号).

4.2 二重积分的性质

与定积分类似,下面我们来讨论二重积分的几个简单的性质.

设二元函数 $f(x,y)$ 与 $g(x,y)$ 在闭区域 D 上都是可积的,根据二重积分定义容易证明它们具有以下的性质:

性质 1 常数因子可以从积分号里面提出来,即

$$\iint_D kf(x,y)\mathrm{d}\sigma = k\iint_D f(x,y)\mathrm{d}\sigma \quad (k \text{ 为常数});$$

性质 2 函数的代数和的积分等于函数积分的代数和,即

$$\iint_D [f(x,y) \pm g(x,y)]\mathrm{d}\sigma = \iint_D f(x,y)\mathrm{d}\sigma \pm \iint_D g(x,y)\mathrm{d}\sigma;$$

性质 3 二重积分对于区域 D 具有可加性,即

$$\iint_D f(x,y)\mathrm{d}\sigma = \iint_{D_1} f(x,y)\mathrm{d}\sigma + \iint_{D_2} f(x,y)\mathrm{d}\sigma,$$

其中 $D_1 \cup D_2 = D, D_1 \cap D_2 = \varnothing$；

性质 4 若在 D 上，$f(x,y) \equiv 1$，用 S_D 表示 D 的面积，则

$$\iint\limits_D f(x,y)\mathrm{d}\sigma = \iint\limits_D \mathrm{d}\sigma = S_D,$$

这就是说，二重积分 $\iint\limits_D \mathrm{d}\sigma$ 在数值上等于区域 D 的面积，从几何上看，高度为 1 的平顶柱体的体积在数值上等于柱体的底面积；

性质 5 若在 D 上 $f(x,y), g(x,y)$ 满足 $f(x,y) \leqslant g(x,y)$，则

$$\iint\limits_D f(x,y)\mathrm{d}\sigma \leqslant \iint\limits_D g(x,y)\mathrm{d}\sigma.$$

特别地，由于

$$-|f(x,y)| \leqslant f(x,y) \leqslant |f(x,y)|,$$

故有

$$\left|\iint\limits_D f(x,y)\mathrm{d}\sigma\right| \leqslant \iint\limits_D |f(x,y)|\mathrm{d}\sigma;$$

性质 6 若在 D 上有 $m \leqslant f(x,y) \leqslant M$，用 S_D 表示 D 的面积，则

$$m \cdot S_D \leqslant \iint\limits_D f(x,y)\mathrm{d}\sigma \leqslant M \cdot S_D;$$

性质 7 积分中值定理 若函数 $f(x,y)$ 在 D 上连续，用 S_D 表示 D 的面积，则在 D 上至少存在一点 (x_0, y_0)，使得

$$\iint\limits_D f(x,y)\mathrm{d}\sigma = f(x_0, y_0) \cdot S_D.$$

积分中值定理的几何意义是：对于任意的曲顶柱体，当它的立坐标连续变化时，曲顶柱体的体积等于以某一立坐标为高的同底平顶柱体的体积.

通常我们称 $f(x_0, y_0)$ 为二元函数 $f(x,y)$ 在区域 D 上的**平均值**.

§5 在直角坐标系下计算二重积分

我们知道，二重积分定义本身为我们提供了一种计算它的方法

——求积分和的极限.但是,在我们具体使用这个方法计算二重积分时,就会发现它不仅是复杂的和十分困难的,而且在一般情况下几乎是不可能的.因此需要我们探讨求二重积分的简便可行的算法.本节将根据二重积分的几何意义,把二重积分化成连续计算两个定积分(称之为累次积分)问题,然后介绍二重积分的几何应用.

5.1 在直角坐标系中计算二重积分

由定义我们知道,二重积分的值与区域 D 的分法是无关的.所以在直角坐标系里,我们可以用平行于 x 轴和 y 轴的直线来分割区域 D.这时小区域 $\Delta\sigma$ 是一个边长为 Δx 与 Δy 的小矩形.因而 $\Delta\sigma = \Delta x \cdot \Delta y$(见图 5-8).这样一来,我们也把 $d\sigma$ 记成 $dxdy$,并称它为直角坐标系中的**面积元素**.因此二重积分也常记成 $\iint\limits_{D} f(x,y)dxdy$,即

$$\iint\limits_{D} f(x,y)d\sigma = \iint\limits_{D} f(x,y)dxdy.$$

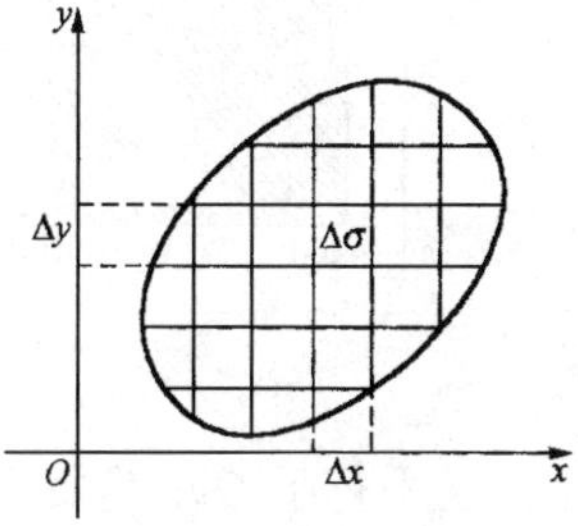

图 5-8 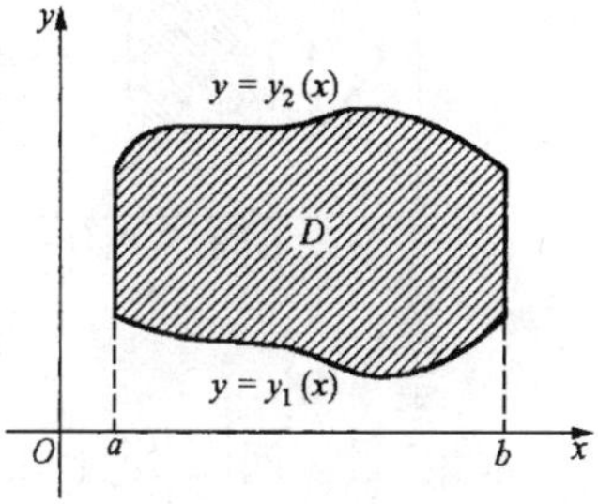   图 5-9

下面我们先来讨论连续函数 $f(x,y) \geqslant 0$ 时,二重积分

$$\iint\limits_{D} f(x,y)dxdy$$

的计算问题.

设积分区域 D 是由两条平行直线 $x=a, x=b$ 以及两条连续曲线 $y=y_1(x), y=y_2(x)$ 所围成,即区域 D 可用联立不等式

$$\begin{cases} a \leqslant x \leqslant b, \\ y_1(x) \leqslant y \leqslant y_2(x) \end{cases}$$

来表示(见图 5-9).

根据二重积分的几何意义, $\iint\limits_{D} f(x,y) \mathrm{d}x\mathrm{d}y$ 的值等于以区域 D 为底、以曲面 $z=f(x,y)$ 为顶的曲顶柱体的体积. 下面我们用"微元法"来计算曲顶柱体的体积 V.

过区间 $[a,b]$ 上一点 x_0,作与 Oyz 坐标平面平行的平面 $x=x_0$,此平面与曲顶柱体相交所得的截面是一个以区间 $[y_1(x_0), y_2(x_0)]$ 为底,以 $z=f(x_0,y)$ 为曲边的曲边梯形(见图 5-10 中的阴影部分). 显然这个截面的面积为

$$A(x_0) = \int_{y_1(x_0)}^{y_2(x_0)} f(x_0,y) \mathrm{d}y.$$

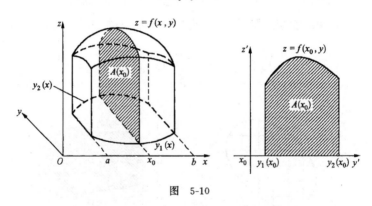

图 5-10

一般地,过区间 $[a,b]$ 上任意一点 x 且平行于 Oyz 坐标平面的平面,与曲顶柱体相交所得截面的面积为

$$A(x) = \int_{y_1(x)}^{y_2(x)} f(x,y) \mathrm{d}y.$$

注意上式中 y 是积分变量,而 x 在积分时保持不变. 对于区间 $[a,b]$ 上每一个 x,都有截面积 $A(x)$ 与之对应,可以证明 $A(x)$ 为 x 的连续函数. 因此,对于区间 $[a,b]$ 上任意一个小区间 $[x, x+\mathrm{d}x]$ 由微元法可知曲顶柱体的体积的微元为

$$\mathrm{d}V = A(x)\mathrm{d}x.$$

将 $\mathrm{d}V$ 从 a 到 b 求定积分,就得到曲顶柱体的体积

§5 在直角坐标系下计算二重积分

$$V = \int_a^b A(x)\mathrm{d}x = \int_a^b \left[\int_{y_1(x)}^{y_2(x)} f(x,y)\mathrm{d}y\right]\mathrm{d}x.$$

于是,就得到了二重积分的计算公式

$$\iint_D f(x,y)\mathrm{d}x\mathrm{d}y = \int_a^b \left[\int_{y_1(x)}^{y_2(x)} f(x,y)\mathrm{d}y\right]\mathrm{d}x.$$

由此看到,要计算一个二重积分,可以化成先后计算两次定积分,也叫做计算**累次积分**. 其中每个定积分的上下限可以由区域 D 的联立不等式给出.

注意,在上面的讨论中,我们假定了 $f(x,y) \geqslant 0$. 实际上,没有这个条件上面的公式仍然正确. 关于这一点本书不再讨论,只把结论叙述如下:

若函数 $z = f(x,y)$ 在区域 D 上连续,其中 $D: a \leqslant x \leqslant b, y_1(x) \leqslant y \leqslant y_2(x)$,则

$$\iint_D f(x,y)\mathrm{d}x\mathrm{d}y = \int_a^b \left[\int_{y_1(x)}^{y_2(x)} f(x,y)\mathrm{d}y\right]\mathrm{d}x.$$

有时为了方便起见,我们把等式右边的累次积分写成下面的形式:

$$\int_a^b \left[\int_{y_1(x)}^{y_2(x)} f(x,y)\mathrm{d}y\right]\mathrm{d}x \stackrel{\text{def}}{=\!=\!=} \int_a^b \mathrm{d}x \int_{y_1(x)}^{y_2(x)} f(x,y)\mathrm{d}y.$$

在计算上式中的累次积分时,先做里层的积分,这时 x 是参量,y 是积分变量. 把上下限代入里层的积分结果中,它便是 x 的函数了;再对 x 做定积分,得出的结果就是一个数值. 注意里层积分的上下限是外层积分的积分变量的函数,外层积分的上下限是个常量. 这种计算二重积分的方法,叫做**累次积分法**.

类似地,我们也可以把二重积分化成先对 x 后对 y 的累次积分. 其结论叙述如下:

若函数 $z = f(x,y)$ 在区域 D 上连续,其中 $D: c \leqslant y \leqslant d, x_1(y) \leqslant x \leqslant x_2(y)$(见图 5-11),则

$$\iint_D f(x,y)\mathrm{d}x\mathrm{d}y = \int_c^d \left[\int_{x_1(y)}^{x_2(y)} f(x,y)\mathrm{d}x\right]\mathrm{d}y$$

$$\stackrel{\text{def}}{=\!=\!=} \int_c^d \mathrm{d}y \int_{x_1(y)}^{x_2(y)} f(x,y)\mathrm{d}x.$$

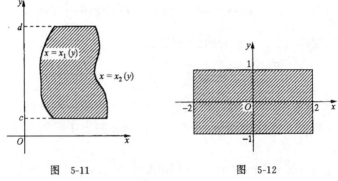

图 5-11   图 5-12

例 1 计算二重积分 $I = \iint\limits_D \left(4 - \dfrac{x}{2} - y\right) dxdy$,其中

$$D: -2 \leqslant x \leqslant 2, -1 \leqslant y \leqslant 1.$$

解 区域 D 如图 5-12 所示.若先对 y 再对 x 积分,则将区域 D 表为

$$D: \begin{cases} -2 \leqslant x \leqslant 2, \\ -1 \leqslant y \leqslant 1. \end{cases}$$

其中第一个不等式定出累次积分中外层积分的上下限,而第二个不等式定出里层积分的上下限.这就是说,在考虑先对 y 积分时,首先在区间 $[-2,2]$ 上固定一点 x,沿着 y 轴的正方向从直线 $y=-1$ 到直线 $y=1$ 对 y 积分.这时变量 x 的函数 $y_2(x)=1, y_1(x)=-1$ 就分别是 y 的上下限;然后再沿着 x 轴的正方向从点 $(-2,0)$ 到点 $(2,0)$ 对 x 积分,这时数值 2 与 -2 就分别是 x 的上下限.于是

$$\begin{aligned} I &= \int_{-2}^{2} dx \int_{-1}^{1} \left(4 - \frac{x}{2} - y\right) dy \\ &= \int_{-2}^{2} \left(4y - \frac{1}{2}xy - \frac{1}{2}y^2\right) \Big|_{-1}^{1} dx \\ &= \int_{-2}^{2} (8-x) dx = 32. \end{aligned}$$

一般情况下,若区域 D 是一闭矩形时,即

$$D: \begin{cases} a \leqslant x \leqslant b, \\ c \leqslant y \leqslant d, \end{cases} \quad \text{或者} \quad D: \begin{cases} c \leqslant y \leqslant d, \\ a \leqslant x \leqslant b, \end{cases}$$

则二重积分就可以化成：

$$\iint_D f(x,y)\mathrm{d}x\mathrm{d}y = \int_a^b \mathrm{d}x \int_c^d f(x,y)\mathrm{d}y,$$

或者

$$\iint_D f(x,y)\mathrm{d}x\mathrm{d}y = \int_c^d \mathrm{d}y \int_a^b f(x,y)\mathrm{d}x.$$

特别地，当被积函数的自变量可以分离时，即

$$f(x,y) = f_1(x) \cdot f_2(y),$$

则

$$\iint_D f(x,y)\mathrm{d}x\mathrm{d}y = \int_a^b \mathrm{d}x \int_c^d [f_1(x) \cdot f_2(y)]\mathrm{d}y$$
$$= \left(\int_a^b f_1(x)\mathrm{d}x\right)\left(\int_c^d f_2(y)\mathrm{d}y\right).$$

这就化成了两个定积分相乘的形式. 例如在例 1 的积分区域上，当被积函数 $f(x,y) = x^2 y^4$ 时，有

$$\iint_D f(x,y)\mathrm{d}x\mathrm{d}y = \left(\int_{-2}^{2} x^2 \mathrm{d}x\right)\left(\int_{-1}^{1} y^4 \mathrm{d}y\right) = \frac{16}{3} \cdot \frac{2}{5} = \frac{32}{15}.$$

例 2 计算二重积分 $I = \iint_D xy\,\mathrm{d}x\mathrm{d}y$，其中 D 是由直线 $y=x$ 与抛物线 $y=x^2$ 所围成的区域（见图 5-13）.

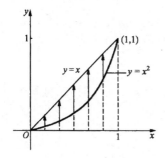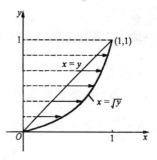

图 5-13

解 若先对 y 再对 x 积分，可将区域 D 表示为

$$\begin{cases} 0 \leqslant x \leqslant 1, \\ x^2 \leqslant y \leqslant x. \end{cases}$$

于是
$$I = \int_0^1 dx \int_{x^2}^{x} xy\,dy = \int_0^1 \frac{1}{2}xy^2 \Big|_{x^2}^{x} dx$$
$$= \frac{1}{2}\int_0^1 x(x^2 - x^4)dx = \frac{1}{24}.$$

若先对 x 再对 y 积分,可将区域 D 表示为
$$\begin{cases} 0 \leqslant y \leqslant 1, \\ y \leqslant x \leqslant \sqrt{y}. \end{cases}$$

于是
$$I = \int_0^1 dy \int_y^{y^{1/2}} xy\,dx = \int_0^1 \frac{1}{2}yx^2 \Big|_y^{y^{1/2}} dy$$
$$= \frac{1}{2}\int_0^1 y(y - y^2)dy = \frac{1}{24}.$$

化二重积分为累次积分是计算二重积分的基本方法,而确定累次积分的上下限又是计算积分的关键之一. 因此,我们要熟练地掌握区域 D 的两种表示法:

$$\begin{cases} a \leqslant x \leqslant b, \\ y_1(x) \leqslant y \leqslant y_2(x) \end{cases} \quad \text{与} \quad \begin{cases} c \leqslant y \leqslant d, \\ x_1(y) \leqslant x \leqslant x_2(y). \end{cases}$$

另外,积分次序选择有时对计算的繁简影响很大,若选择不当,甚至可能无法计算.

5.2 二重积分的简单应用

1. 计算平面图形的面积

由二重积分的性质可知,当函数 $f(x,y) \equiv 1$ 时,二重积分 $\iint_D 1\,d\sigma$ 在数值上等于区域 D 的面积 S_D,即

$$S_D = \iint_D 1\,d\sigma.$$

在直角坐标系中,若区域 D 由联立不等式
$$\begin{cases} a \leqslant x \leqslant b, \\ y_1(x) \leqslant y \leqslant y_2(x) \end{cases}$$
表示时,则

$$S_D = \int_a^b dx \int_{y_1(x)}^{y_2(x)} dy = \int_a^b (y_2(x) - y_1(x))dx.$$

若区域 D 由联立不等式

$$\begin{cases} c \leqslant y \leqslant d, \\ x_1(y) \leqslant x \leqslant x_2(y) \end{cases}$$

表示时,则

$$S_D = \int_c^d (x_2(y) - x_1(y))dy.$$

例 3 应用二重积分求由曲线 $y = x^2, y = x + 2$ 所围成的区域的面积(图 5-14).

解 由二重积分的性质知二重积分 $\iint\limits_D dxdy$ 就是积分区域 D 的面积 σ 的数值,故由图 5-14 得

$$\begin{aligned} \sigma &= \iint\limits_D dxdy = \int_{-1}^2 dx \int_{x^2}^{x+2} dy \\ &= \int_{-1}^2 (x + 2 - x^2)dx \\ &= \left(\frac{1}{2}x^2 + 2x - \frac{1}{3}x^3 \right) \Big|_{-1}^2 \\ &= \frac{9}{2}. \end{aligned}$$

因此区域 D 的面积等于 $\frac{9}{2}$ 平方单位.

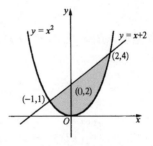

图 5-14

2. 计算空间立体的体积

由二重积分的几何意义可知,若 $f(x,y) \geqslant 0$,则二重积分

$$\iint\limits_D f(x,y)d\sigma$$

表示以区域 D 为底,以曲面 $z = f(x,y)$ 为顶的曲顶柱体的体积.为此,在计算空间立体的体积时,关键要找出曲面方程 $z = f(x,y)$ 和区域 D.

例 4 应用二重积分求由抛物柱面 $2y^2 = x$ 与平面 $\frac{x}{4} + \frac{y}{2} + \frac{z}{2} = 1$ 和 $z = 0$ 所围成的立体的体积.

解 据题意,是要计算以平面 $z=2-y-\dfrac{x}{2}$ 为顶的曲顶柱体的体积,即二重积分

$$\iint_D \left(2-y-\dfrac{x}{2}\right)\mathrm{d}x\mathrm{d}y$$

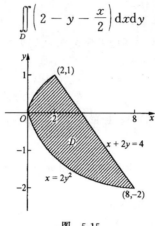

图 5-15

就是所求的体积 V,其中 D 是图 5-15 在 Oxy 平面中的阴影部分. 于是

$$V = \iint_D \left(2-y-\dfrac{x}{2}\right)\mathrm{d}x\mathrm{d}y = \int_{-2}^{1}\mathrm{d}y\int_{2y^2}^{4-2y}\left(2-y-\dfrac{x}{2}\right)\mathrm{d}x$$

$$= \int_{-2}^{1}\left(2x-yx-\dfrac{1}{4}x^2\right)\Big|_{2y^2}^{4-2y}\mathrm{d}y$$

$$= \int_{-2}^{1}(4-4y-3y^2+2y^3+y^4)\mathrm{d}y$$

$$= \left(4y-2y^2-y^3+\dfrac{1}{2}y^4+\dfrac{1}{5}y^5\right)\Big|_{-2}^{1} = \dfrac{81}{10}.$$

习 题 五

(一) 选择题

1. 二元函数 $z=\arcsin(1-y)+\ln(x-y)$ 的定义域为( ).

(A) $|1-y|\leqslant 1$ 且 $x-y>0$; (B) $|1-y|<1$ 且 $x-y>0$;

(C) $|1-y|\leqslant 1$ 且 $x-y\geqslant 0$; (D) $|1-y|<1$ 且 $x-y\geqslant 0$.

2. 设 $f(x+y, x-y) = x^2 - y^2$,则 $f(x,y) = ($ $)$.

(A) $x^2 - y^2$; (B) $x^2 + y^2$;
(C) $(x-y)^2$; (D) xy.

3. 设 $x = \ln \dfrac{z}{y}$,则 $\dfrac{\partial z}{\partial x} = ($ $)$.

(A) 1;   (B) e^x;   (C) ye^x;   (D) y.

4. 设 $u = xyz$,则 $du = ($ $)$.

(A) $yzdx$; (B) $xzdy$;
(C) $xydz$; (D) $yzdx + xzdy + xydz$.

5. 函数 $f(x,y) = 2(x-y) + x^2 - y^2$ 的驻点为($ $).

(A) $(1,1)$; (B) $(-1,1)$;
(C) $(1,-1)$; (D) $(-1,-1)$.

6. 点 $(0,0)$ 是函数 $z = xy$ 的($ $).

(A) 极大值点; (B) 极小值点;
(C) 非驻点; (D) 驻点.

7. 二元函数 $z = 5 - x^2 - y^2$ 的极大值点是($ $).

(A) $(1,0)$; (B) $(0,1)$; (C) $(0,0)$; (D) $(1,1)$.

8. 二元函数 $z = f(x,y)$ 在点 (x_0, y_0) 处可导(偏导数存在)与可微的关系是($ $).

(A) 可导必可微; (B) 可导一定不可微;
(C) 可微必可导; (D) 可微不一定可导.

9. 设 $z = e^{-\sin^2 xy^2}$,则 $\dfrac{\partial z}{\partial y} = ($ $)$.

(A) $-e^{-\sin^2 xy^2}$; (B) $-e^{-\cos^2 xy^2}$;
(C) $-2xy\sin(2xy^2) e^{-\sin^2 xy^2}$; (D) $-4xy\sin(xy^2)$.

10. 设 $z = 2x^2 + 3xy - y^2$,则 $\dfrac{\partial^2 z}{\partial x \partial y} = ($ $)$.

(A) 6;   (B) 3;   (C) -2;   (D) 2.

11. 二重积分 $\iint\limits_{\substack{0 \leqslant x \leqslant 1 \\ 0 \leqslant y \leqslant 1}} xy\, dx dy = ($ $)$.

(A) 1;   (B) $1/2$;   (C) $1/4$;   (D) 2.

12. 设 $D = \{(x,y) \mid 0 \leqslant x \leqslant 1, 0 \leqslant y \leqslant 1\}$,则 $\iint\limits_{D} xe^{-2y}\, dxdy =$

( ).

(A) $1-e^{-2}$;　(B) $\dfrac{1-e^{-2}}{4}$;　(C) $\dfrac{e^{-2}-1}{2}$;　(D) $\dfrac{1-e^{-2}}{2}$.

13. 设 $D: x^2+y^2\leqslant 4$ $(y>0)$,则 $\iint\limits_{D}dxdy=(\ \ )$.

(A) 16π;　　(B) 4π;　　(C) 8π;　　(D) 2π.

(二) 解答题

1. 在直角坐标系中,用联立不等式表示下面的平面区域 D:

(1) D 是由 $x=0, y=0$ 以及 $x+y=1$ 所围成的区域;

(2) D 是由 $y=x, x=1, x=2$ 以及 $y=2x$ 所围成的区域;

(3) D 是由 $y=\dfrac{1}{x}, x=1, x=2$ 以及 $y=2$ 所围成的区域;

(4) D 是 $x^2+y^2\leqslant 4$ 和 $y\geqslant 0$ 的公共部分.

2. 求下列函数的定义域,并在 Oxy 平面上画出定义域的图形.

(1) $z=\sqrt{xy}$;　　　　　　(2) $z=\ln(x+y)$;

(3) $z=\sqrt{1-x^2}+\sqrt{y^2-4}$;　(4) $z=\sqrt{1-\dfrac{x^2}{9}-\dfrac{y^2}{4}}$.

3. 求下列函数的偏导数:

(1) $z=x^3y^2$;　　　　　　(2) $z=x^4+y^3$;

(3) $z=\ln\dfrac{y}{x}$;　　　　　(4) $z=\dfrac{xy}{x+y}$;

(5) $z=e^{xy}+yx^2$;　　　　(6) $u=\sqrt{x^2+y^2+z^2}$;

(7) $u=x^{\frac{z}{y}}$;　　　　　　(8) $u=\dfrac{y}{x}+\dfrac{z}{y}+\dfrac{x}{z}$.

4. 求下列函数的二阶偏导数:

(1) $z=x^4+3x^2y+y^3$;　　(2) $z=x\ln(x+y)$.

5. 设 $z=\ln(\sqrt{x}+\sqrt{y})$,证明

$$x\dfrac{\partial z}{\partial x}+y\dfrac{\partial z}{\partial y}=\dfrac{1}{2}.$$

6. 设 $z=x^y$,证明

$$\dfrac{x}{y}\dfrac{\partial z}{\partial x}+\dfrac{1}{\ln x}\dfrac{\partial z}{\partial y}=2z.$$

7. 求下列函数的全微分:

(1) $z=x^2y$;

(2) $z=\sqrt{\dfrac{x}{y}}$;

(3) $z=\dfrac{x+y}{x-y}$;

(4) $u=\ln(x^2+y^2+z^2)$.

8. 求下列各函数的偏导数或全导数：

(1) $z=\sqrt{u^2+v^2}, u=\sin x, v=e^x$;

(2) $z=u^2\ln v, u=\dfrac{x}{y}, v=3x-2y$;

(3) $z=\dfrac{v}{u}, u=e^x, v=1-e^{2x}$;

(4) $z=y+f(v), v=y^2-x^2$;

(5) $z=u^2v^3, u=x+2y, v=x-y$;

(6) $z=xe^y, y=\varphi(x)$.

9. 求下列函数的导数 $\dfrac{dy}{dx}$:

(1) $xy+x^2+y^2=2$;

(2) $xy-\ln y=1$;

(3) $\sin y+e^x-xy^2=0$;

(4) $\ln\sqrt{x^2+y^2}=\arctan\dfrac{y}{x}$.

10. 求下列各方程所确定的函数 $z=f(x,y)$ 的偏导数：

(1) $e^z-xyz=0$;

(2) $x^3+y^3+z^3-3xyz=0$;

(3) $\sin(x+y-z)=z+x$;

(4) $\dfrac{x}{z}=\ln\dfrac{z}{y}$.

11. 求由方程 $\cos^2 x+\cos^2 y+\cos^2 z=1$ 所确定的函数 $z=f(x,y)$ 的全微分 dz.

12. 求下列函数的极值：

(1) $z=x^2+xy+y^2+x-y+1$;

(2) $z=4(x-y)-x^2-y^2$.

13. 求下列函数在指定约束条件下的极值：

(1) 函数 $z=xy$, 约束条件：$x+y=1$;

(2) 函数 $u=xyz$, 约束条件：$\begin{cases} x^2+y^2+z^2=1, \\ x+y+z=0. \end{cases}$

14. 在半径为 a 的半球内,内接一长方体,问如何选取长、宽、高,使其体积最大?

15. 求空间平面 $Ax+By+Cz+D=0$ 到坐标原点的距离.

16. 在抛物线 $y^2=4x$ 上找一点,使它到直线 $x-y+4=0$ 的距离最短.

17. 当 n 个正数 $x_1,x_2,\cdots,x_n$ 的和为常数时,求它们乘积开 n 次根的最大值.

18. 计算下列二重积分:

(1) $\iint\limits_{D} xe^{xy}d\sigma, D: 0 \leqslant x \leqslant 1, 0 \leqslant y \leqslant 1$;

(2) $\iint\limits_{D} x\sin(x+y)d\sigma, D: 0 \leqslant x \leqslant \pi, 0 \leqslant y \leqslant \dfrac{\pi}{2}$;

(3) $\iint\limits_{D} (y+x^2)d\sigma, D$ 是由 $y=x^2$ 与 $y^2=x$ 所围成的区域;

(4) $\iint\limits_{D} (x+6y)d\sigma, D$ 是由 $y=x, y=2x, x=2$ 所围成的区域.

19. 计算下列曲线所围成的平面图形的面积:

(1) $y=x^2, y=x+2$;

(2) $y=x, y=\sin x, x=0, x=\pi$.

20. 计算由曲面 $z=1+x+y, z=0, x+y=1, x=0, y=0$ 所界的空间立体的体积.

附录一 常微分方程简介

微分方程是人们为解决科学问题必须精通的一种工具. 许多自然科学的定律只有通过微分方程才能得到比较精确的表达. 因此, 微分方程是数学联系实际的重要渠道之一. 在自然科学、工程技术以及社会学、经济学等领域中都有着微分方程问题.

§1 常微分方程的一般概念

我们在研究自然现象和社会现象的某一客观规律时, 往往需要找出变量之间的函数关系. 实际上由于客观世界的复杂性, 在很多情况下, 直接找到某些函数关系是不太容易的; 但是有时可以建立函数的导数或微分的关系式, 通过这种关系式我们便可得到所要求的函数.

下面先来看两个简单的例子.

例1 设一曲线通过点 $(-1,2)$, 并且在曲线上每一点 (x,y) 处的切线的斜率都等于 $2x$, 求此曲线的方程.

解 设所求的曲线方程为 $y=y(x)$, 由导数的几何意义可知

$$\frac{\mathrm{d}y}{\mathrm{d}x} = 2x,$$

即

$$\mathrm{d}y = 2x\mathrm{d}x.$$

将上式两边积分, 便得到

$$y = \int 2x\mathrm{d}x = x^2 + C,$$

其中 C 为任意常数.

由于曲线通过点 $(-1,2)$, 即当 $x=-1$ 时, $y=2$, 代入方程 $y=x^2+C$, 得到 $2=(-1)^2+C$, 于是 $C=1$. 故曲线方程为

$$y = x^2 + 1.$$

例 2 设自由落体下落时的加速度为常数 $g(g>0)$,求自由落体的运动规律.

解 设自由落体运动的路程 s 随时间 t 变化的规律为 $s=s(t)$. 由加速度是路程 s 对时间 t 的二阶导数可知

$$\frac{d^2s}{dt^2} = g,$$

在上式两边对 t 求一次积分得到

$$\frac{ds}{dt} = gt + C_1,$$

再求一次积分便得到

$$s(t) = \frac{1}{2}gt^2 + C_1 t + C_2,$$

其中 C_1, C_2 为任意常数.

如果我们进一步假设这个自由落体初始位置为 0,初速度为 v_0,即当 $t=0$ 时,$s=0, v=\frac{ds}{dt}=v_0$. 记为

$$\begin{cases} s|_{t=0} = 0, \\ \dfrac{ds}{dt}\bigg|_{t=0} = v_0. \end{cases}$$

下面根据这两个条件来确定 C_1 和 C_2 两个任意常数. 因为 $s(0)=0$,所以

$$\frac{1}{2}g \cdot 0^2 + C_1 \cdot 0 + C_2 = 0,$$

即 $C_2=0$. 又因为 $s'(0)=v_0$,所以

$$g \cdot 0 + C_1 = v_0,$$

即 $C_1=v_0$. 于是满足上述两个条件的自由落体的运动规律是

$$s = \frac{1}{2}gt^2 + v_0 t.$$

一般来说,含有未知函数的导数或微分的方程称为**微分方程**. 例如在方程 $\frac{dy}{dx}=2x$ 中,含有未知函数 $y(x)$ 的导数,而在方程 $\frac{d^2s}{dt^2}=g$ 中,含有未知函数 $s(t)$ 的二阶导数,因而它们都是微分方程. 未知函数是一元的微分方程称为**常微分方程**,一般可表示为

$$F(x,y,y',\cdots,y^{(n)})=0$$

的形式. 方程中的未知函数的最高阶导数的阶数称为**微分方程的阶数**. 例如 $\dfrac{\mathrm{d}y}{\mathrm{d}x}=2x$ 为一阶方程,而 $\dfrac{\mathrm{d}^2s}{\mathrm{d}t^2}=g$ 为二阶方程,如果方程中的未知函数及其各阶导数就总体而言都是一次幂的,那么称之为**线性方程**,否则称为**非线性**的. 例如 $y''+y'+y=\sin x$ 是一个二阶线性方程,$y'''+y=0$ 是三阶线性方程,而 $y'=x^2+y^2$ 和 $y'\cdot y=4$ 都是一阶非线性方程.

如果把某一函数代入一个微分方程以后,使得该方程成为恒等式,那么这个函数称为此方程的一个**解**. 不含有任意常数的解称为**特解**. 含有任意常数的个数与方程的阶数相同的解称为**通解**. 由方程的通解确定特解的条件称为**初始条件**(有时也称为**定解条件**). 带有初始条件的微分方程求解问题称为**初值问题**. 例如 $s=\dfrac{1}{2}gt^2+C_1t+C_2$ 是方程 $\dfrac{\mathrm{d}^2s}{\mathrm{d}t^2}=g$ 的通解,而 $s=\dfrac{1}{2}gt^2+v_0t$ 是方程满足初始条件

$$\begin{cases} s|_{t=0}=0, \\ \dfrac{\mathrm{d}s}{\mathrm{d}t}\bigg|_{t=0}=v_0 \end{cases}$$

的一个特解.

一般来说,微分方程 $F(x,y,y',\cdots,y^{(n)})=0$ 的一个解对应于平面上的一条曲线,称其为该方程的**积分曲线**;通解对应于平面上的无穷多条积分曲线,称其为该方程的**积分曲线族**. 在常微分方程的通解中,对其中的任意常数取一个确定的数值,相应地在平面上可以画出一条积分曲线. 让任意常数取所有可能的数值,就得到了微分方程的积分曲线族.

§2 常微分方程的初等解法

"求解"是微分方程的一个中心问题. 所谓微分方程的初等解法就是利用初等函数的积分求解微分方程的方法. 它类似于不定积分法在微积分运算中的作用. 因此我们掌握这些解法有重要的实际意义.

2.1 分离变量法

1. 变量可分离的方程

形如

$$\frac{dy}{dx} = P(x) \cdot Q(y) \tag{1}$$

的方程,称为**变量可分离的方程**.

若 $Q(y)=0$,即 $\frac{dy}{dx}=0$,则 $y=y_0$ 为方程的一个特解.

若 $Q(y)\neq 0$,则方程(1)可化成下面的形式

$$\frac{dy}{Q(y)} = P(x)dx.$$

两边积分

$$\int \frac{dy}{Q(y)} = \int P(x)dx,$$

令

$$G(y) = \int \frac{dy}{Q(y)}, \quad H(x) = \int P(x)dx,$$

从而

$$G(y) = H(x) + C$$

为方程的通解.这种解方程的方法称为**分离变量法**.

例1 求微分方程 $\frac{dy}{dx}=2x(1+y)$ 的通解.

解 方程可分离变量为

$$\frac{dy}{1+y} = 2xdx \quad (y \neq -1),$$

两边积分得到

$$\ln|1+y| = x^2 + C_1,$$

即 $$|1+y| = e^{x^2+C_1}.$$

考虑到 $y=-1$ 也是方程的解,故令 $e^{C_1}=C$,则原方程的通解为

$$y = Ce^{x^2} - 1.$$

例2 求微分方程 $y' \cdot y + x = 0$ 满足 $y|_{x=3}=4$ 的特解.

解 方程可分离变量为

$$x\mathrm{d}x = -y\mathrm{d}y,$$

两边积分得到

$$\frac{1}{2}x^2 = -\frac{1}{2}y^2 + C_1,$$

令 $C = 2C_1$，则原方程的通解为

$$x^2 + y^2 = C.$$

将初始条件 $y|_{x=3} = 4$ 代入 $x^2 + y^2 = C$ 中，得到 $C = 25$，所以原方程的特解为

$$x^2 + y^2 = 25.$$

在例 2 中，由关系式 $x^2 + y^2 = 25$ 所确定的隐函数是方程 $y' \cdot y + x = 0$ 的解。一般情况下，我们把这种确定方程解的关系式 $\Phi(x, y) = 0$ 称为方程的**隐式解**。为了方便起见，在以后的讨论中，我们不把解和隐式解加以区别，而把它们统称为方程的解。

2. 一阶线性方程

形如

$$\frac{\mathrm{d}y}{\mathrm{d}x} + P(x)y = Q(x)$$

的方程，称为**一阶线性**方程，当 $Q(x) \not\equiv 0$ 时叫做**线性非齐次**方程；当 $Q(x) \equiv 0$ 时叫做**线性齐次**方程。

1) 一阶线性齐次方程的解法

对形如

$$\frac{\mathrm{d}y}{\mathrm{d}x} + P(x)y = 0 \qquad (2)$$

的微分方程分离变量后得到

$$\frac{\mathrm{d}y}{y} = -P(x)\mathrm{d}x.$$

对上式两边积分

$$\ln|y| = -\int P(x)\mathrm{d}x + C_1,$$

即

$$|y| = \mathrm{e}^{C_1} \cdot \mathrm{e}^{-\int P(x)\mathrm{d}x},$$

亦即

$$y = \pm e^{C_1} \cdot e^{-\int P(x)dx}.$$

又因为 $y=0$ 也是解,所以一阶齐次方程的通解为

$$y = Ce^{-\int P(x)dx} \quad (C \text{ 为任意常数}). \tag{3}$$

例3 求微分方程 $\dfrac{dy}{dx}+3y=0$ 的通解.

解 这是一个一阶线性齐次方程.可见 $P(x)=3$,代入上面的公式(3)即得通解

$$y = Ce^{-\int 3dx} = Ce^{-3x} \quad (C \text{ 为任意常数}).$$

2) 一阶线性非齐次方程的解法

考查一阶线性非齐次方程

$$\frac{dy}{dx} + P(x)y = Q(x) \quad (Q(x) \not\equiv 0). \tag{4}$$

显然 $y=Ce^{-\int P(x)dx}$ 不可能是非齐次方程(4)的通解.考虑用 $C(x)$ 代替 C 有可能是方程的解.这种将常数变为待定函数的方法通常称为**常数变易法**,这种方法不但适用于一阶线性方程,而且也适用于高阶线性方程和线性方程组.下面我们直接给出非齐次方程(4)的通解公式:

$$y = e^{-\int P(x)dx}\left[\int Q(x)e^{\int P(x)dx}dx + C\right]. \tag{5}$$

例4 求微分方程 $\dfrac{dy}{dx}+3y=e^{-3x}$ 满足 $y|_{x=1}=0$ 的特解.

解 这是一个一阶线性非齐次方程,可见 $P(x)=3, Q(x)=e^{-3x}$,代入公式(5)有

$$\begin{aligned} y &= e^{-\int 3dx}\left[\int e^{-3x}e^{\int 3dx}dx + C\right] \\ &= e^{-3x}\left[\int e^{-3x}e^{3x}dx + C\right] \\ &= e^{-3x}(x+C). \end{aligned}$$

方程的通解为

$$y = e^{-3x}(x+C).$$

将初始条件 $y|_{x=1}=0$ 代入 $y=e^{-3x}(x+C)$ 中,得到 $C=-1$.所以原方程的特解为

$$y = e^{-3x}(x-1).$$

例 5 求微分方程 $x\dfrac{dy}{dx}+y=\cos x$ 的通解.

解 这是一个一阶线性非齐次方程. 将方程两边同除以 x 得到

$$\frac{dy}{dx}+\frac{y}{x}=\frac{\cos x}{x},$$

这里 $P(x)=\dfrac{1}{x}$, $Q(x)=\dfrac{\cos x}{x}$ 代入公式(5)有

$$y = e^{-\int \frac{1}{x}dx}\left[\int \frac{\cos x}{x}e^{\int \frac{1}{x}dx}dx + C\right]$$

$$= e^{-\ln|x|}\left[\int \frac{\cos x}{x}e^{\ln|x|}dx + C\right]$$

$$= \frac{1}{|x|}\left[\int \frac{\cos x}{x}\cdot |x|dx + C\right].$$

当 $x>0$ 时, $y=\dfrac{1}{x}\left[\int\cos x dx+C\right]=\dfrac{1}{x}(\sin x+C)$;

当 $x<0$ 时, $y=-\dfrac{1}{x}\left[\int -\cos x dx+C_1\right]=\dfrac{1}{x}(\sin x+C).$

所以原方程的通解为

$$y = \frac{1}{x}(\sin x + C).$$

2.2 初等变换法

在实际问题中,我们所遇到的微分方程是各种各样的,其中有一些方程可以通过未知函数或自变量的初等变换化成变量可分离的方程或一阶线性方程. 怎样作变换呢? 一般情况下没有规律可寻,只能针对具体问题作具体的分析. 下面我们介绍几种常见的变换.

1. 齐次方程

形如

$$\frac{dy}{dx}=\varphi\left(\frac{y}{x}\right) \tag{6}$$

的方程称为**齐次方程**. 如方程

$$\frac{dy}{dx}=\frac{x+y}{x-y} \quad \text{与} \quad \frac{dy}{dx}=\frac{x^2+y^2\sin\dfrac{y}{x}}{xy}$$

分别可以化成

$$\frac{\mathrm{d}y}{\mathrm{d}x} = \frac{1+\dfrac{y}{x}}{1-\dfrac{y}{x}} \quad \text{与} \quad \frac{\mathrm{d}y}{\mathrm{d}x} = \frac{1+\left(\dfrac{y}{x}\right)^2 \sin\dfrac{y}{x}}{\dfrac{y}{x}}$$

的形式,因而它们都是齐次方程.

对于这类方程,我们可以令 $y/x = u$,即 $y = ux$.再对 x 求导数,有

$$\frac{\mathrm{d}y}{\mathrm{d}x} = u + x\frac{\mathrm{d}u}{\mathrm{d}x}.$$

将上式代回方程(6)中,得到

$$u + x\frac{\mathrm{d}u}{\mathrm{d}x} = \varphi(u),$$

分离变量即得

$$\frac{\mathrm{d}u}{\varphi(u) - u} = \frac{\mathrm{d}x}{x}.$$

对上面的方程求出通解后,再将 $u = y/x$ 代回即得方程(6)的通解.

例 6 求微分方程 $\dfrac{\mathrm{d}y}{\mathrm{d}x} = \dfrac{y^2}{xy - x^2}$ 的通解.

解 原方程可写为

$$\frac{\mathrm{d}y}{\mathrm{d}x} = \frac{\left(\dfrac{y}{x}\right)^2}{\dfrac{y}{x} - 1},$$

它是一个齐次方程. 令 $\dfrac{y}{x} = u$,则方程化成

$$u + x\frac{\mathrm{d}u}{\mathrm{d}x} = \frac{u^2}{u-1}, \quad \text{即} \quad x\frac{\mathrm{d}u}{\mathrm{d}x} = \frac{u}{u-1}.$$

分离变量后得到

$$\frac{\mathrm{d}x}{x} = \left(1 - \frac{1}{u}\right)\mathrm{d}u,$$

两边积分后有

$$\ln|x| + \ln|u| = u + C_1,$$

即

$$|xu| = \mathrm{e}^{u+C_1},$$

亦即

$$xu = \pm e^{u+C_1}.$$

考虑到 $u=0$ 也是解，故原方程的通解为

$$y = Ce^{\frac{y}{x}} \quad (C \text{ 为任意常数}).$$

2. 伯努利(Bernoulli)方程

形如

$$\frac{dy}{dx} + P(x)y = Q(x)y^\alpha \quad (\alpha \neq 0, 1) \tag{7}$$

的方程称为**伯努利方程**.

可见，当 $\alpha \neq 0, 1$ 时，伯努利方程虽不是线性方程，但可以通过变量代换把它化成线性方程。事实上，用 $y^{-\alpha}$ 乘方程(7)的两边，得到

$$y^{-\alpha}\frac{dy}{dx} + P(x)y^{1-\alpha} = Q(x).$$

令 $z = y^{1-\alpha}$ 有

$$\frac{dz}{dx} = (1-\alpha)y^{-\alpha}\frac{dy}{dx},$$

即

$$y^{-\alpha}\frac{dy}{dx} = \frac{1}{1-\alpha}\frac{dz}{dx}.$$

代入方程(7)，得到

$$\frac{1}{1-\alpha}\frac{dz}{dx} + P(x)z = Q(x),$$

即

$$\frac{dz}{dx} + (1-\alpha)P(x)z = (1-\alpha)Q(x).$$

这是一个关于新未知函数 z 的线性方程。由公式(5)求出它的通解，然后代回原来的变量 y，便得到方程(7)的通解。

例7 求微分方程 $\dfrac{dy}{dx} - \dfrac{6}{x}y = -xy^2$ 的通解。

解 这是一个 $\alpha = 2$ 的伯努利方程。令

$$z = y^{1-2} = y^{-1},$$

有

$$\frac{dz}{dx} = -y^{-2}\frac{dy}{dx}.$$

代入原方程得到

$$\frac{dz}{dx} + \frac{6}{x}z = x,$$

这是一个一阶线性非齐次方程,求得它的通解为
$$z = \frac{C}{x^6} + \frac{x^2}{8}.$$
代回原来的变量 y,得到原方程的通解为
$$\frac{x^6}{y} - \frac{x^8}{8} = C.$$

3. **可降阶方程**

二阶和二阶以上的微分方程统称为**高阶**微分方程. 对于一般的高阶微分方程来说,能够用初等积分法求解的方程是很少的. 某些高阶方程可以通过初等变换的方法降低它们的阶数来求解,这些方程称为**可降阶方程**.

1) $y'' = f(x)$ 型微分方程

这类方程的特点是不显含 y 和 y'. 令 $y' = p$,原方程可以化为
$$y' = \int f(x) \mathrm{d}x + C_1,$$
两边积分,便得到通解
$$y = \int \left[\int f(x) \mathrm{d}x \right] \mathrm{d}x + C_1 x + C_2,$$
改写为
$$y = \int \mathrm{d}x \int f(x) \mathrm{d}x + C_1 x + C_2.$$

实际上,这类方程可以通过直接积分两次得出通解. 类似地,我们可以求出 n 阶方程
$$y^{(n)} = f(x)$$
的通解为
$$y = \underbrace{\int \mathrm{d}x \cdots \int f(x) \mathrm{d}x}_{n\text{次}} + C_1 x^{n-1} + C_2 x^{n-2} + \cdots + C_{n-1} x + C_n.$$

例 8 求微分方程 $y'' = x + \sin x$ 的通解.

解 将原方程两边对 x 积分,得到
$$y' = \frac{x^2}{2} - \cos x + C_1,$$
再积分便得到原方程的通解

$$y = \frac{1}{6}x^3 - \sin x + C_1 x + C_2.$$

2) $y''=f(x,y')$ 型微分方程

这类方程的特点是不显含 y. 令 $y'=p$,则 $y''=p'$. 将 y',y'' 代入原方程便得到一阶方程

$$p' = f(x,p).$$

设其通解为 $p=\varphi(x,C_1)$,即

$$y' = \varphi(x,C_1).$$

两边积分便得到原方程的通解

$$y = \int \varphi(x,C_1)\mathrm{d}x + C_2.$$

例 9 求微分方程 $y''=y'+x$ 的通解.

解 令 $y'=p$,则 $y''=p'$. 原方程化为一阶线性非齐次方程

$$p' - p = x,$$

这里 $P(x)=-1, Q(x)=x$,代入公式(5)即得

$$p = C_1 \mathrm{e}^x - (x+1),$$

即

$$y' = C_1 \mathrm{e}^x - (x+1).$$

再积分,便得到原方程的通解

$$y = C_1 \mathrm{e}^x - \frac{x^2}{2} - x + C_2.$$

3) $y''=f(y,y')$ 型微分方程

这类方程的特点是不显含 x. 令 $y'=p$,并考虑把 y 看作自变量,有

$$y'' = \frac{\mathrm{d}p}{\mathrm{d}x} = \frac{\mathrm{d}p}{\mathrm{d}y} \cdot \frac{\mathrm{d}y}{\mathrm{d}x} = \frac{\mathrm{d}p}{\mathrm{d}y} \cdot p.$$

这样,原方程便可以化为

$$\frac{\mathrm{d}p}{\mathrm{d}y}p = f(y,p).$$

设其通解为 $p=\varphi(y,C_1)$,即

$$\frac{\mathrm{d}y}{\mathrm{d}x} = \varphi(y,C_1).$$

分离变量后,得到

$$\frac{\mathrm{d}y}{\varphi(y,C_1)} = \mathrm{d}x.$$

两边积分便得到原方程的通解

$$x = \int \frac{\mathrm{d}y}{\varphi(y,C_1)} + C_2.$$

例 10 求微分方程 $yy'' = 1 - (y')^2$ 的通解.

解 令 $y' = p$,则 $y'' = p\dfrac{\mathrm{d}p}{\mathrm{d}y}$,原方程可以化为

$$yp\frac{\mathrm{d}p}{\mathrm{d}y} + p^2 = 1.$$

将上式分离变量后,得到

$$\frac{p\mathrm{d}p}{1-p^2} = \frac{\mathrm{d}y}{y},$$

解得 $y^2(1-p^2) = C_1$. 从而

$$p = \pm \frac{1}{y}\sqrt{y^2 - C_1}, \quad 即 \quad \frac{\mathrm{d}y}{\mathrm{d}x} = \pm \frac{1}{y}\sqrt{y^2 - C_1}.$$

将上式分离变量后,得到

$$\frac{y\mathrm{d}y}{\sqrt{y^2 - C_1}} = \pm \mathrm{d}x,$$

解得

$$\sqrt{y^2 - C_1} = \pm(x + C_2).$$

所以原方程的通解为

$$y^2 = (x + C_2)^2 + C_1.$$

§3 二阶线性微分方程

在二阶微分方程中,形如

$$y'' + p(x)y' + q(x)y = f(x) \tag{8}$$

的方程称为**二阶线性微分方程**. 若 $f(x) \not\equiv 0$,则称(1)式为**线性非齐次方程**. 若 $f(x) \equiv 0$,即

$$y'' + p(x)y' + q(x)y = 0, \tag{9}$$

则称(9)式为**线性齐次方程**,并且通常称(9)式为(8)式所对应的线性齐次方程. 系数 $p(x), q(x)$ 恒等于常数的方程称为**二阶常系数线性**

微分方程.

3.1 二阶线性微分方程解的结构

定理 1(线性齐次方程解的叠加性) 若 y_1, y_2 是二阶线性齐次方程
$$y'' + p(x)y' + q(x)y = 0 \tag{10}$$
的两个解,则 $y = C_1 y_1 + C_2 y_2$ 也是方程(10)的解,其中 C_1, C_2 为任意常数(实数或复数).

在 §1 中我们曾指出,通解中含有任意常数的个数必与方程的阶数相同. 那么二阶微分方程的通解中应含有两个任意常数. 在定理 1 中给出了结论:二阶线性齐次方程的两个解 y_1, y_2 的线性组合 $C_1 y_1 + C_2 y_2$ 也是这个齐次方程的解. 但它不一定是通解,因为我们要求通解中的两个任意常数必须是独立的. 所谓两个任意常数是独立的,是指它们不能合并成一个任意常数. 例如,对于 $y_1 = x, y_2 = 4x$ 有
$$C_1 x + C_2 4x = (C_1 + 4C_2)x = Cx.$$
即这里的常数 C_1, C_2 可以合并成一个任意常数 C,所以 C_1, C_2 不是独立的;又如当 $y_1 = x, y_2 = x^2$ 时
$$C_1 x + C_2 x^2$$
中的两个任意常数 C_1 与 C_2 无论如何也不能合并成一个任意常数,因此它们是相互独立的.(以下的 C_1, C_2 都是相互独立的任意常数,以后不再每次注明.)

一般地,如果方程(10)的两个解 $y_1(x)$ 与 $y_2(x)$ 是线性无关的 $\left(\text{即} \dfrac{y_1(x)}{y_2(x)} \neq k, k \text{ 为常数}\right)$,那么它们的线性组合 $C_1 y_1 + C_2 y_2$ 就是方程(10)的通解,于是我们有

定理 2(解的结构定理) 如果 y_1, y_2 是线性齐次方程
$$y'' + p(x)y' + q(x)y = 0$$
的两个特解,并且对任意常数 $k, y_1(x) \neq k y_2(x)$,则 y_1, y_2 的线性组合 $C_1 y_1 + C_2 y_2$(C_1, C_2 为任意常数)是方程的通解.

通常定理 2 叫做线性齐次方程解的结构定理. 根据这个定理可以把求方程(10)的通解问题化成求它的两个线性无关的特解问题.

例 1　已知 $y_1=\sin x, y_2=\cos x$ 都是方程 $y''+y=0$ 的特解，求此方程的通解.

解　由于 $y_1=\sin x, y_2=\cos x$ 是 $y''+y=0$ 的两个特解，且
$$\frac{y_1}{y_2}=\frac{\sin x}{\cos x}=\tan x \neq \text{常数},$$
所以由定理 2 可知，$C_1\sin x+C_2\cos x$ 是方程 $y''+y=0$ 的通解.

定理 3　如果 y^* 是线性非齐次方程
$$y''+p(x)y'+q(x)y=f(x) \tag{11}$$
的一个特解，$Y=C_1y_1+C_2y_2$ 是其相应的齐次方程
$$y''+p(x)y'+q(x)y=0$$
的通解，则方程(11)的通解是
$$y=Y+y^*.$$

例 2　已知 $y^*=x^2-2$ 是 $y''+y=x^2$ 的一个特解. 求此方程的通解.

解　由例 1 可知，相应于 $y''+y=x^2$ 的齐次方程 $y''+y=0$ 的通解为 $C_1\sin x+C_2\cos x$，而 $y^*=x^2-2$ 是非齐次方程的一个特解. 由定理 3 可知，非齐次方程 $y''+y=x^2$ 的通解为
$$y=C_1\sin x+C_2\cos x+x^2-2.$$

定理 4　若 y_1^*, y_2^* 分别是
$$y''+p(x)y'+q(x)y=f_1(x)$$
与
$$y''+p(x)y'+q(x)y=f_2(x)$$
的特解，则 $y_1^*+y_2^*$ 是
$$y''+p(x)y'+q(x)y=f_1(x)+f_2(x)$$
的特解.

以上四个定理是进一步讨论线性微分方程求解问题的理论基础. 下面讨论如何找出特解来构造它们的通解. 由于微分方程是很复杂的，并不是对任何一个二阶线性方程都能找到一般解法，所以我们只讨论二阶常系数线性齐次方程与具有特殊右端的二阶常系数线性非齐次方程的解法.

3.2　二阶常系数线性齐次方程的解法——特征方程法

在 §2 中我们用分离变量法找出了一阶线性齐次微分方程

$y' + P(x)y = 0$ 的通解

$$y = Ce^{-\int P(x)dx}.$$

如果系数 $P(x)$ 为常数 p，那么方程就变成了一阶常系数线性齐次方程

$$y' + py = 0. \tag{12}$$

容易看出 $y = e^{-px}$ 是它的一个特解，并且它的通解可由该特解乘以任意常数 C 来得到.

下面我们从另一个角度来讨论这个问题. 根据方程(12)的形式与 e^x 的导数的特点，我们假设它的解为 $y = e^{\lambda x}$，其中 λ 为一待定常数. 将 $y = e^{\lambda x}$ 代入方程(12)中，设法确定 λ 的值：

$$\begin{aligned}y' + py &= \lambda e^{\lambda x} + pe^{\lambda x} \\ &= e^{\lambda x}(\lambda + p) = 0.\end{aligned}$$

因为 $e^{\lambda x} \neq 0$，故 $\lambda + p = 0$，即 $\lambda = -p$. 于是方程(12)的一个特解为 $y = e^{-px}$. 这个结果与采用分离变量法所得的结果是相同的. 这种待定常数的方法摆脱了分离变量法在使用范围上的局限性，它对高阶方程也适用.

对于二阶常系数线性齐次方程

$$y'' + py' + qy = 0, \tag{13}$$

假设 $y = e^{\lambda x}$ 是它的一个特解，其中 λ 为待定常数，代入方程后得到

$$e^{\lambda x}(\lambda^2 + p\lambda + q) = 0,$$

因为 $e^{\lambda x} \neq 0$，故方程

$$\lambda^2 + p\lambda + q = 0. \tag{14}$$

因此，待定常数 λ 应是方程(14)的根. 反过来，如果 λ 是方程(14)的根，那么 $y = e^{\lambda x}$ 就一定是方程(13)的一个特解. 这样一来，我们就把求方程(13)的特解问题化成了找方程(14)的根的问题. 因此，我们称方程(14)为方程(13)的**特征方程**，它的根称为**特征根**. 显然二次方程(14)的两个根为

$$\lambda_1, \lambda_2 = \frac{-p \pm \sqrt{p^2 - 4q}}{2}.$$

下面我们分三种情况讨论.

(1) 当 $p^2-4q>0$, λ_1, λ_2 为不等的实根时, $e^{\lambda_1 x}$, $e^{\lambda_2 x}$ 是方程(13)的两个特解,而且它们是线性无关的 $\left(\dfrac{e^{\lambda_2 x}}{e^{\lambda_1 x}}\neq 常数\right)$, 从而

$$y = C_1 e^{\lambda_1 x} + C_2 e^{\lambda_2 x}$$

是方程(13)的通解.

例3 求方程 $y''-a^2 y=0 (a>0)$ 的通解.

解 对 $y''-a^2 y=0$ 的特征方程

$$\lambda^2 - a^2 = 0$$

求解,得到 $\lambda=\pm a$. 故 e^{ax}, e^{-ax} 为方程 $y''-a^2 y=0$ 的两个解,而

$$\frac{e^{ax}}{e^{-ax}} = e^{2ax} \neq 常数,$$

所以方程的通解为

$$y = C_1 e^{ax} + C_2 e^{-ax}.$$

(2) 当 $p^2-4q=0$, $\lambda_1=\lambda_2=\lambda$ 时, $e^{\lambda x}$ 是方程(13)的一个特解. 如何找另一个线性无关的解呢？先看下面的例子.

例4 求方程 $y''-2y'+y=0$ 的通解.

解 解特征方程

$$\lambda^2 - 2\lambda + 1 = 0,$$

得到 $\lambda=1$, 则 $y_1=e^x$ 是方程的一个解. 欲求另一个线性无关的解 y_2, 设 $\dfrac{y_2}{y_1}=u(x)$, 则

$$y_2 = u(x) e^x,$$
$$y_2' = u(x) e^x + e^x u'(x) = e^x [u(x) + u'(x)],$$
$$y_2'' = e^x [u(x) + u'(x)] + e^x [u'(x) + u''(x)].$$

将 y_2, y_2', y_2'' 代入原方程,得到

$$\begin{aligned}y_2'' - 2y_2' + y_2 &= e^x[u(x)+u'(x)] + e^x[u'(x)+u''(x)] \\ &\quad - 2e^x[u(x)+u'(x)] + u(x)e^x \\ &= e^x u''(x) = 0.\end{aligned}$$

因为 $e^x \neq 0$, 所以

$$u''(x) = 0.$$

为方便起见令 $u(x)=x$, 则

$$y_2 = xe^x.$$

从而方程的通解为

$$y = C_1 e^x + C_2 x e^x = e^x(C_1 + C_2 x).$$

在一般的情况下,若方程(13)的特征根 $\lambda_1 = \lambda_2 = \lambda$ 时,则通解为

$$y = e^{\lambda x}(C_1 + C_2 x).$$

例5 求方程 $y_t'' + 2y_t' + y = 0$ 满足条件

$$y|_{t=0} = 4, \quad y'|_{t=0} = -2$$

的特解.

解 解相应的特征方程

$$\lambda^2 + 2\lambda + 1 = 0.$$

得到 $\lambda = -1$,这是重根的情况,所以方程的通解为

$$y = e^{-t}(C_1 + C_2 t).$$

将 $y|_{t=0} = 4$ 代入 y 中,得到 $C_1 = 4$. 将 $C_1 = 4$ 及 $y'|_{t=0} = -2$ 代入

$$y' = -e^{-t}(C_1 + C_2 t) + e^{-t} C_2$$

中,得到 $C_2 = 2$. 所以

$$y = e^{-t}(4 + 2t)$$

为方程满足初条件的特解.

(3) 当 $p^2 - 4q < 0$, $\lambda_{1,2} = \alpha \pm i\beta$ 是一对共轭复根时,

$$y_1 = e^{(\alpha + i\beta)x}, \quad y_2 = e^{(\alpha - i\beta)x}$$

是方程(13)的两个线性无关解,故 $C_1 y_1 + C_2 y_2$ 是方程的通解. 但这是复数形式的解. 由于我们通常需要取实数形式的解,所以还需要找两个实的线性无关解. 利用欧拉公式[①]

$$y_1 = e^{(\alpha + i\beta)x} = e^{\alpha x}(\cos\beta x + i\sin\beta x),$$
$$y_2 = e^{(\alpha - i\beta)x} = e^{\alpha x}(\cos\beta x - i\sin\beta x).$$

令

$$y_3 = \frac{1}{2}(y_1 + y_2) = e^{\alpha x}\cos\beta x,$$

[①] 在复数计算中,常用到欧拉公式:
$$e^{ix} = \cos x + i\sin x.$$
这个公式的正确性可以用附录二中的 $e^{ix}, \cos x, \sin x$ 的展开式来说明.

$$y_4 = \frac{1}{2i}(y_1 - y_2) = e^{\alpha x}\sin\beta x.$$

它们分别是复数解 $e^{(\alpha+i\beta)x}$ 的实部与虚部. 因为 $y_3/y_4 = \cot\beta x$ 不是常数, 所以 y_3, y_4 也是两个线性无关解. 因此方程(13)的通解为

$$y = e^{\alpha x}(C_1\cos\beta x + C_2\sin\beta x).$$

例 6 求方程 $y'' - 2y' + 5y = 0$ 的通解.

解 解相应的特征方程

$$\lambda^2 - 2\lambda + 5 = 0,$$

得到 $\lambda_{1,2} = 1 \pm 2i$, 所以方程的通解为

$$y = e^x(C_1\cos 2x + C_2\sin 2x).$$

3.3 二阶常系数线性非齐次方程的解法——待定系数法

下面来讨论当非齐次项 $f(x)$ 是某几类函数时, 二阶常系数线性非齐次方程

$$y'' + py' + qy = f(x) \tag{15}$$

的求解问题.

我们知道求齐次方程

$$y'' + py' + qy = 0$$

的通解问题在 3.2 小节中已经完全解决了. 根据定理 3, 为了求方程(15)的通解, 只要求出方程(15)的一个特解就可以了.

1. $f(x) = P_n(x)$ (x 的 n 次多项式)的情形

例 7 求方程 $y'' + y' - 2y = x^2$ 的特解.

解 由于非齐次项是关于 x 的二次多项式, 所以根据微分法的经验可知, 方程的特解也是 x 的二次多项式. 不妨设特解

$$y^* = Ax^2 + Bx + C,$$

其中 A, B, C 是待定的系数. 将

$$y^{*\prime} = 2Ax + B, \quad y^{*\prime\prime} = 2A$$

代入原方程中, 得

$$2A + (2Ax + B) - 2(Ax^2 + Bx + C) = x^2.$$

比较 x 的同次幂的系数, 得到

§3 二阶线性微分方程

$$\begin{cases} -2A = 1, \\ 2A - 2B = 0, \\ 2A + B - 2C = 0. \end{cases}$$

解出

$$A = -\frac{1}{2}, \quad B = -\frac{1}{2}, \quad C = -\frac{3}{4}.$$

从而方程的特解是

$$y^* = -\frac{1}{2}x^2 - \frac{1}{2}x - \frac{3}{4}.$$

例 8 求方程 $y'' - y' = 2x + 1$ 的特解.

解 能否假设此方程的特解是一次多项式呢？不难看出将一次多项式代入原方程中,方程的左边为零次多项式,右边为一次式,因此,此方程的特解不可能是一次式. 根据微分法的经验,此方程的特解必须是二次多项式,且常数项可以是任意的. 不妨假设特解

$$y^* = x(Ax + B) = Ax^2 + Bx.$$

微商得

$$y^{*\prime} = 2xA + B,$$
$$y^{*\prime\prime} = 2A.$$

代入方程,得

$$2A - 2Ax - B = 2x + 1.$$

比较系数,有

$$\begin{cases} -2A = 2, \\ 2A - B = 1. \end{cases}$$

解此方程,得 $A = -1, B = -3$. 因而方程的特解为

$$y^* = -x^2 - 3x.$$

通过对例 8 的讨论可以看出,当方程为

$$y'' = 2x + 1$$

时,其特解 y^* 必须是三次多项式,所以可设

$$y^* = x^2(Ax + B).$$

一般地,当非齐次项 $f(x) = P_n(x)$ 时,可分下面三种情况给出特解的形式:

(1) 如果 0 不是相应的齐次方程的特征根,那么非齐次方程的特解形如
$$y^* = W_n(x) \quad (x \text{ 的 } n \text{ 次多项式});$$
(2) 如果 0 是相应的齐次方程的单根那么非齐次方程的特解形如
$$y^* = xW_n(x);$$
(3) 如果 0 是相应的齐次方程的重根,那么非齐次方程的特解形如
$$y^* = x^2 W_n(x).$$

通过类似的讨论,可以得到当非齐次方程的非齐次项为 $ae^{\alpha x}$,$a\sin\beta x$(或 $b\cos\beta x$),或 $e^{\alpha x}\{P_m(x)\cos\beta x + Q_n(x)\sin\beta x\}$ 时非齐次方程特解的一般形式.

2. $f(x) = ae^{\alpha x}$ 的情形

分下面三种情况给出特解的形式:

(1) 如果 α 不是相应的齐次方程的特征根,那么非齐次方程的特解形如
$$y^* = Ae^{\alpha x};$$
(2) 如果 α 是相应的齐次方程的单根,那么非齐次方程的特解形如
$$y^* = Axe^{\alpha x};$$
(3) 如果 α 是相应的齐次方程的重根,那么非齐次方程的特解形如
$$y^* = Ax^2 e^{\alpha x}.$$

例 9 求 $y'' - 2y' = 3e^{2x}$ 的特解.

解 由相应的特征方程
$$\lambda^2 - 2\lambda = 0$$
解出特征根
$$\lambda_1 = 0, \quad \lambda_2 = 2.$$
由于 $\alpha = 2$ 是特征根,所以设非齐次方程的特解为
$$y^* = Axe^{2x}.$$
把 y^* 代入原方程,得

$$(Axe^{2x})'' - 2(Axe^{2x})' = 2Ae^{2x} = 3e^{2x}.$$

比较系数得到
$$A = 3/2,$$
于是非齐次方程的特解为
$$y^* = \frac{3}{2}xe^{2x}.$$

3. $f(x) = a\sin\beta x$（或 $b\cos\beta x$）的情形

下面分两种情况给出特解的形式：

（1）如果 $0+\beta i$ 不是相应的齐次方程的特征根，那么非齐次方程的特解形如
$$y^* = A\cos\beta x + B\sin\beta x;$$

（2）如果 $0+\beta i$ 是相应的齐次方程的特征根，那么非齐次方程的特解形如
$$y^* = x(A\cos\beta x + B\sin\beta x).$$

例 10 求 $y''+y=\sin x$ 的特解.

解 由特征方程 $\lambda^2+1=0$ 解出特征根为
$$\lambda = 0 \pm i.$$
由于 $0+i$ 是特征根，所以设非齐次方程的特解为
$$y^* = x(A\cos x + B\sin x).$$
于是
$$y^{*\prime} = (A\cos x + B\sin x) + x(-A\sin x + B\cos x),$$
$$y^{*\prime\prime} = 2(-A\sin x + B\cos x) + x(-A\cos x - B\sin x).$$
将 $y^{*\prime\prime}, y^*$ 代入原方程，得
$$2(-A\sin x + B\cos x) = \sin x.$$
比较系数，得到
$$A = -\frac{1}{2}, \quad B = 0.$$
因此方程的特解为
$$y^* = -\frac{x}{2}\cos x.$$

综合上面三种情况的讨论，当自由项 $f(x)$ 为以上三类函数乘积的形式时，即

$$f(x) = e^{\alpha x}[P_m(x)\cos\beta x + Q_n(x)\sin\beta x]$$

时(其中 $P_m(x)$ 为 x 的 m 次多项式,$Q_n(x)$ 为 x 的 n 次多项式),可分两种情况给出特解的形式:

(1) 如果 $\alpha+i\beta$ 不是相应的齐次方程的特征根,那么非齐次方程的特解形如

$$y^* = e^{\alpha x}[W_k(x)\cos\beta x + V_k(x)\sin\beta x],$$

其中 $W_k(x), V_k(x)$ 都是 x 的 k 次多项式,$k = \max\{m, n\}$;

(2) 如果 $\alpha+i\beta$ 是相应的齐次方程的特征根,那么非齐次方程的特解形如

$$y^* = xe^{\alpha x}[W_k(x)\cos\beta x + V_k(x)\sin\beta x],$$

其中 $W_k(x), V_k(x)$ 都是 x 的 k 次多项式,$k = \max\{m, n\}$.

例 11 求方程 $y'' - 2y' = 3e^{2x} + x + 1$ 的通解.

这个方程不是上面我们所讲过的类型. 但是根据定理 4 它可分成两个方程

$$y'' - 2y' = 3e^{2x} \quad 和 \quad y'' - 2y' = x + 1$$

求解.

解 例 9 已求出 $y'' - 2y' = 3e^{2x}$ 的特解为 $y_1^* = \dfrac{3}{2}xe^{2x}$. 再求出

$$y'' - 2y' = x + 1$$

的特解为

$$y^* = \left(-\frac{1}{4}x - \frac{3}{4}\right)x.$$

不难看出相应的齐次方程的通解为

$$C_1 + C_2 e^{2x}.$$

故非齐次方程的通解为

$$y = C_1 + C_2 e^{2x} + \left(\frac{3}{2}e^{2x} - \frac{1}{4}x - \frac{3}{4}\right)x.$$

附录一习题

(一) 选择题

1. 微分方程 $3y^2 dy + 3x^2 dx = 0$ 的阶是( ).

(A) 1;　　　　(B) 2;　　　　(C) 3;　　　　(D) 0.
2. 微分方程 $xyy''+x(y')^3-y^4y'=0$ 的阶数是(　　).
(A) 3;　　　　(B) 4;　　　　(C) 5;　　　　(D) 2.
3. 微分方程 $\dfrac{dx}{y}+\dfrac{dy}{x}=0$ 满足 $y|_{x=3}=4$ 的特解是(　　).
(A) $x^2+y^2=25$;　　　　(B) $3x+4y=C$;
(C) $y^2+x^2=C$;　　　　(D) $y^2-x^2=7$.
4. 微分方程 $y\ln x dx=x\ln y dy$ 满足 $y|_{x=1}=1$ 的特解是(　　).
(A) $\ln^2 x+\ln^2 y=0$;　　　　(B) $\ln^2 x+\ln^2 y=1$;
(C) $\ln^2 x=\ln^2 y$;　　　　(D) $\ln^2 x=\ln^2 y+1$.
5. 方程 $y'-2y=0$ 的通解是(　　).
(A) $y=\sin x$;　　　　(B) $y=4e^{2x}$;
(C) $y=Ce^{2x}$;　　　　(D) $y=e^x$.
6. 下列函数中,哪个是微分方程 $dy-2xdx=0$ 的解(　　).
(A) $y=2x$;　　　　(B) $y=x^2$;
(C) $y=-2x$;　　　　(D) $y=-x$.
7. 方程 $xy'+y=3$ 的通解是(　　).
(A) $y=\dfrac{C}{x}+3$;　　　　(B) $y=\dfrac{3}{x}+C$;
(C) $y=-\dfrac{C}{x}-3$;　　　　(D) $y=\dfrac{C}{x}-3$.
8. 微分方程 $y'-y=1$ 的通解是(　　).
(A) $y=Ce^x$;　　　　(B) $y=Ce^x+1$;
(C) $y=Ce^x-1$;　　　　(D) $y=(C+1)e^x$.
9. 微分方程 $y'+y=0$ 的解为(　　).
(A) e^x;　　(B) e^{-x};　　(C) e^x+e^{-x};　　(D) $-e^x$.
10. 微分方程 $y'=3y^{\frac{2}{3}}$ 的一个特解是(　　).
(A) $y=x^3+1$;　　　　(B) $y=(x+2)^3$;
(C) $y=(x+C)^2$;　　　　(D) $y=C(x+1)^3$.
11. $\begin{cases} xy'+y=3, \\ y|_{x=1}=0 \end{cases}$ 的解是(　　).
(A) $y=3\left(1-\dfrac{1}{x}\right)$;　　　　(B) $y=3(1-x)$;
(C) $y=1-\dfrac{1}{x}$;　　　　(D) $y=1-x$.
12. 函数 $y=\cos x$ 是下列哪个微分方程的解(　　).
(A) $y'+y=0$;　　　　(B) $y'+2y=0$;

(C) $y''+y=0$; (D) $y''+y=\cos x$.

13. $y'=y$ 满足 $y|_{x=0}=2$ 的特解是( ).
   (A) $y=e^x+1$; (B) $y=2e^x$;
   (C) $y=2e^{\frac{x}{2}}$; (D) $y=3e^x$.

14. 微分方程 $y'+\dfrac{y}{x}=\dfrac{1}{x(x^2+1)}$ 的通解为( ).
   (A) $\arctan x+C$; (B) $\dfrac{1}{x}(\arctan x+C)$;
   (C) $\dfrac{1}{x}\arctan x+C$; (D) $\arctan x+\dfrac{C}{x}$.

15. 下列函数中,( )是微分方程 $y''-7y'+12y=0$ 的解.
   (A) $y=x^3$; (B) $y=x^2$; (C) $y=e^{3x}$; (D) $y=e^{2x}$.

16. $y''=e^{-x}$ 的通解为 $y=($).
   (A) $-e^{-x}$; (B) e^{-x};
   (C) $e^{-x}+C_1x+C_2$; (D) $-e^{-x}+C_1x+C_2$.

(二) 解答题

1. 讨论下列微分方程的阶数,并指出是否为线性方程:
   (1) $x^2y'+y+1=0$;
   (2) $\dfrac{d^3y}{dx^3}+2\cos x\dfrac{d^2y}{dx^2}+\sin y=0$;
   (3) $y''+y\cdot y'+4=0$;
   (4) $y=xy'+\dfrac{2}{3}(y')^{3/2}$;
   (5) $\sin^2 y dx+(x\sin 2y+2y)dy=0$.

2. 验证下列函数是所给微分方程的通解:
   (1) $y=Cx^{-3}$, $x\dfrac{dy}{dx}+3y=0$;
   (2) $y=Cx+\dfrac{2}{3}(C)^{3/2}$, $y=xy'+\dfrac{2}{3}(y')^{3/2}$;
   (3) $y=C_1e^{2x}+C_2e^{-2x}$, $y''-4y=0$;
   (4) $x\sin^2 y+y^2=C$, $\sin^2 y dx+(x\sin 2y+2y)dy=0$.

3. 求下列各微分方程的通解:
   (1) $\dfrac{dy}{dx}=e^{x+y}$; (2) $x\dfrac{dy}{dx}=y\ln y$;
   (3) $(1-x)dy-(1+y)dx=0$;
   (4) $xydx+(1+x^2)dy=0$;
   (5) $\dfrac{dy}{dx}=\sqrt{\dfrac{1-y^2}{1-x^2}}$; (6) $y-x\dfrac{dy}{dx}=4\left(y^2+\dfrac{dy}{dx}\right)$;
   (7) $\dfrac{dy}{dx}+2y=4x$; (8) $\dfrac{dy}{dx}+y=e^{-x}$.

(9) $x\dfrac{\mathrm{d}y}{\mathrm{d}x}-2y=2x$；　　(10) $\dfrac{\mathrm{d}y}{\mathrm{d}x}+2xy=x\mathrm{e}^{-x^2}$；

(11) $\dfrac{\mathrm{d}y}{\mathrm{d}x}+\dfrac{1}{x}y=x^2y^6$；　　(12) $x\dfrac{\mathrm{d}y}{\mathrm{d}x}+y=y^2\ln x$；

(13) $x\dfrac{\mathrm{d}y}{\mathrm{d}x}-x\sin\dfrac{y}{x}-y=0$；

(14) $(x+y)\mathrm{d}y=(y-x)\mathrm{d}x$；

(15) $\dfrac{\mathrm{d}y}{\mathrm{d}x}=\mathrm{e}^{\frac{x}{x}}+\dfrac{y}{x}$；　　(16) $x^2y^{(4)}=-1$；

(17) $y'''=x\mathrm{e}^x$；　　(18) $y'''-y''=0$；

(19) $y''-4y'-x=0$；　　(20) $y''=(y')^2+1$.

4. 求下列各微分方程满足所给初始条件的特解：

(1) $\dfrac{\mathrm{d}x}{y}+\dfrac{4\mathrm{d}y}{x}=0$，$y|_{x=4}=2$；

(2) $\sin y\cos x\mathrm{d}y=\cos y\sin x\mathrm{d}x$，$y|_{x=0}=\dfrac{\pi}{4}$；

(3) $\dfrac{\mathrm{d}y}{\mathrm{d}x}-y\tan x=\sec x$，$y|_{x=0}=0$；

(4) $\dfrac{\mathrm{d}y}{\mathrm{d}x}-\dfrac{2y}{x}=x^2\mathrm{e}^x$，$y|_{x=1}=0$；

(5) $(y^2-3x^2)\mathrm{d}y=-2xy\mathrm{d}x$，$y|_{x=0}=1$；

(6) $\dfrac{\mathrm{d}y}{\mathrm{d}x}=\dfrac{x}{y}+\dfrac{y}{x}$，$y|_{x=-1}=2$.

5. 求下列各微分方程的通解或满足初始条件的特解：

(1) $y''-3y'=0$；　　(2) $y''-y'-2y=0$；

(3) $y''+3y'+2y=0$，$y|_{x=0}=0$，$y'|_{x=0}=1$；

(4) $y''-3y'-4y=0$，$y|_{x=0}=0$，$y'|_{x=0}=-5$；

(5) $4y''-20y'+25y=0$；　　(6) $y''-6y'+9y=0$；

(7) $4y''+4y'+y=0$，$y|_{x=0}=2$，$y'|_{x=0}=0$；

(8) $y''+y=0$；　　(9) $y''+6y'+13y=0$；

(10) $4y''-8y'+5y=0$；

(11) $y''+4y'+29y=0$，$y|_{x=0}=0$，$y'|_{x=0}=15$；

(12) $2y''+5y'=5x^2-2x-1$；

(13) $2y''+y'-y=2\mathrm{e}^x$；

(14) $y''-7y'+6y=\sin x$；

(15) $y''-8y'+16y=x+\mathrm{e}^{4x}$；

(16) $y''+y=-\sin 2x$，$y|_{x=\pi}=1$，$y'|_{x=\pi}=1$；

(17) $y'''-3y'-2y=0$；

(18) $y^{(4)}+2y'''-3y''-4y'+4y=0$.

附录二 无穷级数简介

无穷级数是一种重要的数学工具,它在表示函数、数值计算、求解微分方程等方面都起着重要的作用.它不仅对数学,而且对物理学、力学、生物学、经济学等学科的发展都有着重大的影响.

§1 数项级数

设给定序列 $u_1, u_2, \cdots, u_n, \cdots$. 我们把形如
$$u_1 + u_2 + \cdots + u_n + \cdots \tag{1}$$
的式子称为一个**无穷级数**,简称为**级数**,记作 $\sum_{n=1}^{\infty} u_n$. (1)式中的每一个元素称为**级数的项**,并称第 n 项 u_n 为级数的**一般项**(或**通项**).

若级数的每一项都是常数,则称这种级数为**数项级数**,记作 $\sum_{n=1}^{\infty} u_n$;若级数的每一项都是函数,则称这种级数为**函数项级数**,记作 $\sum_{n=1}^{\infty} u_n(x)$.

1.1 数项级数的基本概念与简单性质

对于给定的一个数项级数
$$u_1 + u_2 + \cdots + u_n + \cdots, \tag{2}$$
我们用 S_n 表示其前 n 项的和,即
$$S_n = u_1 + u_2 + \cdots + u_n = \sum_{k=1}^{n} u_k.$$
于是,令 $n = 1, 2, \cdots$ 就得到一个数列 $\{S_n\}$:
$$S_1, S_2, \cdots, S_n, \cdots,$$
称之为级数(2)的**前 n 项和数列**(或**部分和数列**).

定义 若级数 $\sum_{n=1}^{\infty} u_n$ 的部分和数列 $\{S_n\}$ 有极限存在,即

$$\lim_{n\to\infty} S_n = S,$$

则称级数 $\sum_{n=1}^{\infty} u_n$ 是**收敛的**,并称 S 为级数 $\sum_{n=1}^{\infty} u_n$ 的**和**,记作

$$\sum_{n=1}^{\infty} u_n = u_1 + u_2 + \cdots + u_n + \cdots = S.$$

否则称级数 $\sum_{n=1}^{\infty} u_n$ 是**发散的**,发散的级数没有和.

当级数发散时,(2)式只是一种形式.

注意 判断一个级数是收敛还是发散的,只要看它的部分和数列有没有极限就可以了.

例1 判断级数

$$\frac{1}{1\cdot 2} + \frac{1}{2\cdot 3} + \frac{1}{3\cdot 4} + \cdots + \frac{1}{n\cdot(n+1)} + \cdots$$

的敛散性.

解 用裂项法写出级数的部分和

$$\begin{aligned} S_n &= \frac{1}{1\cdot 2} + \frac{1}{2\cdot 3} + \cdots + \frac{1}{n\cdot(n+1)} \\ &= \left(1 - \frac{1}{2}\right) + \left(\frac{1}{2} - \frac{1}{3}\right) + \cdots + \left(\frac{1}{n} - \frac{1}{n+1}\right) \\ &= 1 - \frac{1}{n+1}. \end{aligned}$$

由

$$\lim_{n\to\infty} S_n = \lim_{n\to\infty}\left(1 - \frac{1}{n+1}\right) = 1$$

得到级数 $\sum_{n=1}^{\infty} \frac{1}{n(n+1)}$ 收敛,其和为 1.

例2 讨论几何级数(等比级数)

$$\sum_{n=1}^{\infty} ar^{n-1} = a + ar + ar^2 + \cdots + ar^{n-1} + \cdots \quad (3)$$

的敛散性(其中 $a \neq 0$).

解 写出级数(3)的部分和

$$S_n = a + ar + \cdots + ar^{n-1} = \frac{a(1-r^n)}{1-r}.$$

下面我们分三种情况讨论它的敛散性.

(1) 当 $|r|<1$ 时,因为 $\lim\limits_{n\to\infty} r^n = 0$,所以

$$\lim_{n\to\infty} S_n = \frac{a}{1-r}.$$

这时级数是收敛的.

(2) 当 $|r|>1$ 时,因为 $\lim\limits_{n\to\infty} r^n = \infty$,所以 $\lim\limits_{n\to\infty} S_n = \infty$,因而级数是发散的.

(3) 当 $r=1$ 时,$S_n = na$. 因为 $\lim\limits_{n\to\infty} na = \infty$,所以级数是发散的.

当 $r=-1$ 时,级数可写成 $a-a+a-a+\cdots$. 因为

$$\lim_{n\to\infty} S_{2n} = 0, \qquad \lim_{n\to\infty} S_{2n+1} = a,$$

所以部分和数列 $\{S_n\}$ 的极限不存在,因而级数是发散的.

综上所述,当 $|r|<1$ 时级数 $\sum\limits_{n=1}^{\infty} ar^{n-1}$ 收敛;当 $|r|\geqslant 1$ 时级数 $\sum\limits_{n=1}^{\infty} ar^{n-1}$ 发散.

例 3 判断调和级数

$$\sum_{n=1}^{\infty} \frac{1}{n} = 1 + \frac{1}{2} + \cdots + \frac{1}{n} + \cdots$$

的敛散性.

解 考虑级数 $\sum\limits_{n=1}^{\infty} \frac{1}{n}$ 的部分和,有

$$S_1 = 1, \qquad S_2 = 1 + \frac{1}{2},$$

$$S_{2^2} = S_4 = 1 + \frac{1}{2} + \left(\frac{1}{3} + \frac{1}{4}\right) > 1 + \frac{1}{2} + \left(\frac{1}{4} + \frac{1}{4}\right)$$

$$= 1 + \frac{1}{2} + \frac{1}{2} = 1 + \frac{2}{2},$$

$$S_{2^3} = S_8 = 1 + \frac{1}{2} + \left(\frac{1}{3} + \frac{1}{4}\right)$$

$$+ \left(\frac{1}{5} + \frac{1}{6} + \frac{1}{7} + \frac{1}{8}\right)$$

$$> 1 + \frac{1}{2} + \left(\frac{1}{4} + \frac{1}{4}\right) + \left(\frac{1}{8} + \frac{1}{8} + \frac{1}{8} + \frac{1}{8}\right)$$
$$= 1 + \frac{1}{2} + \frac{1}{2} + \frac{1}{2} = 1 + \frac{3}{2},$$
$$\cdots\cdots\cdots\cdots\cdots\cdots\cdots\cdots\cdots.$$

一般地有
$$S_{2^n} \geqslant 1 + \frac{n}{2},$$
$$\cdots\cdots\cdots\cdots\cdots.$$

所以当 $n \to \infty$ 时,$1 + \frac{n}{2} \to \infty$,从而 $S_{2^n} \to \infty$,所以调和级数 $\sum_{n=1}^{\infty} \frac{1}{n}$ 是发散的.

下面给出数项级数几个简单性质:

性质 1 设级数 $\sum_{n=1}^{\infty} u_n$ 是收敛的,其和为 S,则级数 $\sum_{n=1}^{\infty} Cu_n$ 也是收敛的,其和为 CS,即对收敛的级数有
$$\sum_{n=1}^{\infty} Cu_n = C \sum_{n=1}^{\infty} u_n.$$

性质 2 设级数 $\sum_{n=1}^{\infty} u_n$ 与 $\sum_{n=1}^{\infty} v_n$ 都是收敛的,其和分别为 A 与 B,则级数 $\sum_{n=1}^{\infty} (u_n \pm v_n)$ 也是收敛的,且其和为 $A \pm B$.

性质 3 对收敛级数加括号后所组成的新级数仍然收敛于原级数的和. 反之不真.

推论 若加括号后所成的新级数发散,则原级数发散.

性质 4 级数
$$\sum_{n=1}^{\infty} u_n = u_1 + u_2 + \cdots + u_n + \cdots$$
收敛的必要条件是
$$\lim_{n \to \infty} u_n = 0.$$

推论 若级数的一般项 u_n 不趋向零(包括 u_n 没有极限或虽有极限但不为 0),则级数 $\sum_{n=1}^{\infty} u_n$ 发散.

例如级数

$$\frac{1}{101} + \frac{2}{201} + \cdots + \frac{n}{100n+1} + \cdots$$

的一般项 $u_n = \frac{n}{100n+1} \to \frac{1}{100} \neq 0(n \to \infty)$,所以此级数是发散的.

注意 一般项趋向于零的级数不一定收敛. 例如调和级数,它的一般项 $u_n = \frac{1}{n} \to 0(n \to \infty)$,但调和级数却是发散的.

1.2 正项级数

给定一个级数 $\sum_{n=1}^{\infty} u_n$,如果它的每一项都是非负的,即

$$u_n \geqslant 0 \quad (n = 1, 2, \cdots),$$

则称级数 $\sum_{n=1}^{\infty} u_n$ 为正项级数.

显然,正项级数的部分和 S_n 满足:$S_{n+1} - S_n = u_{n+1} \geqslant 0$,因而有 $S_{n+1} \geqslant S_n (n=1,2,\cdots)$,即正项级数的部分和数列 $\{S_n\}$ 是不减的. 根据单调数列极限存在的准则可知,当 $\{S_n\}$ 有上界时,就收敛;当 $\{S_n\}$ 无上界时,就发散. 由级数收敛的定义得到

定理1(正项级数收敛准则) 正项级数收敛的充要条件是它的部分和数列有上界.

应用正项级数的收敛准则,也可以得到下面的收敛判别法.

定理2(比较判别法) 设 $\sum_{n=1}^{\infty} u_n$ 与 $\sum_{n=1}^{\infty} v_n$ 是两个正项级数,并且 $v_n \geqslant u_n \geqslant 0(n=1,2,\cdots)$,

(1) 若 $\sum_{n=1}^{\infty} v_n$ 收敛,则 $\sum_{n=1}^{\infty} u_n$ 收敛;

(2) 若 $\sum_{n=1}^{\infty} u_n$ 发散,则 $\sum_{n=1}^{\infty} v_n$ 发散.

注意 判断一个正项级数是否收敛,可以拿它与一个敛散性已知的正项级数比较,从而得出结论.

例4 讨论 p 级数:

$$\sum_{n=1}^{\infty} \frac{1}{n^p} = 1 + \frac{1}{2^p} + \frac{1}{3^p} + \cdots + \frac{1}{n^p} + \cdots \quad (p > 0) \qquad (4)$$

的敛散性.

我们分 $p=1, p>1, 0<p<1$ 三种情形讨论：

(1) 当 $p=1$ 时，p 级数就是调和级数 $\sum_{n=1}^{\infty} \dfrac{1}{n}$，在例 3 中已讨论过，它是发散的.

(2) 当 $0<p<1$ 时，级数的每一项都大于调和级数的对应项，即
$$u_n = \frac{1}{n^p} > \frac{1}{n}.$$
已知调和级数 $\sum_{n=1}^{\infty} \dfrac{1}{n}$ 是发散的，由比较法可知 $\sum_{n=1}^{\infty} \dfrac{1}{n^p}$ 是发散的.

(3) 当 $p>1$ 时，依次把级数(4)的 1 项、2 项、4 项、8 项、… 分别括在一起，
$$1 + \left(\frac{1}{2^p} + \frac{1}{3^p}\right) + \left(\frac{1}{4^p} + \frac{1}{5^p} + \frac{1}{6^p} + \frac{1}{7^p}\right) + \cdots$$
$$+ \left(\frac{1}{8^p} + \cdots + \frac{1}{15^p}\right) + \cdots. \tag{5}$$
显然，它的各项小于下述级数对应的各项：
$$1 + \left(\frac{1}{2^p} + \frac{1}{2^p}\right) + \left(\frac{1}{4^p} + \cdots + \frac{1}{4^p}\right) + \left(\frac{1}{8^p} + \cdots + \frac{1}{8^p}\right) + \cdots$$
$$= 1 + \frac{1}{2^{p-1}} + \left(\frac{1}{2^{p-1}}\right)^2 + \left(\frac{1}{2^{p-1}}\right)^3 + \cdots. \tag{6}$$

级数(6)是一个以 $\dfrac{1}{2^{p-1}} < 1$ 为公比的几何级数，故它是收敛的. 由比较判别法可知级数(5)也是收敛的. 由于收敛的正项级数去括号后仍是收敛的，故 p 级数($p>1$)是收敛的.

通过上面的讨论，我们得到当 $p>1$ 时级数 $\sum_{n=1}^{\infty} \dfrac{1}{n^p}$ 收敛；当 $p \leqslant 1$ 时 $\sum_{n=1}^{\infty} \dfrac{1}{n^p}$ 发散. 例如
$$\sum_{n=1}^{\infty} \frac{1}{n^2} = 1 + \frac{1}{2^2} + \frac{1}{3^2} + \cdots$$
是 $p=2$ 的 p 级数，因而是收敛的；而
$$\sum_{n=1}^{\infty} \frac{1}{\sqrt{n}} = 1 + \frac{1}{\sqrt{2}} + \frac{1}{\sqrt{3}} + \cdots$$
是 $p=1/2$ 的 p 级数，因而它是发散的.

定理 3（比值判别法） 设 $\sum_{n=1}^{\infty} u_n$ 是一个正项级数，并且
$$\lim_{n\to\infty} \frac{u_{n+1}}{u_n} = \rho (或 +\infty),$$

(1) 若 $\rho < 1$，则 $\sum_{n=1}^{\infty} u_n$ 收敛；

(2) 若 $\rho > 1$（或 $\lim_{n\to\infty} \frac{u_{n+1}}{u_n} = +\infty$），则 $\sum_{n=1}^{\infty} u_n$ 发散.

这个判别法又称为达朗贝尔（D'Alembert）判别法.

注意 当 $\rho = 1$ 时，不能根据比值判别法判断级数的敛散性. 例如对于 p 级数，有

$$\lim_{n\to\infty} \frac{u_{n+1}}{u_n} = \lim_{n\to\infty} \frac{\frac{1}{(n+1)^p}}{\frac{1}{n^p}} = \lim_{n\to\infty} \left(\frac{n}{n+1}\right)^p = 1 \quad (p > 0).$$

我们知道：当 $p \leq 1$ 时级数是发散的；当 $p > 1$ 时级数是收敛的.

例 5 判断级数
$$\sum_{n=1}^{\infty} \frac{n^3}{3^n} = \frac{1}{3} + \frac{2^3}{3^2} + \frac{3^3}{3^3} + \cdots$$
的敛散性.

解 由 $u_n = \frac{n^3}{3^n}, u_{n+1} = \frac{(n+1)^3}{3^{n+1}}$，得到

$$\lim_{n\to\infty} \frac{u_{n+1}}{u_n} = \lim_{n\to\infty} \frac{\frac{(n+1)^3}{3^{n+1}}}{\frac{n^3}{3^n}} = \frac{1}{3} \lim_{n\to\infty} \left(\frac{n+1}{n}\right)^3 = \frac{1}{3} < 1.$$

根据比值判别法可知，级数 $\sum_{n=1}^{\infty} \frac{n^3}{3^n}$ 是收敛的.

例 6 判断级数
$$\sum_{n=1}^{\infty} \frac{n!}{3^n} = \frac{1}{3} + \frac{2}{3^2} + \frac{6}{3^3} + \cdots$$
的敛散性.

解 由 $u_n = \frac{n!}{3^n}, u_{n+1} = \frac{(n+1)!}{3^{n+1}}$，得到

$$\lim_{n\to\infty} \frac{u_{n+1}}{u_n} = \lim_{n\to\infty} \frac{\frac{(n+1)!}{3^{n+1}}}{\frac{n!}{3^n}} = \lim_{n\to\infty} \frac{n+1}{3} = +\infty.$$

根据比值判别法可知,级数 $\sum_{n=1}^{\infty} \frac{n!}{3^n}$ 是发散的.

例 7 讨论级数
$$\sum_{n=1}^{\infty} \frac{x^n}{n} \quad (x>0)$$
的敛散性.

解 由 $u_n = \frac{x^n}{n}, u_{n+1} = \frac{x^{n+1}}{n+1}$,得到
$$\lim_{n\to\infty} \frac{u_{n+1}}{u_n} = \lim_{n\to\infty} \frac{\frac{x^{n+1}}{n+1}}{\frac{x^n}{n}} = \lim_{n\to\infty} \frac{n}{n+1} x = x.$$

根据比值判别法可知,当 $0<x<1$ 时,级数 $\sum_{n=1}^{\infty} \frac{x^n}{n}$ 是收敛的;当 $x \geqslant 1$ 时,级数 $\sum_{n=1}^{\infty} \frac{x^n}{n}$ 是发散的.

1.3 交错级数

给定一个级数 $\sum_{n=1}^{\infty} u_n$,如果它的各项是正负相间的,即
$$u_n = (-1)^{n+1} a_n \quad (a_n > 0; n = 1, 2, \cdots),$$
则称级数 $\sum_{n=1}^{\infty} (-1)^{n+1} a_n$ 为**交错级数**.

例如:
$$1 - 1 + 1 - 1 + 1 - 1 + \cdots,$$
$$1 - \frac{1}{2} + \frac{1}{3} - \frac{1}{4} + \cdots$$

等等都是交错级数.对于交错级数,有一个很简单的判别法——莱布尼兹判别法.

定理 4(莱布尼兹判别法) 若交错级数 $\sum_{n=1}^{\infty} (-1)^{n+1} a_n (a_n > 0; n = 1, 2, \cdots)$ 满足:

(1) $a_n \geqslant a_{n+1} > 0 \quad (n = 1, 2, \cdots)$;

(2) $\lim_{n\to\infty} a_n = 0$,

则级数 $\sum_{n=1}^{\infty}(-1)^{n+1}a_n$ 收敛,并且其和 $0 \leqslant S \leqslant a_1$.

例8 判断级数
$$\sum_{n=1}^{\infty}(-1)^{n+1}\frac{1}{n} = 1 - \frac{1}{2} + \frac{1}{3} - \frac{1}{4} + \cdots$$
的敛散性.

解 因为 $a_n = \frac{1}{n} > \frac{1}{n+1} = a_{n+1} > 0 (n=1,2,\cdots)$,并且
$$\lim_{n\to\infty}\frac{1}{n} = 0,$$
根据莱布尼兹判别法可知,级数 $\sum_{n=1}^{\infty}(-1)^{n+1}\frac{1}{n}$ 是收敛的,并且其和 $S \leqslant 1$.

1.4 任意项级数

所谓任意项级数是指级数的各项可以随意地取正数、负数或零. 首先引进绝对收敛与条件收敛两个概念.

定义 若任意项级数 $\sum_{n=1}^{\infty}u_n$ 的各项取绝对值所成的级数 $\sum_{n=1}^{\infty}|u_n|$ 收敛,则称级数 $\sum_{n=1}^{\infty}u_n$ 是**绝对收敛的**;若 $\sum_{n=1}^{\infty}|u_n|$ 发散,而级数 $\sum_{n=1}^{\infty}u_n$ 收敛,则称级数 $\sum_{n=1}^{\infty}u_n$ 是**条件收敛的**.

例如,级数 $\sum_{n=1}^{\infty}(-1)^{n+1}\frac{1}{n}$ 是收敛的,但各项取绝对值所成的级数
$$\sum_{n=1}^{\infty}\left|(-1)^{n+1}\frac{1}{n}\right| = 1 + \frac{1}{2} + \cdots + \frac{1}{n} + \cdots$$
是发散的,因而级数 $\sum_{n=1}^{\infty}(-1)^{n+1}\frac{1}{n}$ 是条件收敛. 又如,级数 $\sum_{n=1}^{\infty}(-1)^{n+1}\frac{1}{n^2}$ 各项取绝对值所成级数
$$\sum_{n=1}^{\infty}\left|(-1)^{n+1}\frac{1}{n^2}\right| = 1 + \frac{1}{2^2} + \cdots + \frac{1}{n^2} + \cdots$$

是收敛的,因而级数 $\sum_{n=1}^{\infty}(-1)^{n+1}\frac{1}{n^2}$ 是绝对收敛的.

定理 5 若级数 $\sum_{n=1}^{\infty}u_n$ 绝对收敛,则 $\sum_{n=1}^{\infty}u_n$ 也收敛.

注意 判断任意一个级数 $\sum_{n=1}^{\infty}u_n$ 的敛散性,可以先判断它是否绝对收敛.如果 $\sum_{n=1}^{\infty}|u_n|$ 收敛,则 $\sum_{n=1}^{\infty}u_n$ 也收敛.这样一来,我们可以借助于正项级数的判别法来判断任意项级数的敛散性了.但是,当级数 $\sum_{n=1}^{\infty}|u_n|$ 发散时,不能由此推出级数 $\sum_{n=1}^{\infty}u_n$ 也发散.

例 9 判断级数

$$\sum_{n=1}^{\infty}\frac{\sin na}{n^2} \quad (a \text{ 为常数})$$

的敛散性.

解 因为

$$\left|\frac{\sin na}{n^2}\right| \leqslant \frac{1}{n^2} \quad (n=1,2,\cdots),$$

并且级数 $\sum_{n=1}^{\infty}\frac{1}{n^2}$ 是收敛的,由正项级数的比较判别法可知级数

$$\sum_{n=1}^{\infty}\left|\frac{\sin na}{n^2}\right|$$

收敛,从而级数

$$\sum_{n=1}^{\infty}\frac{\sin na}{n^2}$$

收敛.

§2 幂 级 数

2.1 幂级数及其收敛半径

幂级数的一般形式如下:
$$a_0 + a_1(x-x_0) + a_2(x-x_0)^2 + \cdots + a_n(x-x_0)^n + \cdots,$$
其中 x 是自变量,x_0 与 $a_0, a_1, \cdots, a_n, \cdots$ 都是常数.经过变换 $y = x -$

x_0 后，上面的级数就可化成下面的形式：
$$a_0 + a_1 y + a_2 y^2 + \cdots + a_n y^n + \cdots.$$
因此，不失一般性，我们以后只讨论下面形式的幂级数：
$$\sum_{n=0}^{\infty} a_n x^n = a_0 + a_1 x + a_2 x^2 + \cdots + a_n x^n + \cdots, \tag{7}$$
容易看出(7)式在区间$(-\infty, +\infty)$内是有定义的。对于每一个固定的点 $x=x_0$，(7)式为数项级数
$$\sum_{n=0}^{\infty} a_n x_0^n = a_0 + a_1 x_0 + a_2 x_0^2 + \cdots + a_n x_0^n + \cdots.$$
它可能是收敛的，也可能是发散的。所以我们研究幂级数时，首先要讨论 x 取哪些值时级数收敛，取哪些值时发散。

可以证明，对于任何幂级数 $\sum_{n=0}^{\infty} a_n x^n$ 都存在着一个 $R \geqslant 0$。

(1) 若 $R=0$，幂级数仅在点 $x=0$ 处收敛，而当 $x \neq 0$ 时，幂级数发散。

(2) 若 $R=+\infty$，幂级数在 $(-\infty, +\infty)$ 内收敛；

(3) 若 $0 < R < +\infty$，当 $|x| < R$ 时幂级数收敛，当 $|x| > R$ 时幂级数发散。（当 $|x|=R$ 时可能收敛，也可能发散。）

我们称 R 为幂级数(7)的**收敛半径**，并称 $(-R, R)$ 为**收敛区间**。

下面我们来讨论幂级数 $\sum_{n=0}^{\infty} a_n x^n$ 的收敛区间。将幂级数的各项取绝对值，得到
$$\sum_{n=0}^{\infty} |a_n x^n| = |a_0| + |a_1 x| + \cdots + |a_n x^n| + \cdots. \tag{8}$$
设幂级数的系数满足
$$\lim_{n \to \infty} \left| \frac{a_{n+1}}{a_n} \right| = l,$$
于是

(1) 若 $l \neq 0$，则 $\lim_{n \to \infty} \left| \frac{a_{n+1} x^{n+1}}{a_n x^n} \right| = l|x|$，根据正项级数的比值判别法，当 $l|x| < 1$，即当 $|x| < \frac{1}{l}$ 时，级数(8)是收敛的，因而幂级数(7)绝对收敛。当 $l|x| > 1$，即当 $|x| > \frac{1}{l}$ 时，级数(8)的一般项

$|a_n x^n| \not\to 0 (n \to \infty)$,所以 $a_n x^n \not\to 0(n \to \infty)$,因而幂级数(7)发散. 于是收敛半径 $R = \dfrac{1}{l}$.

(2) 若 $l = 0$,则对一切 x 有
$$\lim_{n \to \infty} \left| \frac{a_{n+1} x^{n+1}}{a_n x^n} \right| = 0,$$
根据正项级数的比值判别法,级数(8)是收敛的,因而幂级数(7)绝对收敛,于是收敛半径 $R = +\infty$.

(3) 若 $l = +\infty$,则当 $x \neq 0$ 时,级数(8)的一般项 $|a_n x^n| \not\to 0(n \to \infty)$,所以 $a_n x^n \not\to 0(n \to \infty)$,因而幂级数(7)发散;当 $x = 0$ 时幂级数(7)收敛,于是收敛半径 $R = 0$.

例 1 求幂级数
$$\sum_{n=1}^{\infty} (-1)^{n+1} \frac{x^n}{n} = x - \frac{x^2}{2} + \cdots + (-1)^{n+1} \frac{x^n}{n} + \cdots$$
的收敛区间.

解 由
$$\left| \frac{a_{n+1}}{a_n} \right| = \frac{n}{n+1} \to 1 = l \quad (n \to \infty),$$
可知此级数的收敛半径 $R = \dfrac{1}{l} = 1$. 在 $x = 1$ 处,级数 $\sum\limits_{n=1}^{\infty} (-1)^{n+1} \dfrac{1}{n}$ 是收敛的;在 $x = -1$ 处,级数 $\sum\limits_{n=1}^{\infty} (-1)^{n+1} \dfrac{(-1)^n}{n} = \sum\limits_{n=1}^{\infty} \left(-\dfrac{1}{n} \right)$ 是发散的. 所以幂级数 $\sum\limits_{n=1}^{\infty} (-1)^{n+1} \dfrac{x^n}{n}$ 的收敛区间为 $(-1, 1]$.

例 2 求幂级数
$$\sum_{n=0}^{\infty} \frac{x^n}{n!} = 1 + x + \frac{x^2}{2!} + \cdots + \frac{x^n}{n!} + \cdots$$
的收敛区间.

解 由
$$\left| \frac{a_{n+1}}{a_n} \right| = \frac{1}{n+1} \to 0 = l \quad (n \to \infty),$$
可知此级数的收敛半径 $R = +\infty$,即幂级数 $\sum\limits_{n=0}^{\infty} \dfrac{x^n}{n!}$ 在区间

$(-\infty, +\infty)$ 内收敛.

在幂级数(7)的收敛区间上的任意一点 x 处,幂级数(7)都是一个收敛的数项级数,每一个数项级数对应有一个确定的和 S,因此在收敛区间上,幂级数(7)的和是 x 的函数 $S(x)$. 称 $S(x)$ 为幂级数(7)的**和函数**,记作

$$S(x) = \sum_{n=0}^{\infty} a_n x^n.$$

和函数 $S(x)$ 的定义域就是幂级数的收敛区间. 例如在区间 $(-2, 2)$ 内,有

$$1 + \frac{x}{2} + \frac{x^2}{4} + \cdots + \frac{x^n}{2^n} + \cdots = \frac{2}{2-x}.$$

在幂级数的收敛域上,可用幂级数(7)的前 $n+1$ 项和:

$$S_{n+1}(x) = \sum_{k=0}^{n} a_k x^k$$

来近似地表示和函数 $S(x)$. 这时 $S(x)$ 与 $S_{n+1}(x)$ 的差

$$R_n(x) = S(x) - S_{n+1}(x) = a_{n+1} x^{n+1} + a_{n+2} x^{n+2} + \cdots$$

叫做幂级数(7)的**余项**.

2.2 幂级数的运算

设有两个幂级数:

$$a_0 + a_1 x + a_2 x^2 + \cdots + a_n x^n + \cdots = f(x), \quad x \in (-A, A),$$
$$b_0 + b_1 x + b_2 x^2 + \cdots + b_n x^n + \cdots = g(x), \quad x \in (-B, B).$$

为了讨论方便起见,不妨假设 $A \leqslant B$,于是在 $(-A, A)$ 内可以进行下列运算.

1. 加法与减法

$$(a_0 + a_1 x + a_2 x^2 + \cdots + a_n x^n + \cdots)$$
$$\pm (b_0 + b_1 x + b_2 x^2 + \cdots + b_n x^n + \cdots)$$
$$= (a_0 \pm b_0) + (a_1 \pm b_1) x + (a_2 \pm b_2) x^2 + \cdots$$
$$+ (a_n \pm b_n) x^n + \cdots.$$

在 $(-A, A)$ 内的任意一点 x 处,根据数项级数的基本性质 2 允许两个幂级数相加或相减.

2. 乘法

$$(a_0 + a_1 x + \cdots + a_n x^n + \cdots)(b_0 + b_1 x + \cdots + b_n x^n + \cdots)$$
$$= a_0 b_0 + (a_0 b_1 + a_1 b_0) x + (a_0 b_2 + a_1 b_1 + a_2 b_0) x^2$$
$$+ \cdots + (a_0 b_n + a_1 b_{n-1} + \cdots + a_n b_0) x^n + \cdots.$$

3. 逐项微商

对于级数

$$f(x) = \sum_{n=0}^{\infty} a_n x^n = a_0 + a_1 x + a_2 x^2 + \cdots + a_n x^n + \cdots$$

在 $(-A, A)$ 内有

$$f'(x) = \sum_{n=0}^{\infty} (a_n x^n)'$$
$$= a_1 + 2 a_2 x + 3 a_3 x^2 + \cdots + n a_n x^{n-1} + \cdots.$$

级数 $\sum_{n=0}^{\infty} (a_n x^n)'$ 与 $\sum_{n=0}^{\infty} a_n x^n$ 有相同的收敛半径.

由上述逐项微商运算知：幂级数 $\sum_{n=0}^{\infty} a_n x^n$ 在其收敛区间 $(-A, A)$ 内逐项微商后所得的幂级数仍在区间 $(-A, A)$ 内收敛,这样我们把所得的结果再逐项微商,如此继续下去,可知幂级数的和函数 $f(x)$ 在其收敛区间 $(-A, A)$ 内有任意阶导数.

4. 逐项积分

对于级数

$$f(x) = \sum_{n=0}^{\infty} a_n x^n = a_0 + a_1 x + a_2 x^2 + \cdots + a_n x^n + \cdots$$

在 $(-A, A)$ 内有

$$\int_0^x f(x) \mathrm{d}x = \sum_{n=0}^{\infty} \int_0^x a_n x^n \mathrm{d}x$$
$$= a_0 x + \frac{a_1}{2} x^2 + \frac{a_2}{3} x^3 + \cdots + \frac{a_n}{n+1} x^{n+1} + \cdots.$$

级数 $\sum_{n=0}^{\infty} a_n x^n$ 与 $\sum_{n=0}^{\infty} \int_0^x a_n x^n \mathrm{d}x$ 有相同的收敛半径.

例 3 求幂级数 $1 + 2x + 3x^2 + \cdots + n x^{n-1} + \cdots$ 的和.

解 不难看出此幂级数是对 $x + x^2 + \cdots + x^n + \cdots$ 逐项微商而得

到的. 已知

$$x + x^2 + \cdots + x^n + \cdots = \frac{x}{1-x}, \quad x \in (-1,1),$$

所以

$$1 + 2x + 3x^2 + \cdots + nx^{n-1} + \cdots$$
$$= (x)' + (x^2)' + (x^3)' + \cdots + (x^n)' + \cdots$$
$$= \left(\frac{x}{1-x}\right)' = \frac{1}{(1-x)^2}, \quad x \in (-1,1).$$

例 4 求幂级数 $x - \frac{x^3}{3} + \frac{x^5}{5} - \frac{x^7}{7} + \cdots$ 的和.

解 这个级数是通过对 $1 - x^2 + x^4 - x^6 + \cdots$ 逐项积分而得到的. 已知

$$1 - x^2 + x^4 - x^6 + \cdots = \frac{1}{1+x^2}, \quad x \in (-1,1),$$

所以

$$x - \frac{x^3}{3} + \frac{x^5}{5} - \frac{x^7}{7} + \cdots$$
$$= \int_0^x \frac{1}{1+t^2} dt = \arctan x, \quad x \in (-1,1).$$

§3 函数的幂级数展开式

在上一节里我们讨论了幂级数的收敛区间和它的一些重要性质,本节要研究幂级数的一个重要的应用,这就是用幂级数来表示函数. 我们知道,幂级数的和函数在其收敛区间内有任意阶导数. 现在来考虑这样一个问题:具有任意阶导数的函数能否用一个幂级数来表示它. 下面我们先来介绍麦克劳林(Maclaurin)级数,然后讨论函数的幂级数展开式.

3.1 麦克劳林级数

设函数 $f(x)$ 在 $x=0$ 的邻域 $U(0)$ 内有任意阶导数. 如果存在着这样的一个幂级数 $\sum_{n=0}^{\infty} a_n x^n$ 能够用它来表示函数 $f(x)$,即

$$f(x) = a_0 + a_1 x + a_2 x^2 + \cdots + a_n x^n + \cdots, \tag{9}$$

那么这个幂级数的系数 $a_n(n=0,1,2,\cdots)$ 应该是由 $f(x)$ 所确定的. 由幂级数的逐项微商的性质, 我们对 (9) 式两端求各阶微商, 有

$$f^{(n)}(x) = n! a_n + (n+1) \cdot n \cdots 3 \cdot 2 a_{n+1} x + \cdots \quad (n = 1, 2, \cdots).$$

在 (9) 式及上面各式中, 令 $x=0$ 便可得出

$$a_n = \frac{f^{(n)}(0)}{n!} \quad (n = 0, 1, 2, \cdots). \tag{10}$$

于是, 幂级数 $\sum_{n=0}^{\infty} a_n x^n$ 可以写成

$$f(0) + f'(0)x + \frac{f''(0)}{2!}x^2 + \cdots + \frac{f^{(n)}(0)}{n!}x^n + \cdots$$

$$\xlongequal{\text{def}} \sum_{n=0}^{\infty} \frac{f^{(n)}(0)}{n!} x^n. \tag{11}$$

注意 对于每一个具有任意阶导数的函数 $f(x)$ 都有一个系数由 $f(x)$ 所确定的幂级数 $\sum_{n=0}^{\infty} \frac{f^{(n)}(0)}{n!} x^n$ 与它对应. 至于这个幂级数是否收敛, 即使收敛的话, 是否收敛到 $f(x)$, 还需做进一步的讨论. 为了方便起见, 先给出下面的定义.

定义 设函数 $f(x)$ 在 $x=0$ 的邻域 $U(0)$ 内有任意阶导数, 则称幂级数

$$\sum_{n=0}^{\infty} \frac{f^{(n)}(0)}{n!} x^n$$

为函数 $f(x)$ 在 $U(0)$ 内所对应的**麦克劳林级数**. 如果幂级数

$$\sum_{n=0}^{\infty} \frac{f^{(n)}(0)}{n!} x^n, \quad x \in U(0)$$

收敛于 $f(x)$, 则称函数 $f(x)$ 在 $U(0)$ 内可以**展成**麦克劳林级数, 并称此幂级数为 $f(x)$ 在 $U(0)$ 内的**麦克劳林展开式**.

注意 如果函数 $f(x)$ 在 $U(0)$ 内能够展成 x 的幂级数, 因其系数由 (10) 式完全确定, 这个幂级数就是麦克劳林级数. 即, 如果函数能够展为 x 的幂级数时, 则它的展开式是惟一的.

如何判断函数 $f(x)$ 所对应的麦克劳林级数是否为它的麦克劳林展开式呢? 我们给出下面两个定理.

定理 1 设函数 $f(x)$ 在 $x=0$ 的邻域 $U(0)$ 内具有直到 $n+1$ 阶的导数,则当 x 在邻域 $U(0)$ 内时,$f(x)$ 可以表示为 x 的一个 n 次多项式 $P_n(x)$ 与余项 $R_n(x)$ 的和,即

$$f(x) = P_n(x) + R_n(x)$$
$$= f(0) + f'(0)x + \frac{f''(0)}{2!}x^2 + \cdots + \frac{f^{(n)}(0)}{n!}x^n + R_n(x),$$
(12)

其中 $R_n(x) = \dfrac{f^{(n+1)}(x_0)}{(n+1)!}x^{n+1}$,$x_0$ 是在 0 与 x 之间.

通常把公式(12)称为函数 $f(x)$ 在 $x=0$ 处的 n **阶麦克劳林公式**,而 $R_n(x)$ 的表达式称为 $f(x)$ 的**拉格朗日余项**.

定理 2 设函数 $f(x)$ 在 $x=0$ 的邻域 $U(0)$ 内具有任意阶导数,则函数 $f(x)$ 在点 $x=0$ 处能够展成麦克劳林级数的充要条件是:当 $n \to \infty$ 时,它的麦克劳林公式中的余项 $R_n(x) \to 0$.

3.2 初等函数的幂级数展开式

例 1 求 $f(x) = e^x$ 的麦克劳林展开式.

解 对于 $f(x) = e^x$,有

$$f'(x) = f''(x) = \cdots = f^{(n)}(x) = e^x.$$

将 $x=0$ 代入后,得

$$f(0) = f'(0) = f''(0) = \cdots = f^{(n)}(0) = 1.$$

于是

$$a_0 = 1, \quad a_1 = 1, \quad a_2 = \frac{1}{2!}, \quad \cdots, \quad a_n = \frac{1}{n!}, \quad \cdots.$$

下面我们讨论当 x 取哪些值时,其余项的极限为零. 在余项

$$R_n(x) = \frac{f^{(n+1)}(c)}{(n+1)!}x^{n+1} = \frac{e^c}{(n+1)!}x^{n+1}$$

中,由于 c 是介于 0 与 x 之间,故有 $|c| < |x|$,因而 $e^c < e^{|x|}$. 对于固定的 x 来说,e^c 是一个有界变量. 因此,对任意的 x 要证明 $R_n(x) \to 0$ ($n \to \infty$),只要证明

$$\lim_{n \to \infty} \frac{x^{n+1}}{(n+1)!} = \lim_{n \to \infty} \frac{x^n}{n!} = 0$$

就可以了.

在上一节例 2 中已经求出幂级数
$$1 + x + \frac{x^2}{2!} + \cdots + \frac{x^n}{n!} + \cdots$$
的收敛半径 $R = +\infty$,根据级数收敛的必要条件,对任意的 x 都应有
$$\lim_{n \to \infty} \frac{x^n}{n!} = 0,$$
从而对区间 $(-\infty, +\infty)$ 内任意一点 x,都有
$$\lim_{n \to \infty} R_n(x) = 0.$$
这就是说
$$e^x = 1 + x + \frac{x^2}{2!} + \cdots + \frac{x^n}{n!} + \cdots$$
在 $(-\infty, +\infty)$ 内都成立.

例 2 求 $f(x) = \sin x$ 的麦克劳林展开式.

解 对于 $f(x) = \sin x$,有
$$f'(x) = \cos x = \sin\left(x + \frac{\pi}{2}\right),$$
$$f''(x) = \left(\sin\left(x + \frac{\pi}{2}\right)\right)' = \cos\left(x + \frac{\pi}{2}\right)$$
$$= \sin\left(x + 2 \cdot \frac{\pi}{2}\right),$$
$$\cdots\cdots\cdots\cdots\cdots\cdots\cdots\cdots\cdots\cdots\cdots\cdots$$
$$f^{(n)}(x) = \sin\left(x + n\frac{\pi}{2}\right),$$
$$\cdots\cdots\cdots\cdots\cdots\cdots\cdots\cdots\cdots\cdots$$
将 $x = 0$ 依次代入以上诸式,得
$$f(0) = 0, \quad f'(0) = 1, \quad f''(0) = 0,$$
$$f'''(0) = -1, \quad f^{(4)}(0) = 0, \quad f^{(5)}(0) = 1,$$
$$\cdots\cdots\cdots\cdots\cdots\cdots\cdots\cdots$$
它的一般规律可以用下列公式来表示:
$$f^{(n)}(0) = \begin{cases} 0 & (n = 2k), \\ (-1)^k & (n = 2k+1) \end{cases} \quad (k = 0, 1, \cdots).$$

其拉格朗日余项为

$$R_n(x) = \frac{f^{(n+1)}(c)}{(n+1)!}x^{n+1} = \frac{\sin\left[c+(n+1)\frac{\pi}{2}\right]}{(n+1)!}x^{n+1}.$$

因为 $\left|\sin\left[c+(n+1)\frac{\pi}{2}\right]\right| \leqslant 1$，而对任意的 x 都有

$$\lim_{n\to\infty}\frac{x^{n+1}}{(n+1)!} = 0,$$

故对任意的 x 都有

$$\lim_{n\to\infty} R_n(x) = 0,$$

这就是说，对区间 $(-\infty, +\infty)$ 内的任一点 x 都有

$$\sin x = x - \frac{x^3}{3!} + \frac{x^5}{5!} - \cdots + (-1)^n \frac{x^{2n+1}}{(2n+1)!} + \cdots$$

$$= \sum_{n=0}^{\infty}(-1)^n \frac{x^{2n+1}}{(2n+1)!}, \quad x \in (-\infty, +\infty).$$

例 3 求 $f(x) = \cos x$ 的麦克劳林展开式.

解 因为

$$\sin x = x - \frac{x^3}{3!} + \frac{x^5}{5!} - \frac{x^7}{7!}$$
$$+ \cdots + (-1)^n \frac{x^{2n+1}}{(2n+1)!} + \cdots,$$

所以在 $\sin x$ 的收敛区间 $(-\infty, +\infty)$ 内对上式的两边逐项微分，得到

$$\cos x = 1 - \frac{x^2}{2!} + \frac{x^4}{4!} - \frac{x^6}{6!} + \cdots + (-1)^n \frac{x^{2n}}{(2n)!} + \cdots$$

$$= \sum_{n=0}^{\infty}(-1)^n \frac{x^{2n}}{(2n)!}, \quad x \in (-\infty, +\infty).$$

例 4 求函数 $f(x) = (1+x)^\alpha$ 的麦克劳林展开式，其中 α 为任意实数.

解 先求 $f(x) = (1+x)^\alpha$ 及其各阶导数在 $x = 0$ 处的值. 由

$$f(x) = (1+x)^\alpha, \quad f'(x) = \alpha(1+x)^{\alpha-1},$$
$$f''(x) = \alpha(\alpha-1)(1+x)^{\alpha-2},$$

....

$$f^{(n)}(x) = \alpha(\alpha-1)(\alpha-2)\cdots(\alpha-n+1)(1+x)^{\alpha-n},$$
$$\cdots\cdots\cdots\cdots\cdots\cdots\cdots\cdots\cdots\cdots\cdots\cdots$$

将 $x=0$ 代入以上诸式得
$$f(0) = 1, \quad f'(0) = \alpha, \quad f''(0) = \alpha(\alpha-1),$$
$$\cdots\cdots\cdots\cdots\cdots\cdots\cdots\cdots\cdots\cdots\cdots$$
$$f^{(n)}(0) = \alpha(\alpha-1)\cdots(\alpha-n+1), \quad \cdots$$

于是我们就可以求出 $f(x)$ 所对应的麦克劳林级数,并求出其收敛半径 $R=1$,进一步我们还可以证明:当 $|x|<1$ 时,其余项 $R_n(x) \to 0$ $(n \to \infty)$,所以
$$(1+x)^{\alpha} = 1 + \alpha x + \frac{\alpha(\alpha-1)}{2!}x^2 + \cdots$$
$$+ \frac{\alpha(\alpha-1)\cdots(\alpha-n+1)}{n!}x^n + \cdots$$
$$= 1 + \sum_{n=1}^{\infty} \frac{\alpha(\alpha-1)\cdots(\alpha-n+1)}{n!}x^n, \quad x \in (-1,1).$$

在区间端点 $x=\pm 1$ 处上式右端级数是否收敛于 $f(x)$ 要视 α 的数值而定,这里我们不再讨论. 此级数通常称为**二项级数**.

特别地,当 α 为正整数时,对于任何 x 有:
$$(1+x)^{\alpha} = 1 + \alpha x + \frac{\alpha(\alpha-1)}{2!}x^2 + \cdots + x^n.$$

这就是初等代数中的二项式公式. 而且我们不难看出当 $\alpha=-1$ 时,有
$$\frac{1}{1+x} = \sum_{n=0}^{\infty} (-1)^n x^n, \quad x \in (-1,1).$$

再对上式两边逐项积分得到
$$\ln(1+x) = x - \frac{x^2}{2} + \frac{x^3}{3} - \frac{x^4}{4} + \cdots + (-1)^{n-1}\frac{x^n}{n} + \cdots$$
$$= \sum_{n=1}^{\infty} (-1)^{n-1} \frac{x^n}{n}, \quad x \in (-1,1].①$$

利用这些基本初等函数的展开式还可以求出其他一些初等函数

---

① 这里推导出的 $\ln(1+x)$ 的麦克劳林展开式的收敛区间应为 $(-1,1)$,容易看出它在 $x=1$ 点也收敛,故收敛区间为 $(-1,1]$.

的展开式.

例 5 求函数 $f(x)=\sin x^2$ 的幂级数展开式.

解 把 $\sin x$ 展开式中的 x 换成 x^2,即可得 $\sin x^2$ 的展开式.

$$\sin x^2 = x^2 - \frac{x^6}{3!} + \frac{x^{10}}{5!} - \cdots + (-1)^n \frac{x^{2(2n+1)}}{(2n+1)!} + \cdots$$

$$= \sum_{n=0}^{\infty} (-1)^n \frac{x^{2(2n+1)}}{(2n+1)!}, \quad x \in (-\infty, +\infty).$$

如果直接利用公式去求展开式,那么要计算 $\sin x^2$ 的各阶导数在 0 点的值,那将是非常麻烦的.

附录二习题

(一) 选择题

1. 若级数 $\sum\limits_{n=1}^{\infty} u_n$ 发散,则 $\sum\limits_{n=1}^{\infty} a u_n (a \neq 0)$ ( ).

   (A) 一定发散;
   (B) 可能收敛,也可能发散;
   (C) $a>0$ 时收敛,$a<0$ 时发散;
   (D) $|a|<1$ 时收敛,$|a|>1$ 时发散.

2. 级数 $\sum\limits_{n=1}^{\infty} u_n$ 收敛的充要条件是( ).

   (A) $\lim\limits_{n\to\infty} u_n = 0$;
   (B) $\lim\limits_{n\to\infty} \frac{u_{n+1}}{u_n} = r < 1$;
   (C) $\lim\limits_{n\to\infty} S_n$ 存在 $\left(\text{其中 } S_n = \sum\limits_{k=1}^{n} u_n\right)$;
   (D) $u_n \leqslant \frac{1}{n^2}$.

3. 利用级数收敛时其一般项必趋于零的性质,指出下面哪个级数一定发散( ).

   (A) $\sum\limits_{n=1}^{\infty} \sin \frac{\pi}{3^n}$; (B) $\sum\limits_{n=1}^{\infty} \frac{n 2^n}{3^n}$; (C) $\sum\limits_{n=1}^{\infty} \arctan \frac{1}{n^2}$;
   (D) $1 - \frac{3}{2} + \frac{4}{3} - \cdots + (-1)^{n+1} \frac{n+1}{n} + \cdots$.

4. 若 $\lim\limits_{n\to\infty} u_n = 0$,则级数 $\sum\limits_{n=1}^{\infty} u_n$ ( ).

   (A) 一定收敛;
   (B) 一定发散;
   (C) 一定条件收敛;
   (D) 可能收敛,也可能发散.

5. 在下列级数中,发散的是( ).

   (A) $\sum\limits_{n=1}^{\infty} \frac{1}{\sqrt{n^3}}$; (B) $\frac{1}{2} + \frac{1}{4} + \frac{1}{8} + \frac{1}{16} + \frac{1}{32} + \cdots$;

(C) $0.001+\sqrt{0.001}+\sqrt[3]{0.001}+\cdots$;

(D) $\frac{3}{5}-\frac{3^2}{5^2}+\frac{3^3}{5^3}-\frac{3^4}{5^4}+\frac{3^5}{5^5}-\cdots$.

6. 下列级数中收敛的是( ).

(A) $\sum_{n=1}^{\infty}\frac{1}{\sqrt{2n+1}}$;

(B) $\sum_{n=1}^{\infty}\frac{n}{3n+1}$;

(C) $\sum_{n=1}^{\infty}\frac{100}{q^n}(|q|<1)$;

(D) $\sum_{n=1}^{\infty}\frac{2^{n-1}}{3^n}$.

7. 下列级数中,收敛的是( ).

(A) $\sum_{n=1}^{\infty}\frac{2^n-1}{5^n}$;

(B) $\sum_{n=1}^{\infty}\sin\frac{1}{n}$;

(C) $\sum_{n=0}^{\infty}\sin\frac{1}{\sqrt{n}}$;

(D) $\sum_{n=1}^{\infty}\left(\frac{5}{3}\right)^n$.

8. 下列级数中,发散的级数是( ).

(A) $\sum_{n=1}^{\infty}\sin\frac{n\pi}{2}$;

(B) $\sum_{n=1}^{\infty}(-1)^{n-1}\frac{1}{n}$;

(C) $\sum_{n=1}^{\infty}\left(\frac{3}{4}\right)^n$;

(D) $\sum_{n=1}^{\infty}\left(\frac{1}{n}\right)^3$.

9. 级数 $\sum_{n=1}^{\infty}\frac{1}{n^{p+1}}$ 发散,则有( ).

(A) $p\leqslant 0$;   (B) $p>0$;   (C) $p\leqslant 1$;   (D) $p<1$.

10. 若级数 $\sum_{n=0}^{\infty}u_n$ 收敛($u_n>0$),则下列级数中收敛的是( ).

(A) $\sum_{n=1}^{\infty}(u_n+100)$;

(B) $\sum_{n=1}^{\infty}(u_n-100)$;

(C) $\sum_{n=1}^{\infty}100u_n$;

(D) $\sum_{n=1}^{\infty}\frac{100}{u_{n+1}-u_n}$.

11. 在下列级数中,条件收敛的级数是( ).

(A) $\sum_{n=1}^{\infty}(-1)^n\frac{n}{n+1}$;

(B) $\sum_{n=1}^{\infty}(-1)^n\frac{1}{\sqrt{n}}$;

(C) $\sum_{n=1}^{\infty}(-1)^n\frac{1}{n^2}$;

(D) $\sum_{n=1}^{\infty}\frac{(-1)^n}{n(n+1)}$.

12. 在下面级数中,绝对收敛的级数是( ).

(A) $\sum_{n=1}^{\infty}\frac{1}{\sqrt{2n+1}}$;

(B) $\sum_{n=1}^{\infty}(-1)^n\left(\frac{3}{2}\right)^n$;

(C) $\sum_{n=1}^{\infty}(-1)^{n-1}\frac{1}{\sqrt{n^3}}$;

(D) $\sum_{n=1}^{\infty}(-1)^n\frac{n-1}{n}$.

13. 级数 $\sum_{n=1}^{\infty} \frac{2^n}{n+2} x^n$ 的收敛半径 $R=($ $)$.

(A) 1;　　　(B) 2;　　　(C) 1/2;　　　(D) ∞.

14. 级数 $\sum_{n=1}^{\infty} \frac{3^n}{n+3} x^n$ 的收敛半径 $R=($ $)$.

(A) 1;　　　(B) 3;　　　(C) 1/3;　　　(D) ∞.

15. 幂级数 $\sum_{n=1}^{\infty} \frac{1}{n} x^{n+1}$ 的收敛区间是(   ).

(A) $(-1,1)$;　(B) $[-1,1]$;　(C) $[-1,1)$;　(D) $(-1,1]$.

16. 级数 $\sum_{n=1}^{\infty} \frac{x^n}{n}$ 的收敛区间是(   ).

(A) $(-1,1)$;　(B) $[-1,1)$;　(C) $(-1,1]$;　(D) $[-1,1]$.

(二) 解答题

1. 写出下列级数的前五项:

(1) $\sum_{n=1}^{\infty} \frac{1}{n(n+1)}$;　　　(2) $\sum_{n=1}^{\infty} (-1)^{n-1} \frac{1}{n}$;

(3) $\sum_{n=1}^{\infty} \frac{1}{(2n-1)2^{2n-1}}$;　　(4) $\sum_{n=1}^{\infty} \frac{(-1)^{n-1}}{\sqrt{n(n+1)}}$.

2. 写出下列级数的一般项:

(1) $1 + \frac{1}{3} + \frac{1}{5} + \frac{1}{7} + \cdots$;

(2) $\frac{1}{2\ln 2} + \frac{1}{3\ln 3} + \frac{1}{4\ln 4} + \cdots$;

(3) $\frac{2}{1} - \frac{3}{2} + \frac{4}{3} - \frac{5}{4} + \cdots$;

(4) $\frac{1}{2} + \frac{1 \cdot 3}{2 \cdot 4} + \frac{1 \cdot 3 \cdot 5}{2 \cdot 4 \cdot 6} + \cdots$.

3. 根据定义判断下列级数是否收敛:

(1) $\sum_{n=1}^{\infty} (\sqrt{n+2} - 2\sqrt{n+1} + \sqrt{n})$;

(2) $\frac{1}{1 \cdot 3} + \frac{1}{3 \cdot 5} + \frac{1}{5 \cdot 7} + \cdots$.

4. 判断下列级数是否收敛:

(1) $-\frac{8}{9} + \frac{8^2}{9^2} - \frac{8^3}{9^3} + \cdots$;

(2) $\frac{1}{3} + \frac{1}{6} + \frac{1}{9} + \frac{1}{12} + \cdots$;

(3) $\frac{1}{3} + \frac{1}{\sqrt{3}} + \frac{1}{\sqrt[3]{3}} + \frac{1}{\sqrt[4]{3}} + \cdots$;

(4) $1! + 2! + 3! + 4! + \cdots$;

(5) $\left(\dfrac{1}{6}+\dfrac{8}{9}\right)+\left(\dfrac{1}{6^2}+\dfrac{8^2}{9^2}\right)+\left(\dfrac{1}{6^3}+\dfrac{8^3}{9^3}\right)+\cdots$;

(6) $\dfrac{1}{2}+\dfrac{1}{10}+\dfrac{1}{4}+\dfrac{1}{20}+\cdots+\dfrac{1}{2n}+\dfrac{1}{10n}+\cdots$.

5. 判断下列正项级数是否收敛.

(1) $1+\dfrac{1}{3}+\dfrac{1}{5}+\dfrac{1}{7}+\cdots$;

(2) $\dfrac{1}{2}+\dfrac{1}{5}+\dfrac{1}{10}+\dfrac{1}{17}+\cdots+\dfrac{1}{n^2+1}+\cdots$;

(3) $1+\dfrac{1+2}{1+2^2}+\dfrac{1+3}{1+3^2}+\cdots$;

(4) $\dfrac{1}{2\cdot 5}+\dfrac{1}{3\cdot 6}+\cdots+\dfrac{1}{(n+1)(n+4)}+\cdots$;

(5) $1+\dfrac{2!}{2^2}+\dfrac{3!}{3^3}+\cdots+\dfrac{n!}{n^n}+\cdots$;

(6) $\dfrac{3}{2}+\dfrac{4}{2^2}+\dfrac{5}{2^3}+\dfrac{6}{2^4}+\cdots$;

(7) $\dfrac{5}{1!}+\dfrac{5^2}{2!}+\dfrac{5^3}{3!}+\cdots$;

(8) $\dfrac{1}{10}+\dfrac{2!}{10^2}+\dfrac{3!}{10^3}+\cdots$;

(9) $\dfrac{3}{1\cdot 2}+\dfrac{3^2}{2\cdot 2^2}+\dfrac{3^3}{3\cdot 2^3}+\cdots$;

(10) $\sum\limits_{n=1}^{\infty}\dfrac{2n\cdot n!}{n^n}$;

(11) $\dfrac{1}{a+b}+\dfrac{1}{2a+b}+\dfrac{1}{3a+b}+\cdots$ $(a>0,b>0)$;

(12) $\dfrac{1}{2}+\dfrac{1\cdot 2}{3\cdot 4}+\dfrac{1\cdot 2\cdot 3}{4\cdot 5\cdot 6}+\cdots$;

(13) $\sum\limits_{n=1}^{\infty}\dfrac{n+1}{n(n+2)}$;

(14) $\sqrt{2}+\sqrt{\dfrac{3}{2}}+\cdots+\sqrt{\dfrac{n+1}{n}}+\cdots$;

(15) $\dfrac{1}{1001}+\dfrac{2}{2001}+\cdots+\dfrac{n}{1000n+1}+\cdots$;

(16) $\sum\limits_{n=1}^{\infty}2^n\sin\dfrac{\pi}{3^n}$.

6. 判断下列级数是否收敛？若收敛,是绝对收敛还是条件收敛？

(1) $1-\dfrac{1}{\sqrt{2}}+\dfrac{1}{\sqrt{3}}-\dfrac{1}{\sqrt{4}}+\cdots$;

(2) $1-\dfrac{1}{3^2}+\dfrac{1}{5^2}-\dfrac{1}{7^2}+\cdots$;

(3) $\dfrac{1}{\ln 2}-\dfrac{1}{\ln 3}+\dfrac{1}{\ln 4}-\dfrac{1}{\ln 5}+\cdots$;

(4) $\sum\limits_{n=1}^{\infty}(-1)^{n-1}\dfrac{n}{3^{n-1}}$;   (5) $\sum\limits_{n=1}^{\infty}(-1)^{n+1}\dfrac{2^{n^2}}{n!}$;

(6) $\dfrac{1}{\pi^2}\sin\dfrac{\pi}{2}-\dfrac{1}{\pi^3}\sin\dfrac{\pi}{3}+\dfrac{1}{\pi^4}\sin\dfrac{\pi}{4}-\cdots$;

(7) $\sum\limits_{n=1}^{\infty}\dfrac{(-1)^{n-1}}{n^p}$;   (8) $\sum\limits_{n=2}^{\infty}\dfrac{(-1)^n}{n-\ln n}$.

7. 求下列级数的收敛区间，并讨论在端点处是否收敛：

(1) $\sum\limits_{n=1}^{\infty}nx^n$;

(2) $\dfrac{x}{2}+\dfrac{x^2}{2\cdot 4}+\dfrac{x^3}{2\cdot 4\cdot 6}+\cdots$;

(3) $1-x+\dfrac{x^2}{2^2}-\dfrac{x^3}{3^2}+\cdots$;

(4) $\dfrac{x}{1\cdot 3}+\dfrac{x^2}{2\cdot 3^2}+\dfrac{x^3}{3\cdot 3^3}+\cdots$;

(5) $\sum\limits_{n=1}^{\infty}\dfrac{(x-5)^n}{\sqrt{n}}$;

(6) $x-\dfrac{x^3}{3\cdot 3!}+\dfrac{x^5}{5\cdot 5!}-\cdots$;

(7) $\ln x+(\ln x)^2+(\ln x)^3+\cdots$;

(8) $\sum\limits_{n=1}^{\infty}\dfrac{n^2}{x^n}$;

(9) $\sum\limits_{n=0}^{\infty}\dfrac{1}{2n+1}\left(\dfrac{1-x}{1+x}\right)^n$;

(10) $\dfrac{x-3}{1\cdot 3}+\dfrac{(x-3)^2}{2\cdot 3^2}+\cdots+\dfrac{(x-3)^n}{n\cdot 3^n}+\cdots$.

8. 利用逐项微分或逐项积分求下列各级数的和：

(1) $\sum\limits_{n=1}^{\infty}\dfrac{x^{4n+1}}{4n+1}$ ($|x|<1$);   (2) $\sum\limits_{n=1}^{\infty}\dfrac{n(n+1)}{2}x^{n-1}$ ($|x|<1$).

9. 求下列函数的幂级数展开式和它的收敛区间：

(1) $\dfrac{e^x-e^{-x}}{2}$;   (2) $\ln(a+x)$;

(3) a^x;   (4) $\sin\dfrac{x}{2}$;

(5) $\cos^2 x$;   (6) $\ln(1+x-2x^2)$;

(7) $\sqrt[3]{8-x^3}$;   (8) $\arcsin x$.

习题答案与提示

习 题 一

（一）选择题

题号	1	2	3	4	5	6	7	8	9	10	11	12	13	14
答案	D	C	D	C	A	B	D	D	D	B	D	B	D	C
题号	15	16	17	18	19	20	21	22	23	24	25	26	27	28
答案	C	A	B	A	C	B	B	C	D	C	C	B	C	B
题号	29	30	31	32	33	34	35	36	37	38	39	40		
答案	B	B	B	B	B	B	A	C	D	A	C	A		

（二）解答题

1. （1）不相同，因为它们的定义域不相同；

（2）不相同，因为它们的定义域不相同；

（3）相同.

2. （1）$(-\infty, 0) \cup (0, 2) \cup (2, +\infty)$； （2）$(-\infty, -2) \cup (2, +\infty)$；

（3）$[-1, 1]$； （4）$[1, 5]$；

（5）$[-2, -1) \cup (-1, 1) \cup (1, +\infty)$；

（6）$\left(n\pi + \dfrac{\pi}{4}, (n+1)\pi + \dfrac{\pi}{4}\right), n = 0, \pm 1, \pm 2, \cdots$.

3. $f(0) = 2$；$f(1) = 0$；$f(-2) = 12$；

$f(-x) = x^2 + 3x + 2$；$f\left(\dfrac{1}{x}\right) = \dfrac{1}{x^2} - \dfrac{3}{x} + 2$；

$f(x + \Delta x) - f(x) = 2x \cdot \Delta x + \Delta x^2 - 3\Delta x$.

4. $\varphi(t^2) = t^6 + 1$；$[\varphi(t)]^2 = t^6 + 2t^3 + 1$.

7. （1）0.2； （2）$-\dfrac{1}{164}$； （3）$\lg 1.01$. **8.** （1）$\dfrac{c-8}{c+3}$； （2）$\dfrac{8-c}{c+3}$

9. （1）偶函数； （2）奇函数；

（3）非奇非偶函数； （4）偶函数；

（5）偶函数； （6）非奇非偶函数.

10. （1）单调递减； （2）单调递增；

(3) 单调递减； (4) 单调递增.

11. (1) 周期函数，$T=\dfrac{2}{a}\pi$； (2) 不是周期函数；

    (3) 不是周期函数； (4) 周期函数，$T=2\pi$.

12. (1) $y=\dfrac{1}{a}(x-b)$； (2) $y=\sqrt{x^3-4}\,(x>\sqrt[3]{4}\,)$；

    (3) $y=\dfrac{1}{3}\arcsin\dfrac{x}{2}(0<x<2)$； (4) $y=10^x-4$.

13. $y=\dfrac{2x+3}{2-4x}$. 14. $f^{-1}\left(\dfrac{1}{x}\right)=\dfrac{1}{x}-1$.

15. 设其表面积为 S，底半径为 r，$S=\pi r^2+\dfrac{2V}{r}\,(0<r<+\infty)$.

16. $M=\begin{cases}0 & (x<0),\\ q & (0\leqslant x<1),\\ 1 & (x\geqslant 1).\end{cases}$

17. (1) 不存在； (2) 1； (3) 1； (4) 不存在.

18. (1) 1； (2) 不存在； (3) 不存在； (4) 不存在.

19. (1) 4/3； (2) 0； (3) 3； (4) 2；

    (5) 1/4； (6) 0； (7) 1/5； (8) 0；

    (9) $\dfrac{1}{2\sqrt{x}}$； (10) $\dfrac{1}{2}$； (11) 4/3； (12) n；

    (13) -1； (14) 0； (15) 0； (16) 4；

    (17) $\dfrac{1}{4}$； (18) $\dfrac{\sqrt{2}}{2}$； (19) e^4； (20) $1/e$；

    (21) e； (22) ∞； (23) 0； (24) $+\infty$；

    (25) $\cos a$； (26) 0； (27) 2； (28) -1；

    (29) 4/3； (30) 1/2.

20. (1) $(-\infty,-1),(-1,+\infty)$，$x=-1$，Ⅱ 类；

    (2) $[1,+\infty)$； (3) $(-\infty,+\infty)$；

    (4) $(-\infty,-3),(3,+\infty)$；

    (5) $(-\infty,0),(0,+\infty)$，$x=0$，Ⅰ 类；

    (6) $(-\infty,1),(1,+\infty)$，$x=1$，Ⅱ 类；

    (7) $(-\infty,0),(0,+\infty)$，$x=0$，Ⅰ 类可去间断点，定义 $f(0)=0$；

    (8) $(-\infty,1),(1,2),(2,+\infty)$，$x=2$，Ⅱ 类；$x=1$，Ⅰ 类可去间断点，定义 $f(1)=-2$.

21. (1) $\cos 1$； (2) $\sqrt{\dfrac{2}{3}}$； (3) $\dfrac{1}{6}$； (4) $\dfrac{1}{2}$；

    (5) $\dfrac{\pi^4\sqrt{2}}{256}$； (6) 0.

习 题 二

(一) 选择题

题号	1	2	3	4	5	6	7	8	9
答案	D	C	C	D	C	B	A	C	D
题号	10	11	12	13	14	15	16	17	18
答案	D	D	D	C	B	C	D	C	C

(二) 解答题

1. (1) $2x$; (2) $-\sin(x+2)$.

2. $f'(x_0)$.

3. (1) 正确; (2) 不正确.

4. 当 $k=0$ 或 1 时,不可导;$k=2$ 时,可导且 $f'(0)=0$.

5. 不存在. 6. $a=2x_0, b=-x_0^2$.

7. (1) $-\dfrac{2}{(x-1)^2}$; (2) $30x^2+4x-15$;

(3) $(1+x)e^x$; (4) $\sec x \cdot \tan x$;

(5) $-\dfrac{4x}{(x^2-1)^2}$; (6) $20(x^2-2x+1)^9(x-1)$;

(7) $3\cos x - \sin 2x$; (8) $\dfrac{(x^2+1)\sec^2 x - 2x\tan x}{(x^2+1)^2}$;

(9) $4\cos 4x$; (10) $6 \cdot 10^{6x}\ln 10$;

(11) $\dfrac{1}{2}(x^2+4x+1)e^{\frac{x}{2}}$; (12) $\dfrac{1}{\sqrt{-(x^2+3x+2)}}$;

(13) $\cot x$; (14) $\dfrac{3\ln^2 x}{x}$;

(15) $\dfrac{x}{(2+x^2)\sqrt{1+x^2}}$; (16) $-\dfrac{1}{|x|\sqrt{x^2-1}}$;

(17) $\dfrac{1}{\sqrt{x^2+a^2}}$; (18) $\dfrac{1-\ln x}{x^2}x^{\frac{1}{x}}$;

(19) $(\sin x)^{\cos x}[\cos x \cdot \cot x - \sin x \cdot \ln \sin x]$;

(20) $\dfrac{1}{2}\sqrt{\dfrac{x-1}{x(x+3)}}\left(\dfrac{1}{x-1}-\dfrac{1}{x}-\dfrac{1}{x+3}\right)$.

8. 不存在.

9. $f'_x = \begin{cases} -2e^{2x}, & x<0, \\ 2x, & x>0. \end{cases}$

10. 不可导. 11. 1. 12. 0.

13. (1) $\dfrac{2-x}{y-3}$; (2) $-\dfrac{1+y\sin(xy)}{x\sin(xy)}$;

(3) $\dfrac{e^y}{2-y}$; (4) $\dfrac{y^2-xy\ln y}{x^2-xy\ln x}$;

14. 切线方程为 $y=-\dfrac{1}{4}(x+2)$；法线方程为 $y=4x-9$.

15. (1) $\dfrac{2x-10}{(x+1)^4}$; (2) $2e^{x^2}(3x+2x^3)$;

(3) $-2e^x\sin x$; (4) $-\csc^2 x$.

16. $-\dfrac{3}{2}$. 17. $\dfrac{5}{32}$. 18. $-\dfrac{\cos y}{(2+\sin y)^3}$.

20. $\dfrac{1-(n+1)x^n+nx^{n+1}}{(1-x)^2}$.

21. $\Delta y=19, dy=12$； $\Delta y=1.261, dy=1.2$；
    $\Delta y=0.120601, dy=0.12$.

22. (1) $-x^{-3}dx$; (2) $\sin 2x\, dx$;

(3) $(1+x)e^x dx$; (4) $5x^{5x}(\ln x+1)dx$.

23. (1) 2.7455； (2) -0.8747.

24. $8\pi r \cdot \Delta r$.

习 题 三

(一) 选择题

题号	1	2	3	4	5	6	7	8	9
答案	C	D	B	B	D	B	D	A	A
题号	10	11	12	13	14	15	16	17	18
答案	D	C	A	B	C	A	D	D	C

(二) 解答题

2. $2\dfrac{2}{3}$.

3. $1^3-0^3=3x_0^2(1-0)$；$x_0=\sqrt{3}/3$.

4. 提示：分别证明存在性与惟一性.

8. (1) $\dfrac{1}{n}$； (2) $\dfrac{\ln 2}{\ln 3}$； (3) 1； (4) ∞；

(5) 0； (6) 1/3； (7) 1； (8) $\ln a$；

(9) 1/2； (10) 0； (11) 1； (12) 0；

(13) e； (14) $-4/\pi^2$.

9. (1) 1,不能使用； (2) 0,不能使用.

10. (1) 在 $(-\infty,-2)$ 和 $(1,+\infty)$ 内单调递增, 在 $(-2,1)$ 内单调递减;

(2) 在 $(-\infty,0)$ 内单调递增, 在 $(0,+\infty)$ 内单调递减;

(3) 在 $(-\infty,+\infty)$ 内单调递增;

(4) 在 $(-1,0)$ 内单调递减, 在 $(0,+\infty)$ 内单调递增.

11. (1) 极大值 $f(0)=0$, 极小值 $f(1)=-1$;   (2) 极小值 $f(e^{-1/2})=-\dfrac{1}{2e}$;

(3) 没有极值;   (4) 极小值 $f\left(-\dfrac{\ln 2}{2}\right)=2\sqrt{2}$.

12. (1) 最大值 $f(1)=2$, 最小值 $f(-1)=-12$;

(2) 最大值 $f(-1)=e$, 最小值 $f(0)=0$.

14. 底半径为 $\sqrt[3]{\dfrac{150}{\pi}}$ 米, 高为 $2\sqrt[3]{\dfrac{150}{\pi}}$ 米.

15. 250 个.

16. (1) 在 $(-\infty, 2-\sqrt{2})$ 和 $(2+\sqrt{2},+\infty)$ 内是凹弧, 在 $(2-\sqrt{2}, 2+\sqrt{2})$ 内是凸弧, 拐点是 $(2-\sqrt{2}, 2(3-2\sqrt{2})e^{-(2-\sqrt{2})})$ 和 $(2+\sqrt{2}, 2(3+2\sqrt{2})e^{-(2+\sqrt{2})})$;

(2) 在 $\left(-\infty, -\dfrac{\sqrt{2}}{2}\right)$ 和 $\left(\dfrac{\sqrt{2}}{2},+\infty\right)$ 内是凹弧, 在 $\left(-\dfrac{\sqrt{2}}{2}, \dfrac{\sqrt{2}}{2}\right)$ 内是凸弧, 拐点是 $\left(-\dfrac{1}{\sqrt{2}}, -\dfrac{5}{2}\right)$ 和 $\left(\dfrac{1}{\sqrt{2}}, -\dfrac{5}{2}\right)$.

17. 略.   **18.** 略.

习 题 四

(一) 选择题

题号	1	2	3	4	5	6	7	8	9	10	11	12
答案	B	A	B	D	D	B	A	D	D	C	B	B
题号	13	14	15	16	17	18	19	20	21	22	23	24
答案	C	C	D	C	D	D	A	A	C	D	D	B

(二) 解答题

2. $y = x^2 + 1$.

3. (1) $\dfrac{1}{5}x^5 + C$;   (2) $\dfrac{2}{5}x^{\frac{5}{2}} + C$;

(3) $\ln|x| + \dfrac{4^x}{\ln 4} + C$;   (4) $\dfrac{1}{2}x^2 - \sqrt{2}\,x + C$;

(5) $\tan x - x + C$;   (6) $2x + \arctan x + C$;

(7) $\sin x - \cos x + C$;   (8) $\tan x + \sin x + C$.

4. (1) $\dfrac{2}{9}(2+3x)^{\frac{3}{2}}+C$;   (2) $\dfrac{2}{1-2x}+C$;

(3) $\dfrac{1}{3}(x^2+3)^{3/2}+C$;   (4) $-\dfrac{1}{3}\cos 3x+C$;

(5) $\dfrac{1}{5}\arcsin 5x+C$;   (6) $\dfrac{1}{3}\arctan 3x+C$;

(7) $\dfrac{1}{2}x+\dfrac{1}{4}\sin 2x+C$ (8) $-\dfrac{1}{3}\ln|2-3e^x|+C$;

(9) $\dfrac{1}{6}(e^x+2)^6+C$;   (10) $\dfrac{\sqrt{2}}{2}\arctan\dfrac{x+1}{\sqrt{2}}+C$;

(11) $\dfrac{1}{8}\ln\left|\dfrac{x-4}{x+4}\right|+C$;   (12) $\dfrac{10^{2x}}{2\ln 10}+C$;

(13) $\dfrac{1}{4}\sin 2x-\dfrac{1}{16}\sin 8x+C$;   (14) $\sin x-\dfrac{1}{3}\sin^3 x+C$;

(15) $\dfrac{1}{3}\arcsin\dfrac{3}{2}x+C$;   (16) $\ln\left|\dfrac{\sqrt{1+x^2}}{x}-\dfrac{1}{x}\right|+C$;

(17) $\sqrt{x^2-a^2}-a\,\mathrm{arcsec}\,\dfrac{x}{a}+C$.

5. (1) $-\dfrac{1}{2}x\cos 2x+\dfrac{1}{4}\sin 2x+C$;   (2) $\dfrac{1}{2}x^2\ln x-\dfrac{1}{4}x^2+C$;

(3) $-(x+1)e^{-x}+C$;   (4) $x(\ln^2 x-2\ln x+2)+C$;

(5) $x\arccos x-\sqrt{1-x^2}+C$;   (6) $\dfrac{1}{2}(x^2\arctan x-x+\arctan x)+C$;

(7) $(x^2+1)e^x+C$;

(8) $x(\arcsin x)^2+2\sqrt{1-x^2}\arcsin x-2x+C$.

6. (1) $\dfrac{2}{3}(x+2)^{3/2}-4(x+2)^{1/2}+C$;   (2) $\tan\dfrac{x}{2}+C$;

(3) $\dfrac{1}{4}\left(\dfrac{3}{2}x-\sin 2x+\dfrac{1}{8}\sin 4x\right)+C$;   (4) $\dfrac{1}{7}\tan^7 x+\dfrac{1}{9}\tan^9 x+C$;

(5) $\ln\dfrac{\sqrt{1+e^x}-1}{\sqrt{1+e^x}+1}+C$;   (6) $\arctan\sqrt{1+x^2}+C$;

(7) $\begin{cases} e^x+C_1, & x\geqslant 0, \\ -e^{-x}+C_2, & x<0; \end{cases}$ (8) $\sin x-\dfrac{1}{3}\sin^3 x+C$;

(9) $-\dfrac{\sqrt{x^2+4}}{4x}+C$;   (10) $\arcsin\dfrac{x-2}{2}+C$;

(11) $-x\cot x+\ln|\sin x|+C$;

(12) $\dfrac{x^3}{4(1-x^2)^2}-\dfrac{3}{8}\dfrac{x}{1-x^2}+\dfrac{3}{16}\ln\left|\dfrac{1+x}{1-x}\right|+C$.

7. $-\dfrac{1}{3}\sqrt{(1-x^2)^3}+C$.   **8.** $x^2\cos x-4x\sin x-6\cos x+C$.

9. $y=x^2+1$.   **10.** $y=e^x+\ln|x|+(x^2-1)^3-2$.

11. $\dfrac{\sqrt{2}}{2}$.   **12.** $\sqrt{1+x^2}\,dx$.   **13.** $\dfrac{2x}{1+x^2}$.

14. $\dfrac{2x}{\sqrt{1-x^4}}$. **15.** $\dfrac{2x\sin^2 x^2}{1+\cos^2 x^2}$.

16. (1) 20;   (2) $4\dfrac{2}{3}$;   (3) -2;

(4) $-\dfrac{1}{12}\ln 5$;   (5) $e-1$;   (6) $3\ln 2-1$.

17. $\dfrac{1}{3}+e^{-1}-e^{-\frac{3}{2}}$.

18. (1) $\int_0^1 x^2 dx \geqslant \int_0^1 x^3 dx$;   (2) $\int_1^2 x^2 dx \leqslant \int_1^2 x^3 dx$;

(3) $\int_1^2 \ln x\, dx \geqslant \int_1^2 \ln^2 x\, dx$;   (4) $\int_{-1}^1 f(x)dx \leqslant \int_{-1}^1 g(x)dx$.

19. 24.5.

21. (1) $\dfrac{\pi}{16}$;   (2) $\dfrac{3}{2}$;   (3) $\ln\dfrac{2e}{1+e}$;

(4) $\dfrac{\pi}{3}+\dfrac{\sqrt{3}}{2}$;   (5) $\dfrac{\pi}{2}$;   (6) 1;

(7) $\dfrac{1}{4}(e^2+1)$;   (8) $\dfrac{1}{4}(\pi-2)$;   (9) 1;

(10) $\pi(\pi^2-6)$.

24. $\dfrac{1}{3}$.   **25.** $\dfrac{1}{2}(1-e^{-1})$.   **26.** (1) $\dfrac{3}{10}\pi$;   (2) $\dfrac{\pi^2}{2}$.

27. 2450π J.   **28.** $e(e-1)$.

29. (1) π;   (2) 1;   (3) 1;   (4) $\dfrac{1}{n^2-1}$;

(5) $p>1$ 收敛,$p\leqslant 1$ 发散;   (6) $\dfrac{1}{2}-\ln\dfrac{3}{2}$.

习 题 五

(一) 选择题

题号	1	2	3	4	5	6	7	8	9	10	11	12	13
答案	A	D	C	D	D	D	C	C	C	B	C	B	D

(二) 解答题

1. (1) $\begin{cases} 0\leqslant x\leqslant 1,\\ 0\leqslant y\leqslant 1-x; \end{cases}$ (2) $\begin{cases} 1\leqslant x\leqslant 2,\\ x\leqslant y\leqslant 2x; \end{cases}$

(3) $\begin{cases} 1\leqslant x\leqslant 2,\\ \dfrac{1}{x}\leqslant y\leqslant 2; \end{cases}$ (4) $\begin{cases} -2\leqslant x\leqslant 2,\\ 0\leqslant y\leqslant \sqrt{4-x^2}. \end{cases}$

2. (1) $\begin{cases} x\geqslant 0,\\ y\geqslant 0; \end{cases}$ 或 $\begin{cases} x\leqslant 0,\\ y\leqslant 0; \end{cases}$ (2) $\begin{cases} -\infty<x<+\infty,\\ -x<y<+\infty; \end{cases}$

(3) $\begin{cases} -1\leqslant x\leqslant 1,\\ -\infty<y\leqslant -2; \end{cases}$ 或 $\begin{cases} -1\leqslant x\leqslant 1,\\ 2\leqslant y<+\infty; \end{cases}$

(4) $\begin{cases} -3 \leqslant x \leqslant 3, \\ -2\sqrt{1-\dfrac{x^2}{9}} \leqslant y \leqslant 2\sqrt{1-\dfrac{x^2}{9}}. \end{cases}$

3. (1) $\dfrac{\partial z}{\partial x} = 3x^2 y^2,$ $\qquad \dfrac{\partial z}{\partial y} = 2x^3 y;$

   (2) $\dfrac{\partial z}{\partial x} = 4x^3;$ $\qquad \dfrac{\partial z}{\partial y} = 3y^2;$

   (3) $\dfrac{\partial z}{\partial x} = -\dfrac{1}{x},$ $\qquad \dfrac{\partial z}{\partial y} = \dfrac{1}{y};$

   (4) $\dfrac{\partial z}{\partial x} = \dfrac{y^2}{(x+y)^2},$ $\qquad \dfrac{\partial z}{\partial y} = \dfrac{x^2}{(x+y)^2};$

   (5) $\dfrac{\partial z}{\partial x} = (e^{xy} + 2x)y,$ $\qquad \dfrac{\partial z}{\partial y} = (e^{xy} + x)x;$

   (6) $\dfrac{\partial u}{\partial x} = \dfrac{x}{u},$ $\quad \dfrac{\partial u}{\partial y} = \dfrac{y}{u},$ $\quad \dfrac{\partial u}{\partial z} = \dfrac{z}{u};$

   (7) $\dfrac{\partial u}{\partial x} = \dfrac{z}{y} x^{\frac{z}{y}-1},$ $\quad \dfrac{\partial u}{\partial y} = -\dfrac{z}{y^2} x^{\frac{z}{y}} \ln x,$

   $\dfrac{\partial u}{\partial z} = \dfrac{1}{y} x^{\frac{z}{y}} \ln x;$

   (8) $\dfrac{\partial u}{\partial x} = -\dfrac{y}{x^2} + \dfrac{1}{z},$ $\quad \dfrac{\partial u}{\partial y} = -\dfrac{z}{y^2} + \dfrac{1}{x},$

   $\dfrac{\partial u}{\partial z} = -\dfrac{x}{z^2} + \dfrac{1}{y}.$

4. (1) $\dfrac{\partial^2 z}{\partial x^2} = 12x^2 + 6y,$ $\quad \dfrac{\partial^2 z}{\partial x \partial y} = 6x,$ $\quad \dfrac{\partial^2 z}{\partial y^2} = 6y;$

   (2) $\dfrac{\partial^2 z}{\partial x^2} = \dfrac{x+2y}{(x+y)^2},$ $\quad \dfrac{\partial^2 z}{\partial x \partial y} = -\dfrac{y}{(x+y)^2},$

   $\dfrac{\partial^2 z}{\partial y^2} = -\dfrac{x}{(x+y)^2}.$

7. (1) $dz = 2xy\, dx + x^2\, dy;$

   (2) $dz = \dfrac{1}{2\sqrt{xy}} dx - \dfrac{\sqrt{xy}}{2y^2} dy;$

   (3) $dz = \dfrac{2}{(x-y)^2}(x\, dy - y\, dx);$

   (4) $du = \dfrac{2}{x^2 + y^2 + z^2}(x\, dx + y\, dy + z\, dz).$

8. (1) $\dfrac{dz}{dx} = \dfrac{u}{\sqrt{u^2+v^2}} \cos x + \dfrac{v}{\sqrt{u^2+v^2}} e^x;$

   (2) $\dfrac{\partial z}{\partial x} = \dfrac{2x}{y^2} \ln(3x-2y) + \dfrac{3x^2}{(3x-2y)y^2},$

   $\dfrac{\partial z}{\partial y} = -\dfrac{2x^2}{y^3} \ln(3x-2y) - \dfrac{2x^2}{(3x-2y)y^2};$

   (3) $\dfrac{dz}{dx} = -(e^x + e^{-x});$

(4) $\dfrac{\partial z}{\partial x}=-2xf'(v)$, $\dfrac{\partial z}{\partial y}=1+2yf'(v)$;

(5) $\dfrac{\partial z}{\partial x}=2uv^3+3u^2v^2$, $\dfrac{\partial z}{\partial y}=4uv^3-3u^2v^2$;

(6) $\dfrac{dz}{dx}=e^y+xe^y\varphi'(x)$.

9. (1) $\dfrac{dy}{dx}=-\dfrac{y+2x}{x+2y}$;   (2) $\dfrac{dy}{dx}=\dfrac{y^2}{1-xy}$;

(3) $\dfrac{dy}{dx}=\dfrac{y^2-e^x}{\cos y-2xy}$;   (4) $\dfrac{dy}{dx}=\dfrac{x+y}{x-y}$.

10. (1) $\dfrac{\partial z}{\partial x}=\dfrac{yz}{e^z-xy}$, $\dfrac{\partial z}{\partial y}=\dfrac{xz}{e^z-xy}$;

(2) $\dfrac{\partial z}{\partial x}=\dfrac{yz-x^2}{z^2-xy}$, $\dfrac{\partial z}{\partial y}=\dfrac{xz-y^2}{z^2-xy}$;

(3) $\dfrac{\partial z}{\partial x}=\dfrac{\cos(x+y-z)-1}{1+\cos(x+y-z)}$, $\dfrac{\partial z}{\partial y}=\dfrac{\cos(x+y-z)}{1+\cos(x+y-z)}$;

(4) $\dfrac{\partial z}{\partial x}=\dfrac{z}{x+z}$, $\dfrac{\partial z}{\partial y}=\dfrac{z^2}{y(x+z)}$.

11. $dz=-\dfrac{1}{\sin 2z}(\sin 2x\,dx+\sin 2y\,dy)$

12. (1) 当 $x=-1, y=1$ 时,函数有极小值为 0;

(2) 当 $x=2, y=-2$ 时,函数有极大值为 8.

13. (1) 当 $x=\dfrac{1}{2}, y=\dfrac{1}{2}$ 时,函数有极大值为 $\dfrac{1}{4}$;

(2) 当 $\begin{cases}x=\dfrac{1}{\sqrt{6}}\\ y=\dfrac{1}{\sqrt{6}}\\ z=-\dfrac{2}{\sqrt{6}}\end{cases}$ 或 $\begin{cases}x=\dfrac{1}{\sqrt{6}}\\ y=-\dfrac{2}{\sqrt{6}}\\ z=\dfrac{1}{\sqrt{6}}\end{cases}$ 或 $\begin{cases}x=-\dfrac{2}{\sqrt{6}}\\ y=\dfrac{1}{\sqrt{6}}\\ z=\dfrac{1}{\sqrt{6}}\end{cases}$ 时,函数有极小值为 $-\dfrac{1}{3\sqrt{6}}$;

当 $\begin{cases}x=-\dfrac{1}{\sqrt{6}}\\ y=-\dfrac{1}{\sqrt{6}}\\ z=\dfrac{2}{\sqrt{6}}\end{cases}$ 或 $\begin{cases}x=-\dfrac{1}{\sqrt{6}}\\ y=\dfrac{2}{\sqrt{6}}\\ z=-\dfrac{1}{\sqrt{6}}\end{cases}$ 或 $\begin{cases}x=\dfrac{2}{\sqrt{6}}\\ y=-\dfrac{1}{\sqrt{6}}\\ z=-\dfrac{1}{\sqrt{6}}\end{cases}$ 时,函数有极大值为 $\dfrac{1}{3\sqrt{6}}$.

14. 当长和宽为 $\dfrac{2}{\sqrt{3}}a$,高为 $\dfrac{1}{\sqrt{3}}a$ 时,体积最大.

15. $\dfrac{D}{\sqrt{A^2+B^2+C^2}}$.   16. $(1,2)$.   17. $\bar{x}\left(\text{即}\dfrac{1}{n}\sum_{i=1}^{n}x_i\right)$.

18. (1) $e-2$;   (2) $\pi-2$;   (3) $\dfrac{33}{140}$;   (4) $\dfrac{80}{3}$.

19. (1) $4\dfrac{1}{2}$;   (2) $\dfrac{\pi^2}{2}-2$.

20. $\dfrac{5}{6}$.

附 录 一

(一) 选择题

题号	1	2	3	4	5	6	7	8
答案	A	D	A	C	C	B	A	C
题号	9	10	11	12	13	14	15	16
答案	B	B	A	C	B	B	C	C

(二) 解答题

1. (1) 一阶,线性微分方程;   (2) 三阶,非线性微分方程;
   (3) 二阶,非线性微分方程;   (4) 一阶,非线性微分方程;
   (5) 当 x 为自变量时,方程为一阶非线性的;当 y 为自变量时,方程为一阶线性的.

3. (1) $e^x+e^{-y}=C$;   (2) $y=e^{Cx}$;
   (3) $y=\dfrac{C}{1-x}-1$;   (4) $y\sqrt{1+x^2}=C$;
   (5) $\arcsin y-\arcsin x=C$;   (6) $y=(1-4y)(4+x)C$;
   (7) $y=2x-1+Ce^{-2x}$;   (8) $y=(x+C)e^{-x}$;
   (9) $y=Cx^2-2x$;   (10) $y=\left(\dfrac{x^2}{2}+C\right)e^{-x^2}$;
   (11) $y^{-5}=Cx^5+\dfrac{5}{2}x^3$;   (12) $(1+\ln x+Cx)y=1$;
   (13) $y=2x\arctan(Cx)$;   (14) $\sqrt{x^2+y^2}=Ce^{-\arctan\frac{y}{x}}$;
   (15) $\ln Cx=-e^{-y/x}$;   (16) $y=\dfrac{x^2}{2}\ln x+C_1x^3+C_2x^2+C_3x+C_4$;
   (17) $y=xe^x-3e^x+C_1x^2+C_2x+C_3$;
   (18) $y=C_1e^x+C_2x+C_3$;
   (19) $y=-\dfrac{1}{8}x^2-\dfrac{1}{16}x+C_1+C_2e^{4x}$;
   (20) $y=-\ln\cos(x+C_1)+C_2$.

4. (1) $x^2+4y^2=32$； (2) $\cos x-\sqrt{2}\cos y=0$；
   (3) $y\cos x=x$； (4) $y=x^2(e^x-e)$；
   (5) $y^3=y^2-x^2$； (6) $y^2=2x^2(\ln x+2)$.

5. (1) $y=C_1+C_2 e^{3x}$； (2) $y=C_1 e^{-x}+C_2 e^{2x}$；
   (3) $y=e^{-x}-e^{-2x}$； (4) $y=e^{-x}-e^{4x}$；
   (5) $y=(C_1+C_2 x)e^{\frac{5}{2}x}$； (6) $y=(C_1+C_2 x)e^{3x}$；
   (7) $y=(2+x)e^{-\frac{x}{2}}$； (8) $y=C_1\cos x+C_2\sin x$；
   (9) $y=e^{-3x}(C_1\cos 2x+C_2\sin 2x)$；
   (10) $y=e^x\left(C_1\cos\dfrac{x}{2}+C_2\sin\dfrac{x}{2}\right)$；
   (11) $y=3e^{-2x}\sin 5x$；
   (12) $y=C_1+C_2 e^{-\frac{5}{2}x}+\dfrac{1}{3}x^3-\dfrac{3}{5}x^2+\dfrac{7}{25}x$；
   (13) $y=C_1 e^{\frac{x}{2}}+C_2 e^{-x}+e^x$；
   (14) $y=C_1 e^x+C_2 e^{6x}+\dfrac{5}{74}\sin x+\dfrac{7}{74}\cos x$；
   (15) $y=e^{4x}\left(\dfrac{x^2}{2}+C_1 x+C_2\right)+\dfrac{x}{16}+\dfrac{1}{32}$；
   (16) $y=\dfrac{1}{3}\sin 2x-\cos x-\dfrac{1}{3}\sin x$；
   (17) $y=C_1 e^{-x}+C_2 x e^{-x}+C_3 e^{2x}$；
   (18) $y=(C_1+C_2 x)e^x+(C_3+C_4 x)e^{-2x}$.

附　录　二

(一) 选择题

题号	1	2	3	4	5	6	7	8
答案	A	C	D	D	C	D	A	A
题号	9	10	11	12	13	14	15	16
答案	A	C	B	C	C	C	C	B

(二) 解答题

1. (1) $\dfrac{1}{2}+\dfrac{1}{2\cdot 3}+\dfrac{1}{3\cdot 4}+\dfrac{1}{4\cdot 5}+\dfrac{1}{5\cdot 6}+\cdots$；

   (2) $1-\dfrac{1}{2}+\dfrac{1}{3}-\dfrac{1}{4}+\dfrac{1}{5}+\cdots$；

   (3) $\dfrac{1}{2}+\dfrac{1}{3\cdot 2^3}+\dfrac{1}{5\cdot 2^5}+\dfrac{1}{7\cdot 2^7}+\dfrac{1}{9\cdot 2^9}+\cdots$；

(4) $\dfrac{1}{\sqrt{1\cdot 2}}-\dfrac{1}{\sqrt{2\cdot 3}}+\dfrac{1}{\sqrt{3\cdot 4}}-\dfrac{1}{\sqrt{4\cdot 5}}+\dfrac{1}{\sqrt{5\cdot 6}}+\cdots.$

2. (1) $\dfrac{1}{2n-1}$ $(n=1,2,\cdots)$;   (2) $\dfrac{1}{n\ln n}$ $(n=2,3,\cdots)$;

  (3) $(-1)^{n-1}\dfrac{n+1}{n}$ $(n=1,2,\cdots)$;   (4) $\dfrac{(2n-1)!!}{(2n)!!}$ $(n=1,2,\cdots).$

3. (1) 收敛;(2) 收敛.

4. (1) 收敛;(2) 发散;(3) 发散;(4) 发散;(5) 收敛;(6) 发散.

5. (1) 发散;(2) 收敛;(3) 收敛;(4) 收敛;(5) 收敛;(6) 收敛;(7) 收敛;
  (8) 发散;(9) 发散;(10) 收敛;(11) 收敛;(12) 收敛;(13) 发散;
  (14) 发散;(15) 发散;(16) 收敛.

6. (1) 条件收敛;(2) 绝对收敛;(3) 条件收敛;(4) 绝对收敛;(5) 发散;
  (6) 绝对收敛;(7) 当 $p\leqslant 0$ 时,发散;当 $0<p\leqslant 1$ 时,条件收敛;当 $p>1$ 时,
  绝对收敛;(8) 条件收敛.

7. (1) $(-1,1)$;   (2) $(-\infty,+\infty)$;
  (3) $[-1,1]$;   (4) $[-3,3]$;
  (5) $[4,6)$;   (6) $(-\infty,+\infty)$;
  (7) (e^{-1},e);   (8) $(-\infty,-1),(1,+\infty)$;
  (9) $(0,+\infty)$;   (10) $(0,6).$

8. (1) $\dfrac{1}{4}\ln\dfrac{1+x}{1-x}+\dfrac{1}{2}\arctan x-x$;   (2) $\dfrac{1}{(1-x)^3}.$

9. (1) $\sum\limits_{n=0}^{\infty}\dfrac{x^{2n+1}}{(2n+1)!}$,收敛区间:$(-\infty,+\infty)$;

  (2) $\ln a+\sum\limits_{n=1}^{\infty}(-1)^{n-1}\dfrac{1}{n}\left(\dfrac{x}{a}\right)^{n}$,收敛区间:$(-a,a]$;

  (3) $\sum\limits_{n=0}^{\infty}\dfrac{(x\ln a)^{n}}{n!}$,收敛区间:$(-\infty,+\infty)$;

  (4) $\sum\limits_{n=0}^{\infty}\dfrac{(-1)^{n}}{(2n+1)!}\left(\dfrac{x}{2}\right)^{2n+1}$,收敛区间:$(-\infty,+\infty)$;

  (5) $1+\sum\limits_{n=1}^{\infty}(-1)^{n}\dfrac{(2x)^{2n}}{2\cdot(2n)!}$,收敛区间:$(-\infty,+\infty)$;

  (6) $\sum\limits_{n=1}^{\infty}\dfrac{(-1)^{n-1}2^{n}-1}{n}x^{n}$,收敛区间:$\left(-\dfrac{1}{2},\dfrac{1}{2}\right]$;

  (7) $2\left[1-\dfrac{x^3}{24}-\sum\limits_{n=2}^{\infty}\dfrac{2\cdot 5\cdot\cdots\cdot(3n-4)}{3^{n}\cdot n!}\left(\dfrac{x}{2}\right)^{3n}\right]$,收敛区间:$[-2,2]$;

  (8) $x+\sum\limits_{n=1}^{\infty}\dfrac{(2n)!}{(n!)^2}\dfrac{2}{2n+1}\left(\dfrac{x}{2}\right)^{2n+1}$,收敛区间:$[-1,1].$